高等学校程序设计课程系列教材

程序设计方法与技术

中国教育出版传媒集团

高等教育出版社·北京

内容提要

本书以程序设计初学者为阅读对象，以通过程序解决实际问题为主线，以编程思维、编程技能、语法知识和编程规范为内容框架，通过丰富的实例由浅入深地介绍 C 语言程序设计的基本思想与方法。

本书导言部分介绍程序、程序设计及其教学建议，后续各章包括程序设计概述、输入输出、顺序结构程序设计、选择结构程序设计、循环结构程序设计、数组、函数、结构体、指针和编程开发实例。为了提高读者的学习兴趣和成就感，各章选取了大量贴近生活的有趣案例，并采用软件、硬件相结合的智慧寝室系统案例拓展思路。书中以思考、常见错误、编程经验、知识结构图等形式总结了程序设计的技术和方法。

本书既可作为高等学校非计算机专业的程序设计课程教材，也可作为广大编程爱好者的自学读物，对从事软件设计与开发的技术人员也是一本很好的参考书。

图书在版编目（ＣＩＰ）数据

程序设计方法与技术：C语言/顾春华主编；陈章进,叶文珺,夏耘副主编 . --2版 . --北京：高等教育出版社,2024.3

ISBN 978-7-04-061737-5

Ⅰ.①程… Ⅱ.①顾… ②陈… ③叶… ④夏… Ⅲ.①C语言-程序设计-高等学校-教材 Ⅳ.①TP312.8

中国国家版本馆 CIP 数据核字（2024）第 038815 号

Chengxu Sheji Fangfa yu Jishu

策划编辑	耿　芳	责任编辑	耿　芳	封面设计	张申申　易斯翔	版式设计	马　云
责任绘图	易斯翔	责任校对	刘丽娴	责任印制	刁　毅		

出版发行	高等教育出版社	网　　址	http://www.hep.edu.cn
社　　址	北京市西城区德外大街4号		http://www.hep.com.cn
邮政编码	100120	网上订购	http://www.hepmall.com.cn
印　　刷	北京玥实印刷有限公司		http://www.hepmall.com
开　　本	787mm×1092mm　1/16		http://www.hepmall.cn
印　　张	24.75	版　　次	2017年9月第1版
字　　数	540千字		2024年3月第2版
购书热线	010-58581118	印　　次	2024年3月第1次印刷
咨询电话	400-810-0598	定　　价	50.00元

物 料 号　61737-00

程序设计方法与技术
——C语言
（第2版）

主　编　顾春华
副主编　陈章进　叶文珺
　　　　夏　耘

1. 计算机访问 https://abooks.hep.com.cn/1852177，或手机扫描二维码，访问新形态教材网小程序。
2. 注册并登录，进入"个人中心"，点击"绑定防伪码"。
3. 输入教材封底的防伪码（20位密码，刮开涂层可见），或通过新形态教材网小程序扫描封底防伪码，完成课程绑定。
4. 点击"我的学习"找到相应课程即可"开始学习"。

《程序设计方法与技术 —— C语言 （第2版）》数字课程与纸质教材一体化设计，紧密配合。数字课程涵盖电子教案和微视频等，充分运用多种媒体资源，极大地丰富了知识的呈现形式，拓展了教材内容。在提升课程教学效果的同时，为学生学习提供思维与探索的空间。

绑定成功后，课程使用有效期为一年。受硬件限制，部分内容无法在手机端显示，请按提示通过计算机访问学习。

如有使用问题，请发邮件至 abook@hep.com.cn。

扫描二维码
访问新形态教材网
小程序

https://abooks.hep.com.cn/1852177

前　言

本书第 1 版自 2017 年出版以来，以注重培养学生编程兴趣，兼顾编程思维、编程技能、语法知识、编程规范、问题驱动、重在应用等特点，以及对文件、指针等知识点的创新性安排，得到广大师生的认可和欢迎。6 年来，本书配套的数字资源也为线上线下混合式教学和在线学习提供了有力支撑。

为适应国家对自主创新人才培养的新要求，根据程序设计技术与语言的最新发展，经过近些年的教学实践，我们对第 1 版进行了修订改版。第 2 版仍由上海市各高校协同合作编写，既采纳了师生对第 1 版教材的改进和优化建议，又融入了上海市教育委员会支持下的两轮大学计算机基础教学改革项目中程序设计相关的教研成果，还结合了上海市高校信息技术水平考试、上海市大学生计算机应用能力大赛对程序设计实践能力的新要求，最终确定了如下编写方针。

一、知识传授：够用为主，兼顾系统

任何一种程序设计语言都包含数据表示、运算操作和控制结构等的语法、语义知识。在介绍这些语法、语义规则时，本书既遵循由浅入深的规律，又从解决问题的角度根据需要逐步展开，且兼顾语法、语义知识的系统性和结构性，避免了因过度关注语法、语义规则而忽视编程能力和思维训练的问题。第 2 版中依然保持"文件"不独立成章、"指针"概念提前的安排。

二、能力培养：案例驱动，由简入繁

程序设计教育的成败在于能否培养学生通过设计程序来解决实际问题的能力。第 2 版精心挑选包括信息管理、数据处理、计算游戏、硬件操作等学生熟悉且感兴趣的实用案例。每个案例由简单到复杂，并按知识链融入各章教学之中。通过课堂讲解、课后作业、实验练习等，学生在循序渐进地掌握不同案例的设计思想和解决方案后，可逐步提升使用 C 语言编程的能力。

三、思维训练：贯穿始终，步步为营

学习程序设计的关键在于掌握计算机解决问题的思维方法，训练学生的编程思维是程序设计教学的重中之重。此次修订中，在分析案例时，更加注重问题理解、方案设计和编程方法。无论是简单问题还是复杂问题，都要训练学生把现实问题转化为程序，进而强化设计解决问题的方法与步骤（即算法），最后借助编程工具编写程序，实现结果输出。在一次次理解问题、分析问题、设计算法、编程实现的周期中，学生编程思维会逐步形成并不断得到巩固。

四、价值引领：润物无声，潜移默化

加强价值引领是本次改版的重要任务之一。将育人贯穿本书始末，将价值引领与知识传授、能力培养和思维训练紧密结合，紧密围绕程序设计和思政教育目标，有意设计育人主线；从家国情怀、科学精神、工程素养、创新精神和中华美德等方面提取蕴含的思政元素，有机融入教材，实现在专业知识中强调价值引领，在价值引领中凝聚知识底蕴；实现在潜移默化中润物无声地把学生培养成为具有家国情怀、职业素养、时代精神和不断进取的科学精神的时代新人。

本书由上海市高等学校信息技术水平考试二、三级 C 语言命题组共同策划，得到了上海市教育委员会高等教育处、上海市教育考试院的大力支持。导言部分由顾春华编写，第 1~10 章分别由王敏慧、黄小瑜、马立新、王志军、胡庆春、文欣秀、臧劲松、叶文珺、朱弘飞、陈章进、夏耘编写，智慧寝室硬件系统的案例编写得到无锡俊腾信息科技有限公司、徐方勤、夏耘、高夏等的支持，全书由顾春华、陈章进、叶文珺、夏耘进行修改和统稿。同济大学龚沛曾教授给本书提出了宝贵建议，为本书提供素材的还有陈优广、陈莲君、高枚、王淮亭、闫红漫，对此一并表示感谢。

由于编者水平有限，书中难免存在错误与不足，恳请读者批评指正。

编者
2023 年 10 月

目　录

0 导言

电子教案

当今社会,大数据、云计算、物联网、元宇宙等概念随处可见,人工智能、虚拟现实等应用逐步普及,信息技术的应用已经和正在改变着人们的工作和生活,而这些新技术和应用的最重要核心是程序。毫不夸张地说,今天,每一个人都应该懂编程。那么,什么是程序?程序是怎样工作的?怎样编写程序呢?这些问题接下来将逐一得到解答。同时,你还会发现,学习编写程序并不困难,而且还充满乐趣,学会编程会让你富有成就感,对自己充满信心。

0.1 程序无处不在

《西游记》中,各路神仙可以随意上天入海。而今,这一切都已经成为现实,我国研制的神舟系列飞船多次载人往返于太空和地球之间,"奋斗者"号载人潜水器顺利潜入 10 000 多米深的马里亚纳海沟。神话故事里的一切,又是怎样实现的呢?神舟十五号载着 3 名航天员精准对接几十万米外的中国空间站,并实现与神舟十四号航天员乘组的在轨交接,是如何控制的呢?程序,使这一切成为可能!

微视频:
快乐学编程

人们生活在一个程序的时代。

几乎所有现代的高科技都是在程序帮助下实现的,机器人、火箭升天、航空母舰、高科技武器、智慧农业、工业 4.0、智能电网、智能汽车和高铁等,都是在程序控制下才能工作的。

如今最基本的工作、生活、学习、娱乐活动,都离不开程序。日常生活中使用的网络电视、冰箱、微波炉、洗衣机等智能家用电器,网上点餐、网约车、购物、水电煤缴费、转账、理财等互联网生活方式,微信、微博、QQ 等社交软件,抖音、快手等短视频平台,没有程序控制,都是不可能实现的。工作中,人们需要运行程序来完成网上办公、视频会议、E-mail 收发、财务等各类管理功能,方便地完成预订飞机票、火车票和酒店等工作。即使在学习方面,人们也要依靠程序来选课、提交作业、查找和下载学习资料,利用 MOOC 平台进行线上教学,老师和学生在线讨论问题、观看视频课等。娱乐生活中,视频点播、回看电视、阅读网络小说、玩网络游戏等,也离不开程序的帮助。

互联网、智能移动设备、云计算、大数据的共同基础、共同指挥官就是程序。程序改变了人们的生活方式,推动了社会的发展。程序像空气和水一样,无处不在。无法想象,离开了程序,世界会变成什么样。

0.2　人人都要理解编程

　　人类社会过去需要几百年才能取得的进步,在这个信息时代,几年甚至几个月就能达到。为什么以程序为核心的信息技术能有如此大的威力呢? 为了回答这个问题,我们首先必须理解程序,理解编程。

　　过去,不认识字的人被称为"文盲",将来,不懂编程的人将是新的"文盲"。

　　学会编程可以教会人们以一个全新的方式看世界,编程可以改变人们的思维方式,教会人们在这个时代里如何思考。

　　为了号召全体民众学习编程,2016 年 2 月,美国政府专门投资 40 多亿美元推出了"全民计算机科学行动计划",要求全体民众,特别是从幼儿园到大学的学生,都要学习编程。苹果公司创始人乔布斯说:我觉得每个人都应该学习一门编程语言。学习编程教你如何思考,就像学法律一样。学法律并不一定要成为律师,但法律教你一种思考方式。学习编程也是一样,我把计算机科学看成是基础教育,每个人都应该花至少一年时间学习编程。

　　人人都应该了解程序、懂程序、会编程序。所谓了解程序,就是要知道程序是什么? 为什么程序能如此改变世界,依靠的是什么? 程序是哪里来的? 程序是如何工作的?

　　就像知道电一样,人们也必须懂程序。所谓懂程序,就是要知道简单的程序和程序设计原理,要理解程序带给人们独特的逻辑思维和计算思维,就是要学会编程语言和工具的选择和使用。

　　可能有人会说,我学的不是计算机专业,将来也不可能去从事程序员的职业,那我为什么要学会编程序? 殊不知,今天的编程不是一个狭义的概念,它不仅包括懂不懂编程知识,也包括会不会编写程序,还包括能不能以编程思维考虑问题,等等。学会编程,可以让你更从容地应对现代社会的各种问题。

　　一般而言,编程有以下 5 个步骤:

　　① 理解问题需求:明确需要解决的问题是什么。

　　② 设计解题方案:明确怎么解决问题,解题步骤是什么。

　　③ 选择编程资源:明确哪些资源和技术可以使用。

　　④ 编程实现:用某种程序设计语言按确定的方案和技术编写所需的程序。

　　⑤ 调试运行:调试并执行程序,得到结果。

　　下面看一个编程的例子:2014 年 12 月 8 日,时任美国总统的奥巴马在参加一场由 code.org 组织的编程大会时,用了一个小时的时间,学会了编写一个小程序,画了一个正方形。他的学习步骤如下:

　　(1) 理解问题需求

　　通过编程画一个规定边长的正方形,即输入一个正整数 n 代表边长,输出边长为

n 的正方形。

（2）设计解题方案

思考：一个正方形由 4 条边组成，其中两条是水平边，两条是垂直边。边的长短决定了正方形的大小，只要画了 4 条边，正方形就画好了。每条边由一些点组成，水平边的点从左到右排列，垂直边的点自上而下排列。最后需要知道如何画一个点。

如下是一个边长为 5 的正方形（为了简化，这里的点用 ＊ 表示）：

```
＊   ＊   ＊   ＊   ＊
＊                   ＊
＊                   ＊
＊                   ＊
＊   ＊   ＊   ＊   ＊
```

根据上面的分析，可以确定以下解题方案（算法）：

① 首先输入边的长度 n，确定正方形的大小。

② 重复画 n 个点"＊"，画出最上面的一条边。

③ 换行，在两条垂直边的位置画点"＊"，重复 $n-2$ 次。

④ 重复第②步，画出最底下的一条边。

（3）选择编程资源

不是所有解题方案都需要从头开始编程实现的，不是所有的算法都要自己设计的，很多共性的问题都有了成熟的解决方法，只要不存在知识产权问题，都可以直接使用，特别是针对功能比较复杂的程序，首先要考虑有没有现成的框架或代码可以直接使用。所以，在确定方案后的重要步骤，就是查找并确定可用的资源，这种可用资源可以是程序设计语言自带的，也可以是其他程序员贡献出来的在网上公开的开源代码（open source），还可以是自己以前编程积累的程序代码。有些情况下，编程工作只要将各种可用资源集成起来就完成任务了，这时编程就像搭积木一样，也称构建（construction）。

本例比较简单，只需要使用程序设计语言提供的标准函数（库函数）实现以下功能：

① 输入正整数 n，可使用 C 语言中的 scanf( ) 函数。

② 输出一个点"＊"，可使用 C 语言中的 printf(" ＊ ") 语句。

在调用上述标准函数后，上述解题方案的实现步骤需要自己编程来实现：

① 直接调用库函数输入点数 n。

② 重复执行画点的操作，画出水平边。

③ 重复执行画点的操作，画出垂直边。

（4）编程实现

选择一种程序设计语言，例如 C 语言。一般情况下，选择程序设计语言主要考虑以下几个方面：一是编程者的熟悉程度，通常会选择最熟悉的语言。二是语言的特点，不同的语言有不同的特点，如有的语言适合科学计算，有的语言适合字符处理，有的语言擅长界面设计等。可根据解题方案的需求选择最合适的语言。三是语言的可用资源，不同的语言自带或开源的资源不一样，一般选择可用资源最多的语言。有时，程序的使用者也会对程序设计语言提出要求。

依据解题方案和选定的编程资源,再用选择的程序设计语言编写程序完成解题步骤。

（5）调试运行

在编程环境中编辑、调试程序,定位错误、修改错误直至正确,生成可执行程序,然后运行程序观察结果,如果结果不正确,则继续修改,直至完全正确。

编程环境是辅助编程的集成环境,几乎所有的现代程序设计语言都有相应的编程环境。在这个集成环境中,可以方便地使用各种资源,智能化地完成编辑、调试、运行程序的功能。因此,熟悉编程环境、充分使用编程环境,也是学习编程的重要环节之一。

0.3   解剖一个程序

在实际应用中,程序往往和某些硬件结合在一起,例如,虚拟现实的程序一般都和一些可穿戴的设备一起工作。随着网络的广泛应用,往往是多个程序协同合作来实现一个功能,例如在网上点播视频时,视频服务器上有专门的视频管理程序来提供所需的视频,再通过视频传输程序将视频从服务器传输到客户端计算机上,再由客户端计算机上的视频播放程序来放映视频。视频管理程序、视频传输程序和视频播放程序是3个独立的程序,它们协同工作,以完成视频点播功能。

为了简单起见,我们只考虑完成独立功能的单个程序。每个程序都是由实现某些功能的一组对数据进行操作的序列组成的。下面将通过一个简单的“运动计步器”例子来理解程序。

“运动计步器”通过记录人们每天行走的步数,显示最近一段时间内每天运动的步数。那“运动计步器”是怎么工作的呢? 原来“运动计步器”中有一个称为震动传感器的硬件和一个计步器程序,震动传感器会感应到人们是否在行走。

每行走一步,震动传感器会发一个信号给计步器程序。计步器程序需要实现以下功能:

① 要记住当天任何时候行走的步数。

② 在每天的零点,存储前一天的步数为历史步数,并将当天的步数置为0。

③ 每接到一个震动传感器发来的信号,步数就加1。

④ 可以根据功能选择显示当天的步数。

⑤ 可以根据功能选择以数据或曲线的形式显示最近几天的步数。

为了实现上面这些功能,计步器程序中需要存储的数据和对这些数据进行的操作如下:

① 数据:当前步数、历史步数。

② 操作:当前步数置0、当前步数加1、存储前一天步数、显示历史步数。

可以看到,整个计步器程序实际上就是对数据执行操作的序列。

再看一个具有健康提示的"运动计步器",除了上述记录和显示每天行走步数的功能外,它还存储了体重等数据,还可以通过一定的方法计算出有益于健康的每天理想行走步数。如果连续 3 天行走的步数与理想步数差距达到一定阈值时,它会显示"你每日行走太少"或者"你每日行走过多"的健康提示信息。

与前面的运动计步器程序相比,这个具有健康提示的"运动计步器"增加了以下数据和操作:

① 数据:体重等数据。

② 操作:计算理想步数、判断实际行走步数与理想步数的差距后显示健康信息。

同样,如果把这个"运动计步器"扩展为网络版,可以将个人的行走步数传输到网络服务器上,并且可以与朋友的步数比较,进行排序。这就成了现在的"微信运动",读者可以自行分析一下,"微信运动"这个程序又由哪些数据和操作组成。

再进一步分析,程序中的数据是有区别的:当前步数是单个数据;历史步数是包含很多天行走步数的一组数据。

同样,操作也是有区别的:当前步数置 0 是单个独立的操作;判断实际行走步数与理想步数的差距后,显示不同的健康提示信息是选择性操作;显示历史步数是需要重复显示多个数据的重复性操作。

但是,不管复杂或简单,一个程序的主要内容就是两个部分——数据和操作,程序设计的过程就是用一种语言正确地表示出对数据进行操作的过程。

0.4　学编程的主要内容

活到老,学到老。从小到大,人们需要不断学习。小时候学走路、学游泳,长大了学骑自行车、学开车;在小学、中学期间,学语文、学数学、学物理,到了大学要学编程。不同的学习,目的不同,达到的效果也不一样,学习的内容自然也不同。

学游泳和学开车是为了学一种技能,需要掌握在一定理论指导下的实践。学习游泳的关键在于实践技能,如果仅仅停留在理论层面,只学习书本上的游泳要领和技巧,那是没有用的;当然,理论也是需要的,有了理论的指导,才有姿势优美的蛙泳、蝶泳和仰泳等。学开车道理也是一样的。

学语文,学的是一种文学修养,背诵《三字经》《论语》等,学的是处世之道,修身齐家治国平天下的方法;学数学,学的是理论思维,它是其他自然学科的基础,关键在于学会定义、定理、证明的精髓和公理化的理论思维方法;学物理,目的是掌握实验思维方法,借助特定的设备,从基本实验出发归纳出最一般的结论,再推理出符合逻辑的规律,由实验检验之。

那么,学习计算机,学习程序设计,其目的又是什么呢?是学习运用计算机科学知识进行问题求解的方法,是训练如何设计出能解决问题的计算机系统的实践能力,是掌握与数学思维、物理思维相类似,但抽象形式更为丰富的一种新的思维方式。

学习一种程序设计语言进行编程,必须学习 4 个维度的内容:语法知识,编程技能,编程思维,编程规范。

（1）语法知识

和任何其他语言一样,程序设计语言也有自己的语法和语义。简单地说,语法就是一些书写规则,语义就是符合语法规则的表述的含义。由于程序最终交给计算机去执行,完成程序的功能,因此,编程时必须严格按照语法规则书写程序中的各个元素,任何细微的语法错误都会导致计算机不能正常执行程序。

虽然程序设计语言种类繁多,但不同的程序设计语言的语法大同小异。从本质上讲,一个程序就是对数据的一系列操作,因而,程序设计语言的语法知识一般都包括程序的结构组成、数据如何表示、操作怎么表示等。

例如,C语言中,一个程序是由一个main()函数和一些（0个或多个）函数组成的。每个函数都有规定的定义和调用格式。数据可以有不同的类型,如int、float分别表示整数和实数;不同数据类型的数据所占空间、表示范围和可执行运算都可能不同;数据还可以是简单数据或构造数据,构造数据是指含多个分量的复杂数据,需要说明分量个数、分量类型、分量次序等。不同的操作表示方法也不同,例如,基本的数据输入、输出、赋值,选择和循环等都有各自的表示方法。

语法知识必须理解,不用死记硬背,编程时可以查阅相关程序设计语言的书籍。使用一种程序设计语言编写程序一段时间后,语法知识自然就能信手拈来了。现在一些集成编程环境,都会提供一些智能化的语法检查工具,通过文字、颜色、声音等实时提示语法知识或语法错误情况。

（2）编程技能

如果学习编程只学会了语法知识,面对一个问题,不会设计程序去解决它,那就像只学了丰富的游泳知识却不会游泳一样,是没有实用意义的。因此,学习程序设计语言比学习语法知识更重要的是:应用语法知识动手编程解决问题的训练。

学习程序设计的重要环节是编程实践,一般而言,每一次理论课后都需要编程来练习所学的理论知识,编程实验的时间应该大于理论课的时间。在学会如何使用每个知识点的情况下,从解决简单问题开始,练习运用所学的知识点编写程序、调试程序、运行程序得到预期结果。

编程技能除了对语法知识点的灵活应用、对集成编程环境的熟练使用外,还包括一些常用技巧的掌握,如分而治之（把一个复杂问题分解为多个简单问题）、充分复用已有功能模块、先设计解题思路再动手编程、自顶向下逐步求精,以及顺序、选择、循环3种控制结构的应用等。

编程技能的掌握没有捷径,唯有多练习、多实践。学一门程序设计语言,少则需要编写30~40个程序,多则100多个程序也不算多。功夫到了,编程技能自然就有了。

（3）编程思维

前面讲过,在这个互联网+时代,信息技术已经改变了人们的工作和生活方式,同时也需要人们培养与现代信息技术相适应的思维方式——计算思维。编程思维,就是这种新的思维方式的重要内容。除了专业程序员外,大多数人未来都不是以编程作为职业的,但是编程思维是每个人必备的思维方法,大家都要学会“怎样像计算机科学家一样思维”。学习程序设计更重要的任务,就是训练并学会编程思维。

有了计算机的帮助,人们就能用新的思维方式去解决那些在之前不敢尝试的问题,实现"只有想不到,没有做不到"的境界。其实,这种新的思维方式也出现在人们的日常生活中,例如,当你早晨去教室时,把当天需要的东西放进书包,这就是预置和缓存;当你发现钥匙不见了,沿着走过的路去寻找,这就是回推;在超市结账时,选择去排哪个队,这就涉及多服务器系统的性能模型。

那么,编程思维包含哪些内容呢?周以真教授在定义计算思维时,总结了包括约简、嵌入、转化、仿真、抽象、分解、并行、递归和推理等20多种方法和能力,其中大部分在学习编程时都会涉及。即使在编写简单程序时也会应用,如,将具体问题一般化的抽象、遍历所有数据的穷举、自动重复并按条件结束的迭代等,以及数据的比较、交换、查找、排序等,还有各种经典的算法思想等,这些都属于编程思维。

在后续章节中,会逐步介绍这些思维方法,读者要学习并习惯使用它们来思考问题。

（4）编程规范

编程工作,有人认为是非常需要创意的设计工作,属于艺术,程序员也是一类艺术家;也有人认为,只是用现成技术完成既定解题方案,充其量也就是技术,程序员是工程师,并形象化地称为"码农"。但不管怎样,编程应该遵循一定的规范,养成好的习惯。

学习编程时,从一开始就要重视程序代码的质量,要遵守编码规则,养成好的编码习惯,使用并积累编程经验。比如要先设计再编码,要有明确的命名规则,书写程序时遵循统一的缩进规则,程序中要加入适当的注释等。

0.5　如何学好程序设计

经常听到有人这样说:编程很难;听得懂,不会做;看得懂,不会做;考得出,不会编。那么,程序设计真的这么难吗?其实不然,除非是解决很复杂的问题,设计一般的程序,中学生都不会有任何问题。很多人觉得难的主要原因是不适应思维方式上的变化,这就像隔了一层窗户纸,感觉对面是一个完全陌生的世界,其实捅破了,你会发现也就那么回事。你要做的就是捅破那层不用花太大力气就能捅破的窗户纸。

"兴趣是最好的老师"。学会编程,你会看到一个不一样的世界;学会编程,在你探究、改造这个世界时将如虎添翼;学会编程,你的创造力会倍增;学会编程,你的人生将更加丰富多彩。学习编程,首先要培养对程序和设计程序的兴趣,有了兴趣,学习起来就会觉得轻松快乐。随着设计的一个个程序运行出正确结果,你会越来越喜欢编程,越来越有成就感,越来越自信。

那么,应该如何来学习程序设计呢?为了帮助读者顺利学习编程,以下总结了学习程序设计的"一个要领""三个关键""十大诀窍"。

1. 一个要领:循序渐进

不要想一口吃成个胖子。学习程序设计,从依样画葫芦开始,逐步过渡到自己编程;从简单有趣的程序开始,逐步增加功能。刚开始学习编程时,重要的是程序运行出结果,然后在弄懂程序的基础上逐步增加功能。不要一开始就编写复杂程序,简单程序编熟练了,复杂程序自然也就会编了。

2. 三个关键:紧跟、坚持、理解

"紧跟"是指教到哪、学到哪、编到哪。与其他知识的学习不同,程序设计的学习涉及新的思维方式和习惯的适应。因而,学习第一门程序设计语言课程时,教师的作用不可或缺;学习时要尽量跟上教师的讲课节奏,及时学会教师讲授的内容,并及时在编程实践中应用和巩固所学的理论知识。

"坚持"是指遇到问题不退缩,没有解决不了的问题。刚开始学习程序设计时,会接触很多新的概念和知识,思维方式也有差别,遇到一些小的困难也是正常的,这时候决不能轻言放弃,咬定青山不放松,问题也就迎刃而解了。在解决一个又一个的困难中,不知不觉就会成为一个编程高手了。

"理解"是指得到正确结果不代表结束,了解所以然才达到目的。学习程序设计的目标不是记住知识点,即使将知识点背得滚瓜烂熟也没用,会用来编程解决问题才有意义。编出程序,运行出结果,并不是完成任务,必须理解"为什么要这样设计",需要思考有没有其他更优的解决方案,还有哪些问题也能用类似的方法解决等。

3. 十大诀窍

一是先看后听。就是在听课学习新的知识之前,要有所准备,先看书预习、看相关的视频熟悉内容,知道重点和难点,有备而来地听课会达到事半功倍的效果。

二是先听后问。就是听课中不能完全理解的内容要及时问老师、问同学,不要让问题积累起来,尽量做到学习时就理解。

三是边学边练。学习了新的思维方法、新的语法知识后,要及时应用它们来练习编写程序,通过编写程序做到真正掌握所学的内容。

四是边练边调。在练习本上编写程序是不够的,因为只有将程序放到计算机中调试运行,才知道编写的程序正不正确,能不能运行出正确的结果。

五是边调边议。在调试程序时,有时候会有一些错误,这时针对这些错误和同学或老师讨论,将对加深理解、提高编程能力起到很好的作用。

六是边学边温。学而时习之,学习新内容的同时,要温习以前学的知识,并把它们综合起来,一起用于编程实践中。

七是先想后编。在编写程序解决问题前,思考的过程很重要,如用什么方法、技术、步骤等,一定要考虑好了再动手。

八是编后再思。编出能正确解决问题的程序后,还要继续思考,有没有更好的方法,同样的方法还能解决哪些问题等。

九是思后再编。在思考的基础上,动手修改程序或者重新编写程序,使程序有更好的结构、更高的效率等,也可以编一些通用的模块,积累下来供以后编程使用。

十是边编边玩。玩是年轻读者的天性,将程序和平常的游戏娱乐等联系起来,在玩中学,学中玩,编写程序实现自己感兴趣的功能,将会让学习编程的过程更加有趣。

0.6　如何教好程序设计

程序设计课程是目前很多高校开设的计算机基础类课程,无论是计算机类专业还是其他专业的学生都要学习。经过几十年的实践,程序设计也经历了巨大的变迁,程序设计技术与方法、程序设计语言都得到快速发展。近年来,微型计算机、互联网、智能移动设备的普及,以及 MOOC、SPOC、微课和翻转课堂等教学平台的出现,为程序设计的学习提供了便利。

为了更好地教好程序设计课程,在教学过程中,教师也要适应新的变化,及时调整教学目标、内容、方法和课堂形式等,并充分利用各种资源和现代化教学手段。

首先,将知识积累、技能培养、思维训练和养成良好编程习惯作为教学任务,融入教会学生运用程序设计语言解决问题和完成任务的过程中。

其次,要明确以下 3 个关系:

① 能否用语言编程解决问题比语言的系统性更重要。

② 运行出结果比弄懂语法更重要。

③ 理解解题过程比语法细节更重要。

第三,要强化应用,充分关注学生的学习感受,培养他们对程序设计的兴趣。知识点要由简到繁,案例介绍要由浅入深,解题思路要由易到难。

第四,课前课后做好充分准备。课前准备包括学习素材的提供、课堂设计等,课堂教学要充分运用互动讨论、翻转课堂、案例驱动等形式和手段,课后包括布置练习、上机检查、评估评价等。

0.7　本 书 导 读

C 语言自 20 世纪 70 年代问世以来,由于其结构简单、功能强大且易于操作硬件,一直是高校程序设计教学的重要语言。迄今为止,在国内外很多高校中,C 语言仍然是学生学习的第一种程序设计语言,与其相关的教材也数不胜数。本书是在吸取已有教材优点的基础上,引入现代程序设计新理念,充分利用先进教学技术,结合编者多年教学实践经验编写而成。

随着人类社会进入智能化时代,针对伴随着互联网、智能设备长大的当代大学生的程序设计教育也面临着新形势和新背景,作为程序设计界的元老——C 语言的教学也需要更新理念。本书名为《程序设计方法与技术——C 语言》,意在以 C 作为程序设计语言的一个代表,阐述程序设计的原理、技术与方法。本书也是在总结上海市多所高校程序设计教学改革成果的基础上编写的,全书坚持了"跳出语言学语言""从编程到构建程序""兴趣为王、重在应用"等思想,突破了传统的重在语法系统性和顺序性的特点,尝试从"教一学一用一"到"教一学二用三"的转变。

为此,本书的读者,无论是教师还是学生,都要关注以下几个方面。

1. 关于本书结构

为尽早让读者接触程序、了解程序的强大功能、学会编写实用程序,提高学习程序设计的兴趣,本书依照从易到难、循序渐进的原则,在一些知识点的安排上有特殊的考虑。本书与第 1 版相比,较大的变化是文件的相关知识点不再单独成章,而是分散到全书各章中;指针相关知识点从前几章就开始介绍,最后在第 9 章中进行总结,并介绍其高级应用;其他知识点都是从培养学生程序设计能力的角度出发由浅入深地进行介绍。

本书第 0 章是导言,旨在让读者了解程序设计的概貌和重要性;第 1~2 章介绍 C 语言程序设计最基本的知识,让读者对 C 语言程序相关知识有基本认识;第 3~5 章分别介绍程序的 3 种控制结构(顺序、选择和循环);第 6、8 章介绍程序的重要构造数据类型(数组、结构体);第 7 章介绍函数和模块化程序设计;第 9 章介绍指针及其应用;第 10 章是编程开发实例。

2. 关于案例程序

结合案例来学习程序设计是培养读者编程思维和能力的重要手段,编程能力是实践练出来的,解决问题的能力是在编写一个个程序中提高的。本书特别注重精心挑选并系统组织案例程序。在案例程序的选材上兼顾新意、实用、兴趣、育人等因素,既选择包括信息管理、数据处理、计算游戏等纯软件应用,也选择硬件操作的程序,以便读者掌握各类程序的设计方法。对于规模较大的案例程序,采用分步实现,分解成一系列功能简单的模块安排到各个章节中,让读者在循序渐进中学会编写程序,同时领会编程的思路和方法。

本书除了有让读者理解知识点的小规模程序外,还有为课堂讲解、课后作业、实验练习设计的规模较大的程序,让读者跟随学习进展逐步掌握规模较大程序的分析、设计和实现技术。其中,课堂讲解的主要案例有社团管理、计算 24 点等。

此外,根据 C 语言的特点,本书还以智慧寝室系统控制板编程为例来讲解如何编写硬件操作相关的程序。

3. 关于思维训练

前面介绍了学习一种语言来编写程序,必须掌握语法知识、编程技能、编程思维和编程规范 4 个维度,而其中最重要的是编程思维的训练。学会利用编程思维来考虑问题,就能举一反三,一通百通,既能快速掌握其他编程语言,又能为解决非程序设计的其他问题拓展思路。

本书将思维训练贯穿始终,注重线上线下的练习,兼顾理论和实践。把教会读者如何将现实问题转为程序问题,进而通过设计,再编写程序实现,并不断优化,作为程序设计的重中之重。读者在学会使用程序设计语言的数据表示和控制结构的基础上,将实际问题中的数据和操作抽取出来,设计解决实际问题的步骤,再编程实现。

对于简单问题,设计后可直接写程序。重在学会写程序、会用集成编程环境、会检查程序错误、会调试程序运行出正确结果。

对于复杂问题,要更加注重的是解题方法(算法)和方案设计,正确理解问题、分析问题、设计算法是重点。同时,还要注重工程思想的运用,将复杂问题分解成多个简单问题,学会使用工具和复用已有资源来完成任务,善于调用程序设计语言自带的标准库,善于把常用的模块设计成自定义库函数。

4. 关于价值引领

寓育人元素于知识传授和技能培养之中,使读者在学习专业知识的同时得到正确价值引领和自立自强精神培育是本书的重要特色。在案例选择、思路研讨、拓展阅读等环节中,本书将社会主义核心价值观、家国情怀、工程素养、创新精神、中华美德等有机融入,让读者学出科技报国的激情和动力。

小　　结

智能信息时代的到来使程序和编程成为每个人的必需品和基本技能。本章是一个导言,概要地介绍了什么是程序,程序有哪些组成部分,编程的基本步骤,学习程序设计的主要任务以及如何学好、教好程序设计课程等内容,以期帮读者建立一个鸟瞰图,在正式学习之前有所准备。

1 程序设计概述

读者在学习程序设计方法与技术之前,首先需要解决的问题是:程序是什么? 何谓程序设计语言? C 语言程序能解决哪些问题? C 语言程序的基本结构与程序设计的基本方法是什么?

1.1　初识 C 语言

1.1.1　程序设计语言

人们用计算机语言编写程序解决实际问题。计算机语言(computer language)是人与计算机通信的语言,又称为程序设计语言。程序设计语言是计算机能够理解和识别的一种语言体系,用于描述程序中的符号、规则以及操作命令。

程序设计语言的特殊之处在于:

① 它实现了人与计算机的互动,并使计算机具备可操作性。

② 人能理解和掌握它,能用它来描述操作过程。

③ 计算机能理解它,并按程序给出的相关操作完成任务。

程序设计语言诞生至今,经历了机器语言、汇编语言、高级语言的发展阶段。

1. 机器语言

众所周知,计算机指令由若干位二进制码即"0"和"1"组成,一条指令分成操作码和操作数两部分。计算机的每一步运算动作都是根据机器指令所指定的要求完成的,机器指令的集合称为机器语言。例如,将地址为 00000100B 的存储单元中的内容加 5,在 Intel 8086 指令系统中的机器语言程序如图 1.1 所示。

```
10000011 00000110 00000100 00000101
```

图 1.1　机器语言示例

计算机能直接执行用机器语言编写的程序。但是,由于这种程序是直接用二进制编码编写的,编程显得十分复杂、单调和枯燥。机器语言是一种面向计算机的语言,编写完的程序可读性差,调试和修改有相当的难度,不易推广和交流。

2. 汇编语言

为了方便编程,出现了汇编语言。汇编语言指令是机器指令的符号化,称为汇编指令。汇编指令的基本表示形式是以英文单词的缩写符号代表操作码,以十六进制形式表示操作数。假设 a,b 均为 8 位二进制整数,分配寄存器 AL 存储 a 的值、BL 存储 b 的值,寄存器 AL 作为累加器,可存储两数相加后的结果。汇编语句序列如下(每一行分号";"以后的内容为注释,用于解释对应的语句):

```
① MOV AL,4      ;使 AL = 4,寄存器 AL 对应第 1 个整数,相当于 a = 4
② MOV BL,5      ;使 BL = 5,寄存器 BL 对应第 2 个整数,相当于 b = 5
③ ADD AL,BL     ;使 AL 与 BL 的值相加,结果保存在 AL 中,相当于 a = a+b
```

汇编语言没有变量的概念,是直接访问内存单元的,或者映射到寄存器(通过寄存器名称访问)中。例如,语句①"MOV AL,4"的指令样式是"MOV 目标寄存器(8 位),立即数(8 位)",它将一个 8 位二进制数传送(复制)到一个 8 位寄存器中。

汇编语言不能直接使用公式进行计算。汇编语言不支持 +、−、*、/ 和括号等运算符号,而使用 ADD、SUB、MUL、DIV 等操作码表示四则运算。例如,语句③置 AL = AL+BL(寄存器 AL 原来的值不再保留,改为保存相加后的结果,相当于 a = a+b)。

汇编语言没有足够丰富的"库"函数。由于汇编的"功能调用"只能输出单个字符或一串文本,想要在屏幕上输出一个整数,需要一段不短的程序代码。

汇编语言相比机器语言易于读写、修改和调试,同时具有执行速度快、占用内存空间少等优点。汇编语言也是一种面向机器的语言,且依赖具体的计算机类型,不同计算机有不同结构的汇编语言,不能够移植。

用汇编语言编写的程序,要通过机器的"汇编系统"程序把源程序的汇编指令翻译成机器指令,然后计算机执行等价的机器语言程序,这个过程称为"汇编"。

3. 高级语言

20 世纪 50 年代产生了第一个完全脱离机器硬件的高级语言——FORTRAN。高级语言是面向人的,不依赖计算机类型,形式上接近算术语言和自然语言,设计上更接近人们使用习惯,人们不需要关心计算机硬件的实现细节。

随着计算机的普及,共有几百种高级语言出现,目前影响较大、使用较普遍的有 Visual Basic、C、C++、C#、Java、Python、PHP 等。

用 C 语言实现两数加法的核心代码如下:

```
int a,b,x;       /* 声明 a,b,x 为整型变量 */
a = 4;b = 5;     /* 简化输入,直接设置 a,b 的值 */
x = a+b;         /* 计算公式,结果赋值给 x */
```

由于计算机无法读懂接近人类语言的形式化描述语句(高级语言),因此,必须把高级语言程序转换为计算机所能执行的机器指令。完成这一任务的专门软件称为高级语言编译系统,也常被称为高级语言的翻译程序。高级语言的翻译程序分为两类,分别是编译程序和解释程序。

使用编译程序的高级语言编写的程序在执行之前,要将程序源代码编译连接生成可执行程序,文件扩展名为 exe,可执行程序可以脱离语言环境独立执行,但是程序源代码一旦修改,必须再重新编译连接生成可执行程序,再运行。现在大多数编程语言都是编译型的,例如 C、C++等。

使用编译程序翻译得到机器语言的过程类似译制片(电影)的生产过程;使用解释程序的高级语言,翻译方式类似于日常生活中的同声翻译。应用程序源代码,或直接或翻译成字节码文件后,一边由解释器翻译成目标代码,一边执行,因而它的执行效率较低,不能生成可执行程序,不能脱离解释器,只能在语言环境中执行程序。但它修改方便,可以随时修改随时运行。如 BASIC 就是直接解释型语言,而 Python、Java 是先翻译成字节码文件再解释执行的语言。

1.1.2 C 语言概述

C 语言诞生于 20 世纪 70 年代初期,它的前身是英国剑桥大学的马丁·理查德在 20 世纪 60 年代开发的 BCPL 语言。BCPL 语言是马丁·理查德为描述和实现 UNIX 操作系统而自己设计的工作语言。1970 年,美国贝尔实验室的肯·汤普森继承和发展了 BCPL 语言,提出了 B 语言,并用 B 语言在当时最新的小型机 PDP-7 上实现了第一个 UNIX 操作系统。1972 年,美国贝尔实验室的丹尼斯·里奇和布赖恩·克尼汉对 B 语言做了进一步完善和发展,提出了一种新型的程序设计语言——C 语言。1973 年,肯·汤普森和丹尼斯·里奇合作用 C 语言成功地改写了 UNIX 操作系统。

20 世纪 80 年代,随着微型计算机的日益普及,出现了许多 C 语言版本。由于没有统一的标准,这些 C 语言之间出现了一些不一致的地方。为了消除各种不同版本的 C 语言在用法上的差异,1989 年推出了第一套完整的 C 语言国际标准,称为 ANSI C,也称为 C89。在 ANSI C 标准确立后的第二年,该标准被国际标准化组织(International Organization for Standardization,ISO)采纳并命名为 C90,C89 和 C90 指代的都是最初的 C 语言标准。1999 年发布了新的 C 语言标准,称为 C99。

TIOBE 编程语言排行榜是基于全世界互联网上有经验的程序员、课程和第三方厂商使用编程语言的相关数据产生的,在业界有着指标性意义。2023 年 3 月的榜单如图 1.2 所示,C 语言依然稳居第二,与位于第一的 Python 的差距仅差 0.1 个百分点。相较于 2022 年同期,Python 增长 0.57%,而 C 语言却增长了 1.67%。这个数据反映了

2023.3	2022.3		程序语言	占有率	变化
1	1		Python	14.83%	+0.57%
2	2		C	14.73%	+1.67%
3	3		Java	13.56%	+2.37%
4	4		C++	13.29%	+4.64%
5	5		C#	7.17%	+1.25%

图 1.2 2023 年 3 月与 2022 年同期 TIOBE 编程语言排行榜

尽管不断有新的语言出现,但是 C 语言始终是程序设计语言之林的常青树。

C 语言因其执行效率高(仅次于汇编语言),常被用于开发新的编程语言,C++则是 C 语言扩展了面向对象功能的改良版;Java 是由 C++改进和重新设计的程序语言;Python 的翻译器是由 C 语言实现的。掌握 C 语言后,再具备面向对象程序设计思想,就能便捷地掌握 Java、Python 等语言。

1.1.3　C 语言的应用

在计算机的程序设计教学中,通常选择 C 语言作为程序设计的入门语言。它既具有高级语言的面向过程的特点,又具有汇编语言的面向底层的特点。它既可以作为如 Windows、Linux、嵌入式操作系统等的设计语言,编写系统程序;也可以作为如计算器、游戏、图像处理等应用程序的开发语言,能编写不依赖计算机硬件的应用程序;在单片机及嵌入式系统开发中也能被广泛应用。

1. 数值游戏的 C 程序

C 语言功能丰富,表达能力强,有丰富的运算符和数据类型,使用灵活方便,应用面广,移植能力强,编译质量高,目标程序效率高,是求解数值计算问题时计算能力超强的高级语言之一。

【例 1-1】　24 点卡牌游戏。24 点是大家非常熟悉的卡牌游戏。先在一副扑克牌中选取 4 色的 A,2,3,4,5,6,7,8,9,10 共 40 张牌,每次抽取 4 张牌组成 4 个 1~10 的数字,游戏双方谁先通过四则运算计算得到 24(每个数字使用且仅使用一次),谁获胜。

实现 24 点游戏最主要的思想是"穷举",即将可能出现的每一种情况一一测试,判断是否满足运算结果是 24 的条件,这种方法的特点是算法简单,容易理解,但运算量大。图 1.3 是用 C 语言实现的 24 点游戏运行示例,具体的算法设计及编程实现将在第 9 章综合案例中进行介绍。

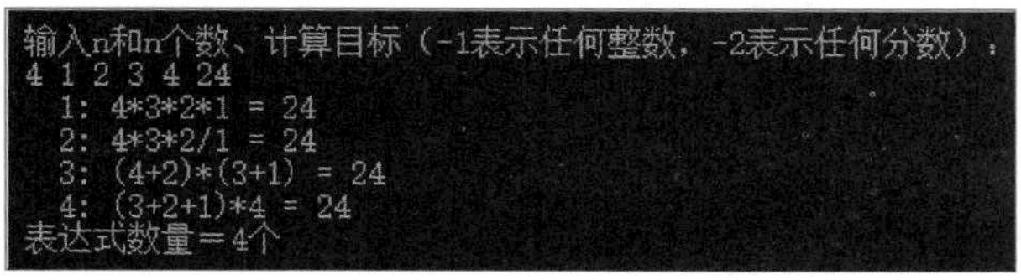

```
输入n和n个数、计算目标（-1表示任何整数，-2表示任何分数）：
4 1 2 3 4 24
1: 4*3*2*1 = 24
2: 4*3*2/1 = 24
3: (4+2)*(3+1) = 24
4: (3+2+1)*4 = 24
表达式数量=4个
```

图 1.3　24 点游戏运行示例

2. 数据管理的 C 程序

C 语言是面向过程的结构化语言,函数是 C 语言程序的基本单位。C 语言系统也提供了丰富的库函数(又称系统函数),用户可以在程序中直接引用相应的库函数,根据需要编制和设计用户自己的函数。所以,一个 C 语言程序由用户自己设计的函数(用户函数)和库函数两部分构成。

【例 1-2】　社团管理。大学社团丰富多样,如果可以定制一个适合自己所在社团管理应用需求的软件,那该是多么美好的一件事情! 当掌握了自顶向下的模块化程序设计方法后,就可以轻松地用 C 语言实现程序。图 1.4 是用 C 语言开发的社团管理程序的主界面,具体的算法思想和代码实现将在后续章节中进行介绍。

3. 图形绘制的 C 程序

C 语言带有许多绘图功能函数,利用这些函数开发图形应用软件十分方便。因此,很多图形图像软件(如 AutoCAD 等)都是使用 C 语言开发的。图 1.5 是在 C 语言开发环境中配置 ege 库后,编写的基于 Windows 系统的画图板程序,从右侧色板中选择颜色后,在白色画布区域按住鼠标左键拖动进行绘图,单击鼠标右键可清空画布。

图 1.4　社团管理程序的主界面　　图 1.5　C 语言编写的基于 Windows
　　　　　　　　　　　　　　　　　　　　　　系统的画图板程序

4. 单片机程序开发

由于 C 语言具有功能强、高度可移植性,因此它也是物联网、嵌入式开发的重要编程语言之一。

试想:夏天回到寝室后,空调自动开启并保持室内 26℃;当所有人离开寝室时,自动关闭室内的电灯、空调等设备;根据室外气温,寝室自动提示穿衣建议等。掌握好 C 语言,就能用编程实现个性化智慧寝室的控制,智慧寝室效果图如图 1.6 所示。

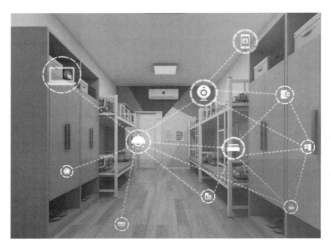

图 1.6　智慧寝室效果图

使用 C 语言编写基于智慧寝室系统控制板程序,无须关注智慧寝室系统控制板指令集和具体硬件,仅思考程序的算法和系统功能即可。

1.2　程序设计方法

微视频:
程序设计
概述

每一个程序都是为了解决特定的问题,不论待解决的问题是简单还是复杂,程序设计方法大致可包括 4 个步骤:问题分析、算法设计、程序编写、运行调试。

1.2.1　问题分析

问题分析的过程包括问题的定义和提出问题的解决方案。问题定义就是指明确解决问题需要考虑的已知信息和需要达到的目标。如同数学中解答应用题时,阅读题目之后要明确:已知什么;求什么。问题的解决方案顾名思义就是根据已知条件,寻求结果的方法和途径。

当遇到一个需要解决的问题时,首先要将问题陈述清楚,目标是消除不必要的因素。影响一个问题求解的因素有很多,如果考虑的因素过多,问题的求解就过于复杂而难以控制。最后筛选出对求解有影响的因素就是求解问题的已知信息,并在此基础上明确需要达到的目标。

例如,当需要编程解决"两个整数的除法"的问题时,先做问题分析和问题定义,明确题目是:已知被除数 a 和除数 b,求商。然后再找问题的解决方案,分析出要进行的处理方案:当 b 不等于 0 时,执行 a 除以 b 的运算。

1.2.2　算法设计

当问题分析完成后,进入求解的方法或具体步骤的设计,即算法设计。著名的计算机科学家尼古拉斯·沃斯曾提过一个公式:程序 = 数据结构 + 算法。数据结构是对数据的描述,而算法则是对操作步骤的描述。

计算机算法是程序的灵魂,简单地说,算法就是解决问题所需的有限步骤。算法好比是制作一道菜的菜谱,又好比是演奏一首乐曲的乐谱。算法设计就是设计程序执行步骤,这些步骤都应该是明确定义、可以执行的,而且每个步骤的执行顺序是确定的,并且能够在有限步骤内执行完毕。

算法不同于程序,不能直接被计算机执行,仅仅是将人对程序处理过程的设计思想以清晰、确定的文字或图形表示出来。算法的描述方法有很多,常见的有自然语言、流程图和伪代码。图 1.7~图 1.9 分别展示了不同方法对"两个整数的除法"的算法描述。

自然语言描述的算法与平时的文字表达比较接近,虽然简单易懂,但往往文字冗长,容易出现歧义。伪代码是介于计算机语言和自然语言之间,采用文字和符号来进行算法描述的,比自然语言语句短,但对于没有程序设计语言基础的人而言,理解伪代码存在一定难度。

(1) 输入被除数a (2) 输入除数b (3) 如果除数b不等于0，那么输出 a除以b的结果 (4) 否则输出"除数不能为0"的 报错信息	(1) 输入被除数a (2) 输入除数b (3) if (b不等于0) 　　输出a除以b的结果 else 　　输出"除数不能为0"的报错信息
图 1.7　自然语言算法描述	图 1.8　伪代码算法描述

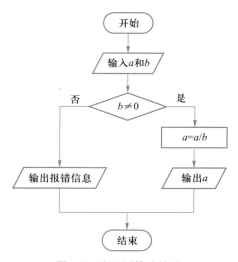

图 1.9　流程图算法描述

使用流程图表示的算法形象直观,简单方便。流程图又称为程序框图,是以图形的方式描述算法步骤。传统的流程图由图 1.10 所示的几种基本图形符号构成,通过流程线可以把各种图形符号连接起来,流程线的箭头指示程序执行的方向。

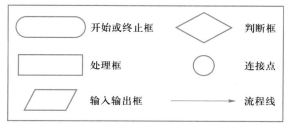

图 1.10　流程图的常用图形符号

在结构化程序设计中,有 3 种基本控制结构,如图 1.11 所示。

一个程序无论复杂或简单,均是顺序、分支或循环 3 种基本结构的组合。在社团管理程序中,程序将根据输入功能编号执行相应功能模块,功能模块实现结束后回到

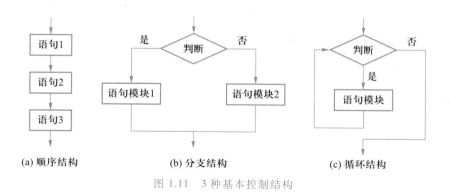

图 1.11 3 种基本控制结构

菜单显示;如果输入的功能编号不在系统可选范围内,结束程序,实现上述功能的流程图如图 1.12 所示。

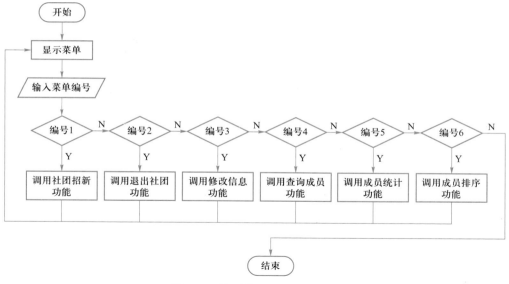

图 1.12 社团管理主程序流程图

通常计算机解决一个问题的算法不是唯一的,很多步骤和思路完全不同的算法可以解决相同的问题。一般算法设计可以归纳为以下 3 步:

① 输入。输入是指程序需要处理的数据来源,可以是键盘输入、文件输入等。

② 处理。处理是程序对输入数据进行计算产生输出结果的过程,即算法。这是程序的灵魂。

③ 输出。输出是指处理结果的展示,可以将结果屏幕输出,也可以将结果保存到数据文件中。

1.3 程序编写

算法确定后就要选用一门计算机所能理解的语言来实现算法,这就是程序编写,即将算法转为程序的过程。

1.3.1 一个简单的 C 语言程序

【例 1-3】 根据图 1.9 的算法描述,用 C 语言编程实现:输入两个整数,求商并输出。

```
#include <stdio.h>                      //预处理命令
int main(void)
{
    int a,b;                            //定义两个整型变量 a,b
    printf("\n 请输入 a,b:");           //输出屏幕提示语句
    scanf("%d%d",&a,&b);                //从键盘输入 a,b 的值
    if(b!=0)                            //分支条件
        printf("%d/%d=%d\n",a,b,a/b);   //输出表达式及运算结果
    else
        printf("除数不能为 0!\n");       //输出报错信息
    return 0;
}
```

1. 函数定义

一个 C 语言程序由一个或者多个独立的函数组成,其中必须包含一个 main( )函数,且只能有一个 main( )函数,即主函数。C 语言程序的执行从 main( )函数的左花括号"{"开始,顺序自动执行每一条语句,直到 main( )函数右花括号"}"结束。

函数是 C 语言程序的基本组成单位。每个函数定义构造了一个程序模块,一个程序模块用来完成整个操作任务的一部分。以上代码中的 printf( )和 scanf( )就是 C 语言的系统库函数,在 stdio.h 标准输入输出函数头文件中进行了定义。main( )函数的一般语法规则为

```
int main(void)
{
    …
    return 0;
}
```

main( )之前的 int 说明函数类型,即 main( )函数执行结束,通过 return 语句返回一个整型数。对于初学 C 语言的人来说,觉得这个返回值有没有都一样,其实不然。main( )函数的返回值是给操作系统的,在 Windows 系统中,返回 0 表示当前程序正常结束。

main 后面的小括号( )不能省略。( )中的 void 表示调用该函数不允许传入参数,

如果省略不写,则表示传递任意个参数都是允许的。在不同的教程或者示例程序中可以看到 main( )函数的写法有很多种,初学者很容易混淆。表 1.1 给出了常见的几种main( )函数写法及其说明。

表 1.1　常见的 main( )函数写法及其说明

序号	写法	说明

1	int main(void)
	{
	　…
	　return 0;
	}
		无参数有返回值的形式,符合 C89、C99 标准。本书中采用这种 main( )函数写法

2	int main( )
	{
	　…
	　return 0;
	}
		省略 void 的无参有返回值形式,C89 标准和常用编译器允许,不符合 C99 标准

3	main( )
	{
	　…
	}
		省略 void 的无参无返回值形式,符合 C89 标准,不符合 C99 标准。使用现在的编译器编译时,函数没有显式声明返回类型,那么编译器会将返回值默认为 int,因此编译器会有警告消息

4	void main( )
	{
	　…
	}
		无参无返回值的形式,C 或 C++中没有这样的定义,只有部分编译器可执行

由于 C 语言的标准并不基于任何厂商,因此,在实际应用过程中各厂商开发的编译器对于各版本的支持度并不相同,具体情况需要查阅编译器手册。

2. 预处理命令

C 语言程序的开始可以包含若干条适当的编译预处理命令,用来指示 C 语言的编译系统在对源程序实际进行编译之前,完成某些适当的处理,例如,“#include <stdio.h>”编译预处理命令,表示要把头文件 stdio.h(标准输入输出函数头文件)中的代码加入当前程序代码的前面。

3. 语句

中文结束一句话时用句号表示,在 C 语言中一条语句的结束用分号;表示。被一对花括号{}包含的称为复合语句,它将多条语句作为一个整体处理。例如,上文代码{}中的语句全部属于 main( )函数中的内容。

1.3.2　C 语言程序的基本元素

从微观上看,一个 C 语言程序也可以被看成是由若干行语句组成的,而每一行语句由字符的序列构成。事实上,一个 C 语言程序是由一系列取自"基本字符集"中的字符构成的。若干个字符按一定的规则,构成诸如标识符、常量、运算符和分隔符之类的基本词法单位,若干个基本词法单位又按一定的规则,构成诸如表达式、语句和函数等更大的语法单位。

1. 基本字符集

C 语言的基本字符集至少包含:大写英文字母 A~Z,小写英文字母 a~z,阿拉伯数字 0~9,28 个标点符号和运算符,下画线(_)、空格符、制表符和换行符。

2. 标识符

标识符用来命名各种程序元素,例如语句、变量的名称、函数的名称等。C 语言中的标识符大小写敏感,例如,main( )不允许写成 Main( )。按照功能的不同,标识符分成如下三类。

（1）关键字

关键字又称为保留字,是 C 语言的编译系统已经给予固定意义的标识符,它可以是数据类型的名称、语句的种类或是程序元素的其他标识。表 1.2 给出了 C99 标准中的关键字,其中主要关键字的意义和用法将在本书其他章节中介绍。

表 1.2   C99 标准中的关键字

char	double	enum	float	int	long
short	signed	struct	union	unsigned	void
for	do	while	break	continue	if
else	goto	switch	case	default	return
auto	extern	register	static	const	sizeof
typedef	volatile	inline	restrict	_Bool	_Complexand
_Imaginary					

（2）标准标识符

标准标识符是 C 语言系统标准库中已经定义的标识符,如系统类库名、系统常量名、系统函数名。如 printf、scanf、sin、isalnum 等。

（3）用户定义的标识符

除了关键字和标准标识符之外的其他标识符是用户定义的标识符。在不混淆的情况下,可以把"用户定义的标识符"简单地说成"标识符",可以使用标识符来命名程序中的变量、函数或其他程序元素。用户定义标识符的命名规则如下:

① 可以由字母、数字或下画线(_)组成。

② 不能以数字开头。

③ 不能与关键字和标准标识符冲突。

合法的用户定义标识符如 x、y2_imax、ELSE、X、A_to_B;非法的用户定义标识符如 5x、else、#No、sum、two、re-input、main。

3. 注释

注释是指对程序语句进行简要的说明。例如,说明在某处定义的变量的用途,说明某个语句的作用,等等。适当地使用注释对程序进行必要的说明,可以提高程序的可读性,对程序的理解更为容易。在 C 语言中,注释的一般形式如下:

① /* 一行或多行注释 */

② // 当前行注释

说明:

"/*"是注释的开始记号,"*/"是结束记号,中间是注释内容,可以一行或多行。由于注释不能嵌套,即在注释中不能再出现另一个注释,因此,在注释内容中不能再出现注释的开始和结束记号。

// 是单行注释的开始记号,表示从// 后开始到本行结束为注释内容。

注释不属于程序可执行语句,在系统编译时会略过注释,它的作用是帮助程序员理解程序。对于 C 语言编译系统而言,一个注释相当于一个空格字符,因此,在程序中加入注释,并不影响程序执行的效果。

1.4 运行调试

1.4.1 C 程序的实现过程

C 程序的实现过程包括编辑、编译、连接和运行,如图 1.13 所示。

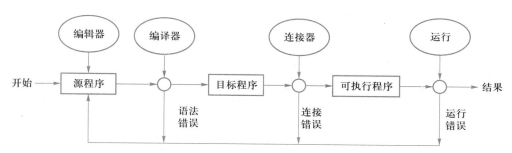

图 1.13 C 程序编辑、编译、连接和运行的过程

1. 编辑

使用编辑软件将 C 语言程序写入计算机。在计算机中 C 语言的源程序文件以文本文件的形式存储,文件主名由用户自己定义,扩展名为 c。

用 Windows 系统中的"记事本"软件可以编辑 C 语言源程序,保存时"保存类型"选择"所有文件","文件名"输入主名和扩展名,如图 1.14 所示。

2. 编译

编译是通过编译器完成的,编译器是将高级语言翻译成机器语言的软件。编译的

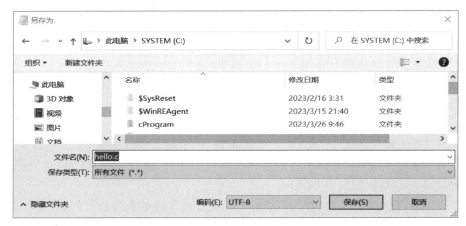

图 1.14   保存"记事本"软件编写的 C 语言源程序

任务首先是处理预处理部分,进行宏替换并把头文件合并到源程序中,再对该源程序进行编译,生成由机器语言指令构成的目标程序,扩展名为 obj,是一个二进制文件。编译时要对源程序的语法和程序的逻辑结构等进行检查,当发现错误时,在显示器上列出错误的类型和位置,不产生目标程序,需要回到编辑器中继续编辑修改源程序。

3. 连接

连接是通过连接器完成的。连接器的任务是将预先开发好的程序模块(例如系统函数或其他程序员开发的共同模块)连接到当前程序代码中,生成可执行程序,扩展名为 exe,可执行程序可以脱离语言环境独立执行。

4. 运行

通过"开始"菜单中的"运行"→"cmd"命令打开命令提示符窗口,直接输入生成的可执行程序的路径和文件名即可运行,如图 1.15 所示。

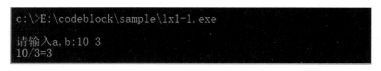

图 1.15   在命令提示符窗口下执行程序

1.4.2   C 语言的开发环境

编译、连接和运行一个 C 语言程序,需要有 C 语言编译系统。目前使用的 C 语言编译系统通常是一个集成开发环境。这个集成开发环境将程序的编辑、编译、连接、运行及调试等功能全部集中在一个由窗口、菜单、对话框、工具栏、快捷键等组成的系统中,使用便捷,可有效提高程序的开发效率。

早期 DOS 环境下的 Turbo C/C++,随着 Windows 平台对 DOS 的不兼容性和 DOS 编辑的局限性,已逐渐退出人们的视线。在 Windows 平台下进行 C/C++项目开发的平台主要是微软的 Visual Studio 产品下的 VC++。Code::Blocks 是一个免费、开源、跨平台的 C/C++的集成开发软件,体量比 Visual Studio 要小得多,轻量级的集成开发环境非常适合初学者,它的缺点是难以胜任规模较大的软件项目。

　　【例 1-4】　使用 Code::Blocks 编写两个整数相除的 C 语言程序,保存为 IntDiv.c 并编译运行。

　　启动 Code::Blocks 后,依次选择菜单 Flie→New→File 命令,并在打开的"New from template"对话框中选择"Files"选项卡,然后选定"C/C++ source"选项,如图 1.16 所示。单击"Go"按钮,打开"C/C++ source"窗口,选择"C"选项,如图 1.17 所示,单击"Next"

程序代码
IntDiv.c

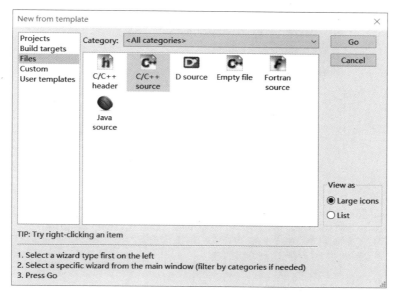

图 1.16　选择创建的文件类型

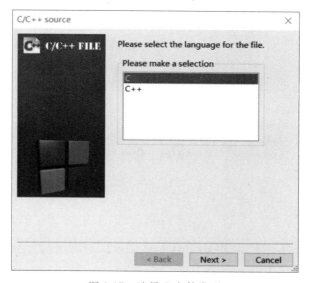

图 1.17　选择 C 文件类型

按钮。在打开的"C/C++ source"设置对话框中输入包含路径的完整文件名,如图 1.18
所示。最后单击"Finish"按钮完成文件的创建,效果如图 1.19 所示。

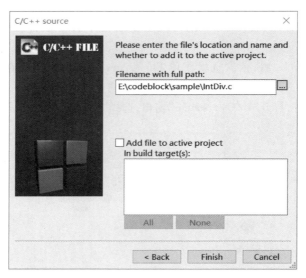

图 1.18   输入文件路径和文件名

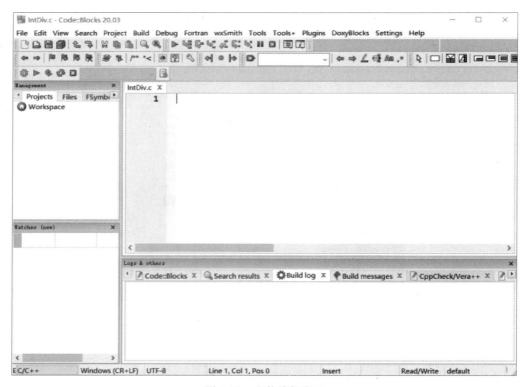

图 1.19   文件编辑窗口

在图 1.19 所示的编辑窗口中编辑 C 语言源程序代码,编辑完成后保存文件。依次选择菜单 Build→Build 命令,完成 IntDiv.c 的编译工作。如果编译没有错误,Code::Blocks 会在 Build messages 面板中显示编译成功的提示,如图 1.20 所示。

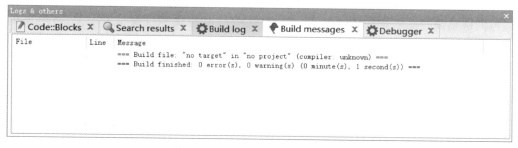

图 1.20　Build messages 信息面板

编译完成后,在源文件所在目录下会产生两个文件:IntDiv.o 是编译产生的目标文件和 IntDiv.exe 的可执行文件。Code::Blocks 在编译阶段整合了编译和连接的过程,编译、连接都通过就会生成可执行文件。

依次选择菜单 Build→Run 命令,可直接运行 IntDiv.exe,弹出运行窗口如图 1.21 所示。

图 1.21　IntDiv.exe 运行窗口

1.4.3　程序调试

可以运行的程序并不一定是正确的程序,还要根据问题的实现目标,设计测试用例来检查所编写的程序是否存在着错误。调试的过程就是在程序中查找错误并修改错误的过程。

测试用例的设计是调试程序的核心。测试用例测试出程序的逻辑错误,调试最主要的工作就是找出错误发生的地方。一般程序的编程环境提供逻辑错误定位的调试方法,如设置断点、单步跟踪、监视窗口观察变量的值等。

不同的开发环境和编译工具对 C 程序存在微小的差异,操作的方法也各不相同,具体使用方法参见各集成开发环境的使用手册。

1.4.4　编程风格

编程风格是指一个人编制程序时所表现出来的特点、习惯、逻辑思路等。良好的编程风格是编写高质量程序的保证。清晰、规范的 C 程序不仅仅是方便阅读,更重要的是能够便于检查错误,提高调试效率,从而保证程序的质量和可维护性。特别对于编程的初学者,编写的程序代码要符合以下几点要求:

1. 代码锯齿形书写

根据语句间的嵌套层次关系采用缩进格式书写程序,每嵌套一层,就往后缩进一层。可以采用 Tab 键或空格缩进方式,但整个程序文件内部应该统一,不要混用 Tab 键和空格,因为不同的编辑器对 Tab 键的处理方法不同。

2. 核心语句注释说明

为增加程序的可读性,程序的核心语句要有适当注释。一般需要使用注释的情况如下:

① 如果变量的名字不能完全说明其用途,应该使用注释说明用途。

② 如果为了提高性能而使某些代码变得难懂,应该使用注释说明实现方法。

③ 对于一个比较长的程序语句块,应该使用注释说明其功能。

④ 如果程序中使用了某个复杂的算法,应该注释说明其属于哪个典型算法或描述算法的实现过程。

3. 标识符命名尽量做到"见名知意"

可以选择有意义的小写英文字母组成的标识符命名变量或函数名,使人看到该标识符就能大致清楚其含义。尽量不要使用汉语拼音。如果使用缩写,应该使用那些约定俗成的,而不是自己编造的。多个单词组成的标识符,除第一个单词外的其他单词首字母应该大写,如 selectSort。

4. 一行只写一条语句。

5. 为使程序的结构更清晰,可使用空行或空格进行分隔。

6. 输入数据前要有适当的提示,输出结果时要有说明。

1.5　常见 C 程序的错误

程序错误分为语法错误和逻辑错误。语法错误包括编译错误和连接错误;逻辑错误包含运行结果不正确和运行时错误。通过一个实现两数相除的简单程序来认识不同错误的特征及其查错和修正错误的方法。

1.5.1　语法错误

1. 编译错误

编译错误是指不符合 C 语言定义的语法书写规则，编译时能自动检查出语法错误，只需根据错误提示进行修改。例如，分号是每个 C 语句结束的标志，语句结束没有分号就是语法错误。

【例 1-5】　divide.c 程序功能是实现两数相除，即把 x 除以 y 的结果放到 z 中，并在屏幕上输出，Code::Blocks 中程序的编译错误提示如图 1.22 所示。

程序代码
divide.c

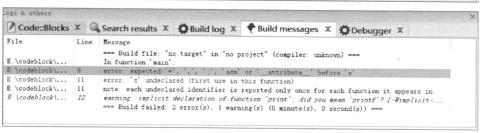

图 1.22　编译错误提示

程序中变量定义语句"double z"缺少语句结束的分号(；)，这是一个明显的程序语法错误。发生语法错误的程序编译不通过，编译器会输出错误消息显示在 Build messages 窗口(出错消息视编译器的不同而有所差别)中。编译器会自动定位到相应错误行，要注意：

① 出错消息提示已出错并且给出引起该错误的可能情况，不是特别精确反映错误产生的原因，更不会提示如何修改。出错消息通常较难理解，有时还会误导用户。根据提示能快速反应错误产生的原因需要经验的积累。

② 一条语句错误可能会产生若干条出错消息，只要修改了这条错误，其他错误会随之消失。

一般情况下，第一条出错消息最能反映错误的位置和类型，所以调试程序时务必根据第一条错误信息进行修改。修改后立即重新编译程序，如果还有很多错误，再一个一个地修改，且每修改一处错误立即重新编译一次程序。

2. 连接错误

连接错误是编译成功后,连接器连接外部程序时产生的错误。例如,输出函数 printf( )是标准输入输出库中提供的外部函数,当函数名拼写错误时,找不到该函数,产生一个连接错误。如图 1.23 所示是在 Build log 窗口中对拼写错误导致的中断提示。在调试的过程中建议修改一处保存后,立即编译运行一次。

图 1.23   连接错误示例

1.5.2   逻辑错误

逻辑错误是程序设计中的逻辑问题,指已生成可执行程序,但运行出错或不能得到正确的结果,这可能是由于算法中问题分析不足、解法不完整或不正确所造成的。

逻辑错误的测试需要事先准备好测试数据,测试数据是指一组输入及对应的正确输出,又称为测试用例。测试数据的设计直接关系到能不能测试出程序可能包含的错误。

在图 1.21 中,IntDiv.exe 正常运行,说明程序的编译和连接都通过了,没有语法错误。该程序的部分测试用例如图 1.24 所示。

分 3 次运行 IntDiv.exe 程序,依次输入测试用例 1 到测试用例 3。在测试过程中,测试用例 1 和测试用例 2 正确,但测试用例 3 的运行结果为 2,说明该程序出现逻辑错误。

该程序的逻辑错误在于 a/b 的结果为整型,需要修改为(float)a/b,同时修改 printf( )函数中的格式控制符,修改后第三个测试用例结果正确,如图 1.25 所示。

测试用例1：

输入：a=20 b=5   期望输出：z=4

测试用例2：

输入：a=5 b=0   期望输出：除数不能为0

测试用例3：

输入：a=5 b=2   期望输出：2.5

图 1.24　部分测试用例

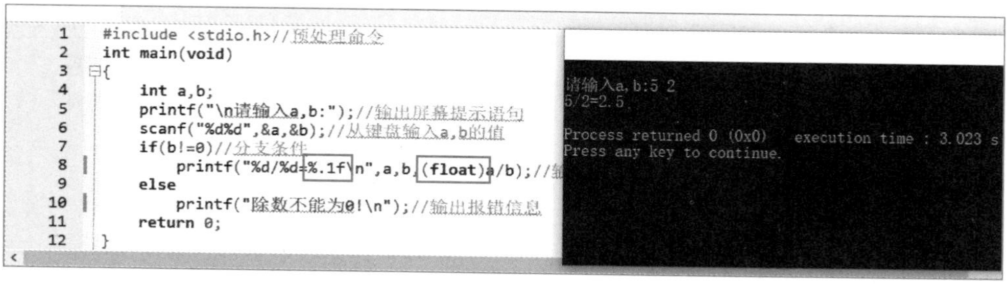

图 1.25　修改逻辑错误

程序运行时输入测试数据，如果程序没有产生预先设计的正确结果，程序员必须查找程序的错误，修改错误，再重新测试程序。逻辑错误出错位置需要程序员对程序代码进行分析，或使用集成开发环境提供的调试工具进行单步调试查找问题的原因。

逻辑错误除了包括能得到运行结果但运行结果不正确的错误之外，还包括运行时错误。运行时错误也是逻辑错误造成的，是指程序经编译连接生成可执行文件后，在运行的过程中系统报错，没有运行结果，这种情形也必须用测试用例来排除。常见的运行时错误有除数为0、死循环、指针出错等。

小　　结

C 语言程序就是用 C 语言的语句序列来解决一个特定问题的逻辑流程。本章通过一个"两个整数相除"的问题展示了问题分析、算法设计、程序编写、运行调试 4 个步骤的设计方法，并在此过程中让从未接触过 C 语言的读者快速了解 C 程序的基本结构和基本元素。

掌握程序设计方法、正确地理解 C 程序的基本结构和基本元素是本章的学习重点，建议初学者安装相应的 C 程序集成开发环境，并结合本章例题练习程序的编辑与运行调试，快速掌握开发环境的使用。

第 1 章知识结构如图 1.26 所示。

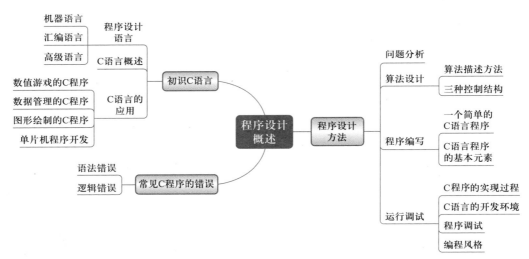

图 1.26　第 1 章知识结构图

习　题　1

一、选择题

1. C 语言中的标识符只能由字母、数字和下画线组成且第一个字符(　　)。

A. 必须为字母或下画线

B. 必须为下画线

C. 必须为字母

D. 可以是字母、数字或下画线中的任一个

2. 在 C 语言中,编程人员可以自定义的标识符是(　　)。

A. if　　　　　　B. 6e8　　　　　　C. char　　　　　　D. print　　　　　　E. a+b

3. 在 C 语言中可以对程序进行注释,注释部分必须用符号(　　)括起来。

A. ｛和｝　　　B. ［和］　　　C. ／*和*／　　　D. */和/*

4. C 语言程序编译时,程序中的注释部分是(　　)。

A. 参加编译,并会出现在目标程序中

B. 参加编译,但不会出现在目标程序中

C. 不参加编译,但会出现在目标程序中

D. 不参加编译,也不会出现在目标程序中

5. 以下叙述中正确的是(　　)。

A. 在 C 程序中,main( )函数必须位于程序的最前面

B. 每行 C 程序只能写一条语句

C. C 语言本身没有输入输出语句

D. 在对一个 C 程序进行编译的过程中,可发现注释中的拼写错误

6. C 程序要正确地运行,必须要有(   )函数。

A. printf( )   B. 定义的

C. main( )   D. 返回

7. 以下叙述中正确的是(   )。

A. 编写 C 程序,只需编译、连接没有错误,就能运行得到正确的结果

B. C 程序的语法错误包括编译错误和逻辑错误

C. 若 C 程序有逻辑错误,则不能连接生成 exe 文件

D. C 程序的运行时错误是由程序的逻辑错误产生的,可引起程序的运行中断

二、操作题

1. 选择一种自己喜欢的 C 程序设计的开发环境并安装,并在该开发环境中编写一个简单的程序,实现在屏幕上输出"Hello World!"信息。熟悉开发环境的编辑、编译、连接、运行过程的操作。

2. 画出实现 3 个整数按升序输出的算法流程图,并编程验证算法的正确性。

3. 猜数游戏算法设计。假如已有被猜数放在 a 中,输入一个猜的数字放于 b 中。若 b 与 a 相等,则猜数结束,并输出"恭喜您猜对了"与猜数的次数;若 b 大于 a,则输出"您输入的数字太大",再次输入一个猜的数到 b 中继续猜数;若 b 小于 a,则输出"您输入的数字太小",再次输入一个猜的数到 b 中继续猜数。反复上述操作直到猜对为止。请画出算法流程图。

2 输入输出

输入和输出是程序的重要组成部分,程序结构一般可分为输入、处理和输出三个部分,简称为 IPO(input, processing, output),如图 2.1 所示。其中,输入部分的功能是将外部的数据、文本、图像等信息传送或输入到程序中,输出部分的功能则是将程序处理后的信息以文本、图像等多种形式呈现给用户。在用计算机编程解决实际问题时,需要将客观世界的事物抽象为程序的输入,通过程序的处理后以不同方式输出。程序的输入来源和输出去向有多种方式,键盘和屏幕可以作为输入和输出;也可以通过传感器设备作为输入,其他设备作为输出。

图 2.1 程序 IPO 结构示意图

2.1 计算机与外界的交互

计算机与外界的交互通常是通过硬件(即输入输出设备)实现的,而这些硬件又是在程序的输入输出控制下工作的。

2.1.1 输入输出设备

由冯·诺依曼结构可知,输入(input)输出(output)设备是计算机的重要组成部分,是人们与计算机交互的不可缺少的部件。

输入设备与输出设备合称为外部设备。输入设备的作用是将外界的信息,如数据、文字、字符、图片或现场采集的声音等传递给计算机。常见的输入设备有键盘、鼠标、摄像头、扫描仪、话筒、温度传感器、光敏传感器等,如图 2.2 所示。

输出设备的作用是将计算机处理的中间结果或最后结果,以文字、图片或控制信号等形式传送出去。计算机常用的输出设备有显示器、打印机、绘图仪等,如图 2.3 所示。

图 2.2 输入设备

图 2.3 输出设备

2.1.2 程序的输入输出

程序的输入输出是使用者与程序的交互,或者是程序与外界之间的交互,它们是程序设计中不可或缺的重要部分。程序输入输出的实现方式多种多样,例如,通过鼠标、键盘、话筒、穿戴式电子设备等都可以获取数据,实现程序输入的功能;而页面上显示的结果、手机支付宝中看到的余额、穿戴式手表的报警提示等,都是程序输出的结果。

为了让程序更加方便地实现输入输出的功能,在程序设计时要同时兼顾内容和形式两个方面,因此,用户界面(user interface,UI)的设计也很重要。UI 设计就是指对软件的交互、操作、界面的整体设计。好的 UI 设计不仅让软件变得有个性和有品位,而且要让软件的操作变得舒适、简单、自由。

当前,人们除了使用键盘与鼠标等常用设备之外,还进一步扩展数字系统和人类之间的交互界面,使数字系统真正进入人类生活。例如,在游戏程序设计中,通过传感器等设备可以将人的肢体移动、触摸动作,甚至呼吸频率等实时记录下来,实现与游戏程序的交互。又如,在很多"互联网+"的商业模式中,手机成为便捷的输入设备,通过手机摄像头快速地获取共享单车的二维码信息,输入到手机 App 软件中。这些新技术改变了传统的输入输出方式,带给人们不一样的体验。

> 思考:
> 观察身边的智能应用,思考它的输入和输出分别是什么? 如智能小夜灯的控制程序。

2.2　信息显示与输入

在利用计算机处理问题时,常需将待处理信息输入计算机中,然后将计算机的处理结果显示出来。

2.2.1　显示固定内容的信息

在程序中,常需要显示一些固定内容的信息,例如,提示信息、欢迎信息等。这些信息在程序的运行过程中通常不会发生变化。

【例 2-1】　社团管理系统中成员管理的功能菜单显示。

分析:菜单界面是程序启动时经常看到的场景,一般由图片、文字、符号等固定信息构成。程序要实现的功能也就是将这些可供使用的功能信息显示在显示器上,并不涉及数据的输入。本例将菜单界面设计成一个由星号和固定文本信息组成的界面,效果如图 2.4 所示。

```
|**************************|
|学校社团管理系统—社团成员管理(1.0版)|
|1.社团招新              2.信息修改|
|3.信息删除              4.信息查询|
|5.成员统计              6.信息输出|
|**************************|
```

图 2.4　菜单界面效果

程序代码:

```c
#include<stdio.h>
int main(void)
{    printf("\n");
     printf("\t|**************************|\n");
     printf("\t|学校社团管理系统——社团成员管理(1.0 版)|\n");
     printf("\t|1.社团招新              2.信息修改|\n");
     printf("\t|3.信息删除              4.信息查询|\n");
     printf("\t|5.成员统计              6.信息输出|\n");
     printf("\t|**************************|\n");
     printf("\n");
     return 0;
}
```

程序说明:

(1)标准输入输出函数库

C 语言中的信息输入和信息显示是通过输入输出函数来实现的。常用的标准输入输出函数的定义位于 C 语言系统提供的头文件"stdio.h"中,也称其为标准的输入输出函数库(standard input and output)。

标准输出函数 printf( )是将字符串信息显示在显示器(标准输出设备)上。本例中使用该函数时,在程序的首行需使用文件包含命令,使用方法如下:

```
#include <stdio.h>
```

(2) printf( )函数

printf("字符串")是将一段文本信息输出,文本信息通常用双引号引起来,称为字符串常量。如若输出"Hello World!",则使用语句:

```
printf("Hello World!");
```

(3) 转义字符——特殊符号的显示

所有字符的 ASCII 码都可以用"\"加数字(一般是八进制数)来表示。C 语言中还定义了一些字母前加"\"来表示一些不能显示的特殊的 ASCII 字符,如 \0、\t、\n 等,这些以"\"开头的字符称为转义字符。

本例在调用 printf( )函数显示信息时,双引号内中文和一些常见符号都是原样输出的,而 \n、\t 没有原样输出,是转义字符,C 语言编译器需要用特殊的方式进行处理,程序运行时将其转为特殊的显示内容。

如转义字符"\n",程序运行时会将其转为换行符,起到换行的作用,也就是把光标移动到下一行的起始位置;转义字符"\t",程序运行时会将其转为制表符空格,输出若干个空格。常用转义字符及其含义如表 2.1 所示。

表 2.1　常用转义字符及其含义

转义字符	含义	说明
\a	响铃(alert)	发出报警声
\b	退格符(backspace)	光标左移一格
\f	换页符(form feed)	走纸换页
\n	换行符(new line)	光标移到下一行开头
\r	回车符(carriage return)	光标移到本行开头
\t	水平制表位(horizontal tab)	横向跳格
\v	垂直制表位(vertical tab)	纵向跳格
\\	字符\	反斜杠
\'	字符'	单引号
\"	字符"	双引号
\0	空字符	空字符
\ddd	1~3 位八进制数所代表的字符	1~3 位八进制数所代表的字符
\xhh	1~2 位十六进制数所代表的字符	1~2 位十六进制数所代表的字符

> **编程经验：**
> 　　利用转义字符可使输出的信息更美观，例如换行显示、信息居中、信息对齐等。

【例 2-2】 特殊字符的输出。

分析：C 语言中还使用转义字符形式输出 Unicode 编码，以恒等符号"≡"为例，它的 Unicode 编码为"\u2261"。

注意：有些 C 语言的版本是不支持 Unicode 编码集的。

程序代码：

```c
#include <stdio.h>
#include <windows.h>
/* windows.h 是 Windows 操作系统的 API 头文件,它包含了 Windows 操作系统所有函数
和数据类型的声明,用于编写 Windows 程序 */
int main(void)
{
    SetConsoleOutputCP(65001);   //设置输出字符集编码 UTF-8 格式
    printf("\u2261**** \u2261\n");
    return 0;
}
```

程序运行效果如图 2.5 所示。

图 2.5　特殊字符显示

函数 SetConsoleOutputCP()用于设置控制台程序输出字符集编码，函数使用时需要加上头文件 windows.h。这里介绍两种常用的字符集的编号：

936　　　　　　简体中文
65001　　　　　UTF-8

> **编程经验：**
> 　　充分利用 C 语言可用的标准函数库以及其他可复用的函数,可提高编程效率。

【例 2-3】 简易图形的打印。

分析：利用转义字符和普通字符（如空格、*）实现简易图形的绘制。

注意：符号"\"除了作为转义字符的引导符号外，还可以单独使用，实现字符串的换行显示。

程序代码：

```c
#include <stdio.h>
#include <windows.h>
int main(void)
{
    printf("\n\
```

```
          ********* \n\
           ******* \n\
            ***** \n\
             *** \n\
              * \n\
             *** \n\
            ***** \n\
           ******* \n\
          ********* \n");
}
```

程序运行效果如图 2.6 所示。

程序代码:
例2-3

图 2.6　显示图形

【例 2-4】　利用 menu( )函数输出功能菜单界面。

分析:菜单界面显示功能在社团管理系统软件中可能多次出现,因此可将菜单的显示功能模块化,即定义 menu( )函数,放置在 my.h 头文件中,方便模块复用。程序运行效果与例 2-1 一致。

程序代码:

程序代码:
my.h

```c
//my.h 头文件中含有 menu( )函数代码
void menu(void)
{   printf("\n");
    printf("\t|***************************************** |\n");
    printf("\t|学校社团管理系统——社团成员管理(1.0 版) |\n");
    printf("\t|1.社团招新            2.信息修改 |\n");
    printf("\t|3.信息删除            4.信息查询 |\n");
    printf("\t|5.成员统计            6.信息输出 |\n");
    printf("\t|***************************************** |\n");
    printf("\n");
}
//2_4.c 源代码文件中含有主函数代码
#include <stdio.h>
#include "my.h"
int main(void)
{
    menu();//调用函数 menu( )显示菜单
```

程序代码:
例2-4

```
        return 0;
    }
```

程序说明：自定义头文件的使用。

为了方便重复使用，开发者会将常用的、具有共性的一些功能编写为函数，它们可供其他程序重复调用。使用时，要将这些函数的声明放在自定义的头文件中。使用这些函数时，还需要用 include 命令将自定义头文件包含进来，使用命令如下：

```
#include "my.h"
```

代码中两个 include 命令的使用区别体现为双引号" "与<>的区别，就是程序编译时查找头文件的路径不同。使用<>表示直接从 C 语言自带的函数库中寻找文件；使用" "则表示首先在当前的源代码文件所在的目录中查找，若未找到再到上层目录中去查找。因此，如果是自己写的头文件，则建议使用双引号，并且将头文件放置在和当前源文件相同的目录内。

思考：

设计一个有个性的生日祝福卡片，效果如图 2.7 所示。

☆☆☆☆☆☆☆☆☆☆☆☆☆☆☆
我为您收集了编程所有的美
放在您生日的烛台上
☆☆☆☆☆☆☆☆☆☆☆☆☆☆☆

图 2.7   生日祝福卡片

2.2.2   信息输入

信息输入就是将需要程序处理的信息和数据通过某种方式输入到程序中，如社团招新软件的报名信息的输入，游戏中登录程序里用户名和密码的输入等。

【例 2-5】   社团管理系统中社团招新模块的功能是输入学生学号，并显示报名成功的信息。

微视频：
程序输入

分析：这里定义一个变量 id 来存储学号，学号用整型数表示。程序首先利用已有的菜单模块函数 menu() 显示菜单，接着显示新增成员信息的提示语句，然后由用户根据输入格式控制串的要求输入数据，最后显示报名成功的信息。运行效果如图 2.8 所示。

程序代码：

```
#include <stdio.h>
#include "my.h"      //menu()函数放置在 my.h 文件中
int main(void)
{
    int id;
    menu();          //调用函数 menu()
    printf("请输入新加入成员学号:");
```

```
scanf("%d",&id);
printf("恭喜%d 报名成功 \n",id);
return 0;
}
```

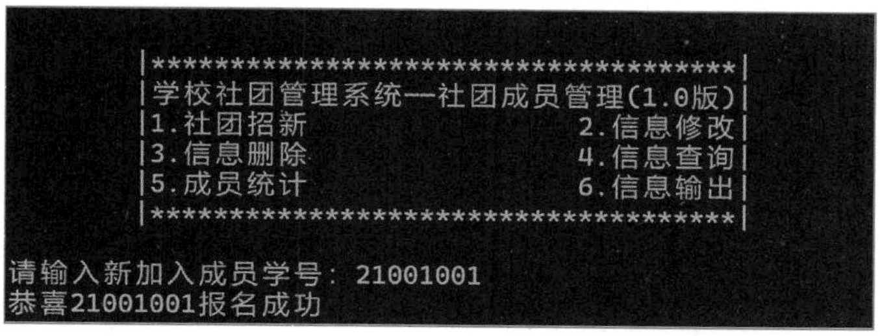

```
|*****************************|
|学校社团管理系统—社团成员管理(1.0版)|
|1.社团招新              2.信息修改|
|3.信息删除              4.信息查询|
|5.成员统计              6.信息输出|
|*****************************|
请输入新加入成员学号：21001001
恭喜21001001报名成功
```

图 2.8　运行效果

程序说明：

（1）标准输入函数 scanf( )

程序中信息输入使用的是标准输入输出函数库中的 scanf( )函数，即从键盘上获取数据，并按指定的格式存入计算机内存。与 printf( )函数一样，使用 scanf( )函数时要加上文件包含命令：#include <stdio.h>。

scanf( )函数调用格式如下：

scanf("<格式控制字符串>",<变量地址列表>);

例如，"scanf("%d",&id);"表示输入一个整型数，存入 id 变量的内存地址。

如果需要输入社团类型信息，可用如下语句：

```
char type;
scanf("%c",&type);
```

（2）变量及数据类型

变量是为了存储程序运行中发生变化的数据，常量在程序运行过程中不会发生变化。

变量可看作是用来存放数据的"容器"，为了方便识别不同的"容器"，给每个容器起一个名字，就是变量名，变量名可以看作是这些"容器"的别名或标签，它的命名必须符合 C 语言的标识符命名规则。

C 语言中将不同的信息，如文本信息、整型数值、实数数值分别规定了内存存储空间的大小和存储方式。数学中的整数，在 C 语言中可以用整型 int 来表示；文本信息，如单个字母 a，可以用字符型（char）表示；数学中的小数，可以用浮点型 float 表示。

在程序中如果要使用变量，必须先确定其数据类型和名称，即变量定义。变量定义语句的格式如下：

数据类型名　变量名 1[,变量名 2,…];

其中，方括号内的内容为可选项，也就是同时可以声明一个或多个相同类型的变量，它们之间需要用逗号分隔。

例如，社团要新增 3 条信息，分别用整型变量和字符型变量来存储，其定义方法如下：

```
int id;              //定义整型变量 id,存储学生学号
char name,type;      //定义字符型变量 name 和 type,分别存储姓名和社团类型
```

（3）不同数据对应不同格式控制字符

在 C 语言中,为不同数据类型变量输入数据时,需要使用不同的格式控制字符。格式控制字符由引导符"%"与格式字符组成,如%c,表示单个字符的输入。常用格式控制字符及其说明如表 2.2 所示。

表 2.2　常用格式控制字符及其说明

格式控制字符	输出说明	输入说明
%d	按十进制整型输出一个值	以十进制有符号整数形式转换输入数据
%f	按十进制单精度小数类型输出一个值,默认显示小数点后 6 位	以十进制浮点数形式转换输入数据,输入数据时,可以输入整型常量、小数形式实型常量或指数形式实型常量
%c	输出单个字符	输入单个字符
%s	输出一个字符串	输入字符串,遇到第一个空格、Tab 或换行符结束转换

程序中学生学号是整型变量,输入时使用%d;姓名和社团类型是字符型变量,输入时使用%c：

```
scanf("%d",&id);          //学生学号的输入
scanf("%c",&name);        //单个字符的姓名的输入
scanf("%c",&type);        //社团类型的输入
```

scanf( )函数可以实现一个或多个变量的输入,程序中多个变量的输入可放在一个输入语句中完成：

```
scanf("%c,%c",&name,&type);
```

常见错误：

　①连续输入两个变量时,格式控制字符串中使用逗号作为分隔符,如"%c,%c",那么运行时正确的输入应该为"A,C",注意全角或半角符号的区分。

　②输入过程中,若输入信息定义时的数据类型和输入函数中使用的格式控制字符不一致,则会导致数据输入的失败。例如,将学生学号输入的格式控制字符写成了%f,如"scanf("%f",&id);"。

（4）变量的值及变量的地址

变量必须遵循"先定义后使用"的原则。变量定义后,可利用变量名直接访问该变量的值。在变量名前面加上取地址运算符"&",可获取变量的地址。在使用 scanf( )函数时,一定要指定变量的地址,这样才能够将输入的数据存储到对应的变量中。如

语句:

```
scanf("%d",&id);
```

其中 &id 表示的是变量 id 的地址,指明数据存放的内存地址。

> 常见错误:
> ① 使用 scanf( )函数时,漏写变量地址。如"scanf("%d",id);",部分编译器可能语法检测不到问题,但在运行时会出现运行中断的情况,或影响程序运行结果。
> ② 多个变量在同一个语句中输入时,每个变量前都要加 & 符号。如" scanf("%d,%c,%c",id,&name,&type);printf("%d,%c,%c",id,name,type);"语句,由于在输入时 id 变量地址没有写 &,导致其在编译器中运行结果没有任何输出。

【例 2-6】　输入两个整数和一个运算符,输出一个运算式,其运行效果如图 2.9 所示。

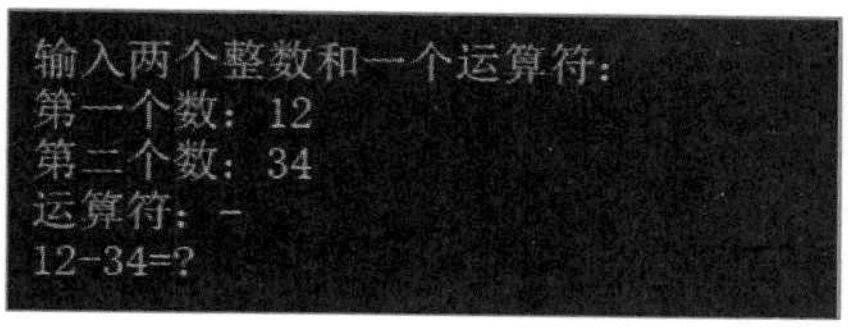

图 2.9　例 2-6 运行效果

程序代码:

```
#include <stdio.h>
int main(void)
{
    int data1,data2;
    char ch;
    printf("输入两个整数和一个运算符:\n");
    printf("第一个数:");
    scanf("%d",&data1);
    printf("第二个数:");
    scanf("%d",&data2);
    getchar();    //只用于消除多余字符
    printf("运算符:");
    scanf("%c",&ch);
    printf("%d%c%d=?\n",data1,ch,data2);
    return 0;
}
```

程序说明:

(1) 单个字符的输入

程序中用"scanf("%c",&ch);"实现单个运算符的输入。需要特别注意的是,在字符输入时,空格和回车都会作为有效的字符获取。如执行"scanf("%c%c",&ch1,&ch2);"语句,则正确输入格式"b<回车>"后,变量 ch1 获得"b"字符,变量 ch2 获得回车字符。

此外,C 语言中还提供了另一个函数 getchar( ),也可以实现单字符的输入。该函数也放置在"stdio.h"头文件中,具体使用方法如下:

```
ch=getchar();
```

getchar( )函数的功能是从键盘缓存中获取第一个字符,并将其赋值给 ch 变量。上面代码中"getchar( );"语句只完成了缓存中字符的获取,但没有给任何变量赋值。

（2）运行时连续多个数据输入的问题

多个数据连续输入时,注意输入的缓存垃圾问题。就是前面输入的多余内容,会暂存在键盘缓存中,容易被后面的输入语句获取,导致程序出错。此时,可以借助"fflush(stdin) ;"语句清除缓存,或使用 getchar( )函数清除多余的单个字符。

例如,此例中的 getchar( )函数调用。若把程序中的"getchar( );"语句删除,则运行程序时,用户使用"scanf("%d" ,&data2) ;"语句输入第二个数据后回车,程序将直接输出最后的结果,无法进行运算符的输入。导致这个结果的原因是第二个数据输入的回车符被"scanf("%c" ,&ch) ;"语句作为有效字符获取。

2.3   输入输出设计

2.3.1   输出设计

设计输出方式和界面的目的是使程序能输出满足用户需求的信息,这直接关系用户的使用体验和系统的使用效果。输出设计也是评价软件能否为用户提供准确、及时、适用的信息的标准之一。

输出设计的内容包含:了解输出信息的使用情况,如使用者、使用的目的、信息量、保存的方法等;选择输出设备与介质,设备如显示器、打印机等,介质如磁盘文件、纸张（普通、专用）等;确定输出内容,如输出项目、精度、信息形式等;确定输出格式,如表格、报告、图形等。

以常用的学生信息管理系统为例,学生成绩信息的输出设计根据不同的用户可以有所不同,教师和学生需要的信息不一样。例如,教师关注的是所教学生的整体成绩及统计信息,而学生关注的是个人的成绩。在输出格式上,教师一般不满足数字式报表的形式,而倾向于用图形的形式展示统计信息。在输出介质上,教师通常会要求既能在显示器上直接显示,又能保存为数据文件。

在后续的问题求解过程中,同样也涉及根据用户的需求,对输出内容、输出格式、输出介质等进行选择的问题。

2.3.2 输出的多样化

程序中信息输出的方式多种多样,可以直接显示在显示器上,也可以将信息输出到文件里,以文件的形式存储。

【例2-7】 社团管理系统中社团招新模块的功能为输入学生学号,并显示报名成功信息,将报名信息(学号)存入文件。

分析:例2-5实现的是通过显示器直接显示报名成功信息,在程序运行结束后信息并没有被保存。为了实现报名数据的存储,程序不仅将信息直接显示在屏幕上,同时还将输出的去向设定为文件,也就是将输出的内容写入member.txt文本文件中,从而实现数据的保存。生成的文本文件如图2.10所示。

图2.10 member.txt文件

程序代码:

```c
#include <stdio.h>
#include "my.h"
int main(void)
{
    int id;
    FILE * fp;
    menu();
    fp = fopen("member.txt","w");
    printf("请输入新加入成员学号:");
    scanf("%d",&id);
    printf("恭喜%d报名成功\n",id);
    fprintf(fp,"%d\n",id);
    fclose(fp);
    return 0;
}
```

程序说明:

(1)程序结果输出到显示器

printf()函数除了可以显示固定信息外,还可通过设置参数输出非固定内容,也就是将输出项的值以特定格式进行显示。printf()函数的一般格式如下:

printf("格式控制字符串",输出项)

格式控制字符串由非格式控制字符和格式控制字符构成。输出时,非格式控制字符原样输出;当遇到格式控制字符时,输出内容会以不同格式显示后面输出项的值。

格式控制字符串对应的输出项可以是文本、数值、符号等,而输出项可以是变量、常量、运算式等多种形式。例如:

　　printf("恭喜%d 报名成功\n",id);

格式控制字符串为"恭喜%d 报名成功\n",其中%d 的位置将输出后面对应的输出项变量 id 的值。

常见错误:

　　① printf()函数中输出项的数据类型与前面的输出格式控制字符不一致。如"printf("%f\n",id);"语句,id 是整型,语句中却使用了%f,则得不到正确的显示。

　　② printf()函数中格式控制字符的个数和输出项的个数不一致,如"printf("%d %d\n",id);"语句,格式控制字符有两个,输出项却只有一个。

　　(2)程序结果输出到文件

　　文件可以用来存放程序、文档、数据、图片等多种信息。计算机的硬盘上存储着成千上万的文件,如源程序文件、Word 文件等。文件可以从不同的角度进行分类。从用户的角度看,文件可分为普通文件和设备文件两种。如 C 源文件、文本文件等为普通文件;而显示器、打印机、键盘等则被定义为设备文件。在操作系统中,可以把外部设备看作是一个特殊文件来进行管理,把它们的输入输出等同于对文件的读和写。通常把显示器定义为标准输出文件,一般情况下,在屏幕上显示信息,就是向标准输出设备文件写入数据。键盘通常被定义为标准输入文件,从键盘上输入就意味着从标准输入设备文件中读取数据。

微视频:
文件的操作

　　C 语言的标准输入输出设备文件名分别为 stdin 和 stdout,标准输入输出函数的操作,其本质是通过这两个设备文件进行的。

　　(3)文件指针的定义

　　任何文件存储在计算机中都需要一个存储空间,对这个存储空间进行编号(文件存储的地址)方便文件的操作。在 C 语言中定义一个变量来存储文件的地址,这个变量称为文件指针变量。通过文件指针可以对它所指定的文件进行各种操作。

　　定义文件指针变量的一般格式如下:

FILE ∗指针变量名;

其中 FILE 应大写,它是由系统定义的一种数据结构,该结构中含有文件名、文件状态和文件当前位置等相关信息。例如:

FILE ∗fp;

表示指针变量 fp 指向 FILE 结构,通过它可实现对所指向的文件进行操作。习惯上也可以把 fp 称为指向一个文件的指针。

　　文件使用常分三步:

　　　　　　　　打开文件　⇨　读写文件　⇨　关闭文件

　　(4)打开文件

fopen()函数用来打开一个文件,其调用的一般形式如下:

文件指针名＝fopen(文件名,打开文件模式);

其中"文件名"是被打开文件的文件名,一般为字符串常量或字符串数组;"打开文件模式"则指明文件的类型和操作要求。

所谓打开文件,实际上是建立文件的各种有关信息,并使文件指针指向该文件,以便进行其他操作。注意:使用 fopen( ) 函数必须是对 FILE 类型的指针变量进行操作。例如:

```
fp = fopen("member.txt","w");
```

其作用是在当前源代码文件所在目录下新建文件 member.txt,对文件的操作只允许进行"写"操作,并使文件指针 fp 指向该文件。fopen( ) 函数返回的是打开的文件首地址,如果打开已有的文件,但函数返回值为 NULL,则表示该文件不存在或存在错误。

① 文件路径。fopen( ) 函数中第一个参数信息包括文件路径和文件名称两部分,通常文件路径有两种常用表示方法:一种称为绝对路径,另一种称为相对路径。例如:

```
fp = ("c:\\code2\\member.txt","w");
```

其作用是创建并打开 C 盘根目录下的 code2 文件夹内的 member.txt 文本文件,这种方式被称为文件的绝对路径表示方法。

相对路径指的是相对于目标文件的位置。如果源代码文件和待打开的文件是在同一个文件夹中,通常只写文件名即可。

> 编程经验:
>
> 编程者经常会因为文件路径不正确,或者文件扩展名被隐藏而导致文件名写错而打不开文件,因此,程序中常用 fp 的值是否为 NULL 来判定文件打开是否成功。使用的语句如下:
>
> ```
> if(fp == NULL) printf("文件打开不成功\n");
> else           printf("文件打开成功\n");
> ```

② 打开文件模式。fopen( ) 函数中第二个参数为打开文件模式,它设定了文件打开后可进行的操作。几种常用的打开文件模式如表 2.3 所示。

表 2.3　常用的打开文件模式

打开文件模式	说明
"r"	打开文本文件,进行读操作
"w"	创建文本文件,进行写操作
"a"	向文本文件追加数据
"r+"	打开文本文件,进行读/写操作
"w+"	创建文本文件,进行读/写操作
"a+"	打开一个文本文件,允许读,或在文件末追加数据
"b"	可以与 r、w、a 组合使用,表示二进制文件的读写操作,如"rb"

（5）文件的读写

文件的读写是最常用的文件操作。在 C 语言中提供了多种文件读写的函数,均包含在头文件 stdio.h 中。下面主要介绍标准格式化文件的读写函数 fprintf( )和 fscanf( )。

① 写文件函数。fprintf( )函数根据控制串指定的格式将数据项写入文件指针所指的文件。例如:

```
fprintf(fp,"%d\n",id);
```

而

```
fprintf(stdout,"%d\n",id);
```

等价于:

```
printf("%d\n",id);
```

这时 fprintf( )函数向标准输出文件 stdout 写入数据,等价于在显示器上显示内容。

② 读文件函数。fscanf( )函数根据输入控制串格式从文件指针所指的文件读取数据,存储到对应的变量中,遇到空格和换行时结束。例如:

```
fscanf(fp,"%d",& code);
```

而

```
fscanf(stdin,"%d",&code);
```

等价于:

```
scanf("%d",&code);
```

此语句表示从标准设备文件 stdin 中按照%d 格式读取数据,等价于从键盘读取数据存储到 code 变量中。

（6）关闭文件函数

文件一旦使用完毕,应使用关闭文件函数将其关闭,以避免文件的数据丢失等错误。关闭文件函数的形式如下:

fclose(fp);

正常完成关闭文件操作时,fclose( )函数返回值为 0。如返回非 0 值,则表示存在文件操作错误。

2.3.3　输入设计

1. 客观世界的抽象

将客观世界转换为虚拟世界,必须抽取客观世界中物体的共性特征,忽略非本质的细节,将这些共性特征的细节描述为虚拟世界可以表现的形式,这个过程序称为数据抽象。

以设计"剪刀—石头—布"游戏的输入模块为例。传统的游戏只是在人和人之间进行的,双方只需出示剪刀、石头、布 3 种手势。当转换为计算机游戏时,不论是人与机器对战,还是人与人对战,都需要将手势抽象化,转变为计算机能存储和识别的信息。3 种手势本质就是 3 种不同的状态,因此,在计算机中可以用汉字"剪刀""石头""布"来表示,也可以用中文拼音的首字母来表示,如字母"J"代表"剪刀",字母"S"代表"石头",字母"B"代表"布",甚至可以用数字"0""1""2"来表示对应的手势。

程序设计中需要先对客观事物的特征进行抽象,然后转为计算机能理解的表现形式。抽象的过程可以让程序设计者进一步明确信息的数据类型和存储方式。

2. 输入设计

输入设计的目标是确保向系统输入正确的数据。在此前提下,应尽量做到输入方法简单、迅速、方便。

输入设计需确定输入数据项名称、数据内容、精度、数值范围等。在数据输入方式中,除了常见的键盘输入外,还有很多其他的数据输入方式,如菜单选择输入、扫描输入等。一般情况下,如果数据从确定的可供选择的清单中选取,那么可使用菜单选择输入方式。另外,除了标准输入设备键盘外,还可以利用特殊硬件扫描输入完成数据的采集工作,如超市信息系统中通过读码器获取商品条形码信息,共享单车通过手机摄像头扫描二维码获取单车信息等。

输入设计时,在满足处理要求的前提下尽量使输入量最小,输入过程容易,从而减少出错机会;对输入数据的检验尽量接近原数据发生点,使错误能及时得到改正;输入数据尽量用其处理所需形式,避免数据转换时发生错误。

2.3.4 输入的多样化

程序中数据的输入常通过标准输入设备(键盘)输入,但有时需要输入的数据是已经存入文件的信息,这时就不需要用键盘实现输入,而可以直接从文件中读取数据。另外,随着智能设备的发展,越来越多控制程序的输入采用了传感设备。

【例 2-8】 为智能手环添加"体温测量"应用程序,可以根据体温情况,提示不同的健康信息。

分析:解决这个问题的关键是如何获取人体体温数据。信息来源可以有两种设计:第一种是通过手表上的按钮进行手动输入温度;第二种是通过读取传感器测量得到并存入文件的温度。根据两种不同方式分别设计不同的程序代码。

手动输入温度的方式类似键盘输入方式。将温度信息定义为实型变量;输出内容为温度,以及健康状态(这里用 ASCII 码值为 1 的哭脸符号来表示不健康,ASCII 码值为 2 的笑脸符号来表示健康);输出的介质为显示器。运行效果如图 2.11 所示。

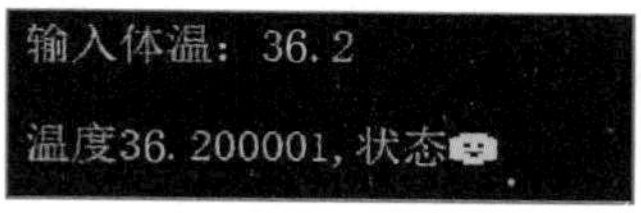

图 2.11 运行效果

程序代码:

```
#include <stdio.h>
#define GOOD 2
#define BAD 1
```

```
int main(void)
{
    float temp = 0;
    printf("输入体温:");
    scanf("%f",&temp);
    printf("\n 温度%f,",temp);
    printf("状态%c \n",GOOD);
    return 0;
}
```

程序说明:

（1）宏定义命令#define

宏定义命令是 C 语言预处理命令的一种。所谓宏定义,就是用一个标识符来表示一个信息序列,可以是字符串常量、单个字符、数字、表达式、函数等,如果在后面的代码中出现了该标识符,那么就全部替换成指定的序列。C 语言的宏预处理器的工作只是简单的文本搜索和替换。简单的宏定义格式如下:

#define <宏名><信息序列>

语句"#define GOOD 2"表示在程序中可以使用符号常量 GOOD 替代整数常量 2。在数学计算中,可以使用宏定义命令定义符号常量 PI 替代常量值 3.141 592 6:

```
#define PI 3.1415926
```

（2）字符与 ASCII 值

printf( )函数除了输出常见的字母、数字外,还可以输出类似上例中的笑脸、哭脸等特殊字符。宏定义中 GOOD 和 BAD 分别代表整数常量 2 和 1,而以字符形式%c 输出,则是将 ASCII 值为 2 和 1 的字符显示输出。

（3）单个字符的输出函数 putchar( )

C 语言提供了单个字符输出函数——putchar( ),其功能是在显示器上输出单个字符,参数可以为字符变量、常量、字符表达式。其一般格式如下:

putchar(字符)

例如,语句"putchar(GOOD);"中,符号常量 GOOD 替代 2,则输出的字符就是 ASCII 值为 2 的笑脸符号。putchar( )函数的参数可以是字符常量（单引号引入的值）,也可以是字符变量。例如:

```
putchar('A');                    //输出大写字母字符 A
char x='A';putchar(x);           //输出字符变量 x 的值,即字符 A
putchar('\n');                   //输出换行符,实现换行,等价于 printf("\n")
```

编程经验:

在程序中如果多次出现一个常量值,为了后续维护程序方便,可以使用宏定义将其定义为符号常量。如果常量值发生变化,只需要修改宏,而不需要修改程序内部涉及的代码。

【例 2-9】　将例 2-8 的输入方式修改为从文件读取。

分析：如果程序运行时输入数据量比较大，每次程序调试时都必须重新输入数据，这将给调试程序带来巨大的工作量，而且还易造成数据输入的错误。因此，可以在输入设计时采用文件作为输入来源，先将相关数据以文件的形式保存，程序再从文件中获取数据，既快速便捷，又能提高输入准确性。

为简化问题，这里将测量结果文件设定为文本文件。假定电子设备测量的温度值为 37℃，将 37 这个数值保存在 temp1.txt 文件中，如图 2.12 所示，程序从该文件中读取温度值数据，并显示在显示器上。

图 2.12　温度数据文件

程序代码：

```c
#include <stdio.h>
#define Good 2
int main(void)
{
    float temp = 0;
    FILE * fp;
    fp = fopen("temp1.txt","r");
    fscanf(fp,"%f",&temp);
    printf("\n温度%f,状态%c \n",temp,Good);
    fclose(fp);
    return 0;
}
```

与例 2-7 相同，文件的操作同样是打开、读写和关闭三步，但打开文件的模式变为"r"，表示以读的方式打开文件，也就意味着只能从文件中读取数据。

函数 fscanf( ) 将从文件指针 fp 所指的文件中读取一个浮点型数据，并保存到 temp 变量中。其中用%f 的格式控制字符表示按浮点型格式读取一个数。如果修改为

```c
fscanf(stdin,"%f",&temp);
```

则表示从键盘输入浮点型数据，因为 stdin 是标准输入文件（键盘）。

2.4　输入输出格式控制

上节介绍了输入输出函数的使用,如何规范化使用输入输出函数,提升友好交互性是本节的教学目标。

2.4.1　显示内容格式控制

输出函数除了通过输出项来控制输出的内容,还可以通过设置格式控制字符串显示不同格式。

【例 2-10】　以报表格式输出社团招新报名信息。

分析:例 2-5、例 2-7 报名信息的输出是简单的数据输出,本例需要模拟表格的输出,要求数据的对齐显示如图 2.13 所示,程序通过格式控制字符串实现输出目标。

图 2.13　表格输出运行结果

程序代码:

```c
#include <stdio.h>
#define name "张三"
#define type "足球社"
int main(void)
{
    int code = 1101;
    printf("\t \t 已报名信息报表 \t \n \n");
    printf(" |      学号 |         姓名 |          类别 |\n");
    printf(" |---------------------------------|\n");
    printf(" |%10d |%12s |%13s |\n",code,name,type);
    printf(" |---------------------------------|\n");
    return 0;
}
```

程序说明:

在引导符"%"与格式字符之间还可以插入一些附加格式符,对输出格式做进一步要求,常用的附加格式符如下,其中[ ]中的项为可选项:

%[flag][宽度][精度][长度[h |l]]格式字符

①[flag]:可选+、-和 0。加号表示显示数值的正负符号;减号表示输出数据在输

出域中左对齐;0 表示如果指定的域宽大于数据的实际位数,则默认在输出数据的左边输出空格的位置用 0 来填充。例如:

```
printf("%02d:%02d:%02d\n",19,8,34);        //输出 19:08:34
```

语句中的时、分、秒都用整数表示,格式控制字符使用%02d,将时、分、秒都控制在两个显示宽度,不足两位数的前面空格用 0 来补充。显示结果为"19:08:34",其中的分显示为 08。3 个整数的显示之间用冒号分隔符(:)分开,使其更符合日常时间的表示。例如:

```
printf("%010d\n",-19);          //输出 -000000019
printf("%-010d\n",-19);         //输出 -19
printf("%+010d\n",19);          //输出 +000000019
```

②[宽度]:用来指定输出的数据项占用的字符列数,也称为输出域宽。省略该字段时,输出宽度按数据的实际位数输出。如果指定的输出宽度小于数据的实际位数,则突破域宽的限制,按实际位数输出;如果指定的域宽大于数据的实际位数,则默认在输出数据的左边输出空格,输出的字符数等于列宽,也就是说,输出的数据在输出域中自动向右对齐。例如:

```
printf("|%10c|\n",'a');          //输出 |         a|
printf("|%-10c|\n",'a');         //输出 |a         |
printf("|%010c|\n",'a');         //输出 |000000000a|
```

格式控制字符串中 10 为输出的域宽,输出项单个字符的实际宽度为 1,则存在输出留有空格,然后根据是否有对齐符号"-",决定输出是左对齐还是右对齐。

③[.精度]:通常用来设定浮点型数值显示的精度,即小数点后显示的位数,或者截取字符串中的有效字符个数。例如:

```
printf("%10.2s","abcdefg");      //输出字符串中的前两个 ab
printf("%.3f",3.1415926);        //输出 3.142
```

语句中"%.3f"的.3 表示显示到小数点后 3 位,因为浮点型数默认输出的是小数点后 6 位。

④[h|l]:附加修饰符。其中,输出长整型和 double 类型变量时必加 l(字母 L 小写);输出短整型变量时必加字母 h。例如:

```
double b=3.1415926;
longlong a=12345678900;
short int c=32767;
printf("%lf",b);
printf("%lld",a);
printf("%hd",c);
```

试想:如果 c 的值修改为 32 768,会有什么结果?

思考:

　　运用格式控制字符串设计一个显示年龄和姓名信息的生日贺卡,效果如图 2.14 所示。

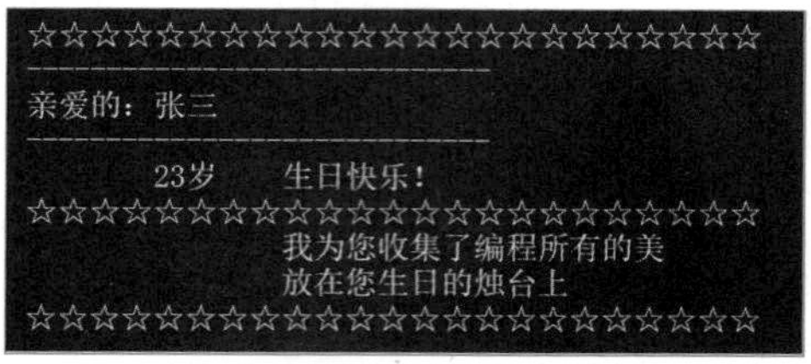

图 2.14　生日贺卡

2.4.2　数据输入格式控制

　　输入函数除了通过简单的格式控制字符来控制输入的内容外,还可以通过设置附加格式符控制更复杂的格式输入,如身份证信息输入时,希望验证输入的有效位不超过 18 位。

　　【例 2-11】　社团管理系统在用户登录后要求补充信息:年龄、性别等,要求确保信息真实有效。

　　分析:当程序输入项增加时,特别是数据类型不同时,既要保证输入方式的便捷有效,又要确保数据输入少出错,此时可使用数据输入格式控制。

　　在本例中,要求在输入年龄、性别等信息时,确保数据真实有效,可以将年龄数据项设定为整型数,并且小于 100,那么在输入时通过附加格式符将输入的有效位数设置为 2,超出 2 位的数则不会作为有效数获取。而性别定义为单字符型,如"M"表示男性,"F"表示女性。运行结果如图 2.15 所示。

211001001成员信息补充:
请输入性别:F
请输入年龄:20

信息补充成功,请核对
　　　　学号　　　性别　　　年龄
211001001　　　　F　　　　20

图 2.15　运行结果

程序代码:

```
#include <stdio.h>
int main(void)
{
    char sex;
```

```
    int age;
    printf("%d 成员信息补充:\n",211001001);
    printf("请输入性别:");
    scanf("%c",&sex);
    getchar();//fflush(stdin);
    printf("请输入年龄:");
    scanf("%2d",&age);
    printf("\n 信息补充成功,请核对 \n");
    printf("%12s |%8s |%8s \n","学号","性别","年龄");
    printf("%12d |%8c |%8d \n",211001001,sex,age);
    return 0;
}
```

程序说明:

（1）输入附加格式符

与输出格式控制字符串一样,输入格式控制字符串中在"%"与格式字符之间也可以插入一些附加格式符,对输入格式做进一步要求,常用的附加格式符如下,其中[ ]中的项为可选项:

% [＊][宽度][h |l]格式字符

① [宽度]:用来指定输入数据的转换宽度,它必须是一个十进制非负整型常量。宽度表示读入多少个字符就结束本数据项的转换。如果输入时没有指定宽度,则将空格、Tab 键、回车/换行符及非法输入的符号作为该项输入的结束(%c 除外)。例如:

```
scanf("%2d",&age);              //输入 1234,获取到 12
scanf("%3f",&data);            //输入 1234.5,获取到 123.0
scanf("%4s",&str);            //输入 abcdefg,获取到 abcd
scanf("%2d%c",&age,&sex);
//若输入"123 回车",则 12 被赋值给 age,3 则作为字符赋值给 sex 变量
//若输入"12 回车",则 12 被赋值给 age,sex 变量就获取到回车符
```

② [h |l]:附加修饰符。其中 l 表示输入长整型变量或 double 型变量时必加;h 表示输入短整型变量时必加。

例如,程序中定义 long 类型存储年龄,因此在输入时就要增加小写字母 l:

```
scanf("%ld",&age);
```

③ [＊]:表示数据输入项按指定格式进行转换,但不保存到变量中,一般用"% ＊ c"形式。例如:

```
scanf("%2d% * c%2d",&age,&money);
```

如果输入"12,34",则 age 为 12,money 为 34,逗号因"% ＊ c"形式不保存在变量中。

（2）运行时的输入格式

运行程序时,需严格按照输入语句中的格式控制字符串进行输入,如果输入的数据与程序中的格式控制字符不一致,将导致数据不能正确获取。例如:

```
scanf("age=%2d",&age);
```

程序运行后,正确输入为"age = 12 回车",才能获取数值。如果只是输入"12 回

车",则程序不能完成正确输入。又如:

```
scanf("%f%f%f",&pc_s,&eng_s,&maths_s);
```

正确输入格式如下:

78.4 空格 87.5 空格 98.6 回车

若数据输入如下:

78.487.598.6 回车

则程序不能正确获取 3 个数值,因为程序中 3 个数据输入的格式控制字符串为
"%f%f%f",且默认连续输入项间分隔符为空格或回车。

类似语句如下:

```
scanf("%f%f",&a,&b);              //应输入"5 空格 6"或"5 回车 6"
scanf("%f,%f",&a,&b);            //应输入"5,6 回车"
scanf("a=%f,b=%f",&a,&b);        //应输入"a=5,b=6 回车"
```

2.5 综合案例

【例 2-12】 学校开展"红色中国之旅"活动,小智同学参与活动的作品是中国文
化问答小程序,程序基于数据文件 culture.txt。

程序代码:

程序代码:
例2-12

程序文件:
culture.txt

```
#include <stdio.h>
#include <stdlib.h>
int main(void)
{
    FILE * fp;
    char question[80];                //字符型数组存储从文件中读取的问题信息
    char User_answer[20];             //学生回答
    char answer[20];                  //标准答案
    char intro[100];                  //人物介绍
    fp=fopen("culture.txt","r");
    if(fscanf(fp,"%s\n",question)!=-1)
    {    printf("Que>>%s",question);
         printf("\n");
         printf("Ans>>");
         scanf("%s",User_answer);
         fscanf(fp,"%s",answer);
         printf("%s\n",answer);
         fscanf(fp,"%s",intro);
         printf("%s\n",intro);
    }
    printf("\n\n");
    system("pause");
    system("cls");
```

```
if(fscanf(fp,"%s",question)! =-1)
{    printf("Que>>%s",question);
     printf("\n");
     printf("Ans>>");
     scanf("%s",User_answer);
     fscanf(fp,"%s\n",answer);
     printf("%s\n",answer);
     fscanf(fp,"%s\n",intro);
     printf("%s\n",intro);
}
fclose(fp);
return 0;
}
```

程序中的数据都是文字,使用字符型数组存储。

程序首先使用 fscanf(fp,"%s\n",question)读取文本中的一行信息,即问题描述,并显示。其次由用户输入答案。最后读取文件中的第二行标准答案及第三行的详细解释,并输出。

本例中由于数据文件中存储多个问题,在文件读取和写入过程中,文件指针是移动的,因此本例采用连续读取的方式实现问答的交互。如果是批量问题,可以用循环 while 语句进行优化。

程序中还调用了 system( )函数,实现"按任意键继续"以及清屏的操作,以达到更好的使用效果。

> 编程经验:
>
> 常用 scanf( )或 fscanf( )函数的返回值来判断数据获取是否正确。语句为
>
> fscanf(fp,"%f\n",&temp)! =-1

【例 2-13】 利用智慧寝室系统控制板编程实现智慧寝室系统中的新生签到功能。

应用背景:

寝室是大学校园学习、生活的重要场所,入学的新生希望在校园内处处感到温馨,智慧寝室系统充分体现了学校为新生打造的数字化环境。新生签到时通过友好的界面让其输入基本信息(在实际系统中可以采用刷脸签到模式,本例提供的是基础版,需要通过键盘输入),信息输入后系统为新生开启寝室的设备服务。

问题分析:

① 程序通过交互方式获取寝室入住者的信息,如姓名。

② 智慧寝室系统控制板和屏幕同时显示欢迎词。

功能描述:

① 定义存放信息的变量,进行通信初始化。

微视频:
新生入住
功能的实施

② 输入寝室入住者姓名,如"张小敏"。

③ 屏幕显示欢迎词"欢迎张小敏入住智慧寝室"。

④ 智慧寝室系统控制板屏幕显示欢迎词"欢迎张小敏入住智慧寝室"。

⑤ 关闭通信资源。

程序运行结果如图 2.16 所示。

程序代码:
例2-13

图 2.16　在 DOS 命令窗口下执行结果

在命令窗口下执行的同时,用串口线连接开发板,也可观察到如图 2.17 所示的运行效果,与命令窗口最终显示效果一致。

图 2.17　智慧寝室系统控制板运行效果

思考:

　如何实现多人信息显示?

小　结

输入输出是程序设计的重要组成部分。在 C 语言中,输入输出都是以函数的形式出现的。程序的输入输出不仅可以从标准的键盘和显示器设备中进行,还可以通过文件进行。在学习输入函数时,注意输入数据的类型及对应的格式控制字符,以及变量地址。在学习输出函数时,注意输出数据的类型及其对应的格式控制字符,学会转义字符使用的妙处。

正确地使用输入输出函数是本节学习的重点,建议结合习题,加强练习,了解更多的使用技巧。

第 2 章知识结构如图 2.18 所示。

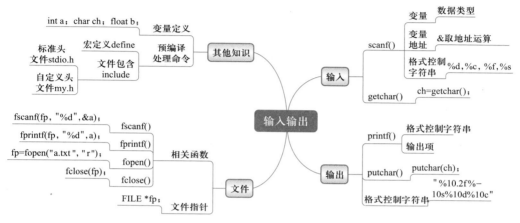

图 2.18   第 2 章知识结构图

习   题   2

一、选择题

1. 执行如下代码:

```
int k;
k=8567;
printf("|%-06d|\n",k);
```

显示结果为(   )。

A. 无法显示   B. |008567| C. |8567| D. |-08567|

2. 用小数或指数形式输入实数时,在 scanf( )函数中的格式控制字符为(   )。

A. %d   B. %c   C. %f   D. %r

3. 可以输入字符数据给字符变量 c 的语句是(   )。

A. putchar(c);   B. getchar(c);   C. getchar( );   D. scanf("%c",&c);

4. 若 x 是 int 类型变量,y 是 float 类型变量,将数值 55 和 55.5 分别赋值给 x 和 y,执行语句"scanf("%d,%f",&x,&y);"时,正确的键盘输入是(   )。

A. 55,55.5↙   B. x=55,y=55.5↙

C. 55↙55.5↙　　　　　　　　　　　D. x＝55↙y＝55.5↙

5. printf( )函数的格式控制字符与输出项的个数必须相同。若格式控制字符的个数小于输出项的个数,多余的输出项将(　　　)。

A. 不予输出　　　　B. 输出空格　　　　C. 正常输出　　　D. 输出不定值或0

6. scanf( )函数的格式控制字符的类型与输入项的类型应一一匹配。如果类型不匹配,系统(　　　)。

A. 不予接收

B. 并不给出出错信息,但不可能得出正确信息

C. 能接受正确输入

D. 给出出错信息,不予接收输入

7. 以下描述中正确的是(　　　)。

A. 输入项可以是一个实型常量,如 scanf("%f",4.8);

B. 只有格式控制,没有输入项也能输入,如 scanf("a＝%d,b＝%d");

C. 当输入一个实型数据时,格式控制字符应规定小数点后的位数,如 scanf("%5.3f",&f);

D. 当输入数据时,必须指明变量的地址,如 scanf("%f",&f);

8. 执行如下代码:

```
int i;
scanf("%f",&i);
printf("%d",i);
```

输入“7”后,输出(　　　)。

A. 7　　　　　　B. 7.000000　　　C. 1088421888　　D. 0.000000

9. 执行如下代码:

```
float x＝213.82631;
printf("%-8.2f\n",x);
```

运行结果是(　　　)。

A. 不能输出　　　B. ▢213.82　　　C.−213.82　　　D. 213.83▢

10. 设有“char ch;”,与语句“ch＝getchar( );”等价的语句是(　　　)。

A. printf("%c",ch);　　　　　　　　B. printf("%c",&ch);

C. scanf("%c",ch);　　　　　　　　D. scanf("%c",&ch);

二、编程题

1. 输入用户的出生日期,如“6-18”,输出其中月份的描述,内容自拟。

2. 根据输入的姓名、职务、单位名称、联系方式,输出名片,名片版面自行设计。

3. 自行设计一个抢红包程序的欢迎界面。

4. 编写一个少儿数学加减运算出题的程序,要求:

输入:两个正整数及运算符号“＋”或“−”

输出:格式形如“A 运算符 B ＝”

输入样例:

3 2

+

输出样例：

3+2 =

5. 设计一个大学生社团活动通知制作程序。要求输入活动主题、活动地点、活动时间后，程序能够根据模板要求自动制作形成活动通知。

输入格式设计：根据提示，先通过键盘输入选择菜单功能选项，然后从文件中读取活动主题和活动地点代码，最后键盘输入活动时间（4位正整数表示年份，两位正整数表示月份，两位正整数表示日期，两位正整数表示小时，两位正整数表示分钟），输入格式为"年/月/日/时/分"。

输出格式设计：如图 2.19 所示，并保存一份到文本文件中。

> 关于《活动主题》通知
> 　　兹定于YYYY年MM月DD日HH：MM在活动地点开展《活动主题》，特邀请您莅临指导。
> 　　此致敬礼!
>
> 　　　　　　　　　　　　　　　　　　　　　活动社团
> 　　　　　　　　　　　　　　　　　　　　　时间

图 2.19　通知

6. 设计成绩打印程序。要求从文件中批量读取学生的计算机、英语、高数的成绩，并按一定的报表格式输出。成绩报表运行结果和成绩数据文件如图 2.20 和图 2.21 所示。

成绩报表			
计算机	英语	高数	总分
65.0	76.0	87.0	228.0
66.0	77.0	87.0	230.0
56.0	76.0	87.0	219.0
65.0	87.0	98.0	250.0
87.0	88.0	98.0	273.0
76.0	75.0	65.0	216.0
65.0	67.0	87.0	219.0
56.0	65.0	76.0	197.0
34.0	45.0	67.0	146.0
67.0	78.0	86.0	231.0
87.0	88.0	98.0	273.0

图 2.20　成绩报表运行结果

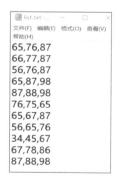

list.txt …

文件(F)　编辑(E)　格式(O)　查看(V)
帮助(H)

65,76,87
66,77,87
56,76,87
65,87,98
87,88,98
76,75,65
65,67,87
56,65,76
34,45,67
67,78,86
87,88,98

图 2.21　成绩数据文件

3 顺序结构程序设计

图 1.11 展示了程序的 3 种控制结构,第 1 章、第 2 章示例代码进一步说明:程序由语句组成,编写程序就是组织语句,程序运行则是执行代码的过程。从本章开始,将逐一介绍程序的 3 种控制结构。

3.1 简单计算问题

【例 3-1】 输出学生社团招新的情况统计报表。

问题描述:社团招新的情况统计报表需要计划招新人数和实际招新人数,其中社团本学期计划招新人数和上次新加入社团的人数在数据文件(Number_club_members.txt)中,本次新增社团人数是实时通过键盘输入的,计算当前累计新加入社团的人数和计划招新人数,并以报表形式显示。

分析:假设 num 表示本学期计划招新人数,last_increment 表示上次新加入社团的人数,increment 表示本次新加入社团的人数,total 表示目前累计招新人数,则 total = last_increment+increment。从数据文件(Number_club_members.txt)中读取本学期计划招新人数 num 和上次新加入社团的人数 last_increment,最后在表格中显示 num 和 total 的值。

程序实现的步骤如下:

① 输入。输入变量 increment 的值,即本次新增社团人数;从数据文件(Number_club_members.txt)中读取本学期计划招新人数 num 和上次新加入社团的人数 last_increment。

② 处理。计算 total 的值。

③ 输出。以表格形式输出计算结果。

由此例可以看出,程序是按照输入、处理、输出顺序执行的。也就是说,程序中语句的执行顺序是按语句书写的先后顺序执行的,程序中语句的执行与书写顺序一致。如图 3.1 所示,直观地解释了顺序结构的代码执行过程。

顺序结构是 3 种控制结构中最基本、最重要的结构。通常程序都是根据程序处理功能的先后顺序组织的。程序的输入、处理、输出可以由多条语句组成,这些语句可以是由选择、循环结构构成,但整体而言,都是按照先后顺序执行的,如图 3.2 所示。

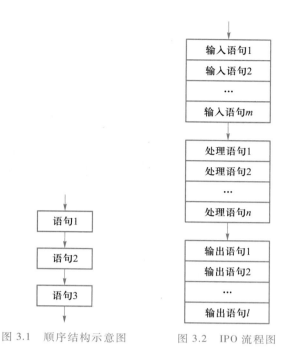

图 3.1　顺序结构示意图　　图 3.2　IPO 流程图

3.1.1　设计顺序结构程序

由例 3-1 问题分析中可见顺序结构程序设计的思路。

程序代码:

```
#include<stdio.h>
int main(void)
{
    int  num;          //定义整型变量 num 存放计划招新人数
    int  increment;    //定义整型变量 increment 存放本次招新人数
    int  total=0;      //定义整型变量 total 存放累计招新人数
    int  last_increment;//定义整型变量 last_increment 存放上次招新人数
    FILE * fp;          //定义 fp 指向 FILE 结构的指针变量
    fp=fopen("Number_club_members.txt","r");
                        //将 fp 指向数据文件 Number_club_members.txt
    fscanf(fp,"%d,%d",&num,&last_increment);
    /*读取数据文件 Number_club_members.txt,并将其值分别存入整型变量 num 和
    last_increment 中 */
    fclose(fp);        //关闭数据文件
    printf("\n\n\t 输入本次招新人数:");
    scanf("%d",&increment);
    system("cls");
    total=last_increment+increment;
    printf("\n\t 社团计划招新人数 |累计新成员人数 |\n");
```

```
printf("\t|\t%9d|\t%8d|\n",num,total);
return 0;
}
```

运行结果如图 3.3 和图 3.4 所示。

图 3.3   例 3-1 程序的输入界面   图 3.4   例 3-1 的输出结果

思考:
    如果上述程序代码中先执行

    total = last_increment+increment;

再执行

    printf("\n\n\t 输入本次招新人数:");
    scanf("%d",&increment);

    程序运行结果会发生变化吗?

3.1.2   语句的分类

语句是程序的组成元素,程序实现的功能也是通过执行语句来实现的。一个 C 语言程序包含一个或多个函数,而一个函数又由若干条语句组成。C 语言规定语句必须以分号结尾。从功能上分,C 语言有以下 4 类语句:数据声明语句、表达式语句、控制语句和特殊语句。

(1)数据声明语句

数据声明语句是描述数据属性的语句,一般位于一个函数的最前面。例如,例 3-1 中的语句:

    int num;

声明 num 为整型变量。在声明变量的同时给变量赋值,可为变量进行初始化。例如 "int total = 0;"表示声明了整型变量 total 的同时,给 total 的初值设置为 0。

(2)表达式语句

表达式语句是进行数据运算或处理的语句。例 3-1 中完成数据输出和给变量赋值功能的语句"printf("\t|\t%9d|\t%8d|\n", num, total) ;"和"total = last_increment+ increment;"都属于表达式语句,下一节将具体介绍。

(3)控制语句

控制语句可以完成一定的控制功能,常用于规定语句执行的顺序。C 语言中的控制语句有 if 语句、for 语句、while 语句、do-while 语句、continue 语句、break 语句、switch 语句、return 语句等,后面将逐一介绍。

（4）特殊语句

C 语言中有两个特殊语句:空语句和复合语句。空语句是仅由一个分号构成的语句,表示此处存在一条语句,但无实质性的动作。复合语句是由花括号括起来的若干语句,语法上认为是一条语句,实际执行时从左花括号起依次执行至右花括号。

3.2　表达式语句

表达式语句是 C 语言中最基本的语句,所有的数据运算和数据处理操作都是通过表达式语句来实现的。最常用的赋值语句和函数调用语句都是表达式语句。表达式后面加上分号就形成了表达式语句,表达式语句的格式如下:

表达式;

3.2.1　算术运算符

运算是指操作数间通过不同的运算符连接并执行的计算。C 语言提供了+、−、∕、%等运算符,它们分别表示加、减、除和求余数等运算。表 3.1 给出了 5 种常用的算术运算符。

表 3.1　5 种常用的算术运算符

运算符	示例	描述
+	a+b	a 和 b 的和
−	a−b	a 和 b 的差
*	a * b	a 和 b 的乘积
/	a/b	a 除以 b 所得的商(若 a,b 是整数,则为整除)
%	a%b	a 除以 b 所得的余数(a 和 b 必须都是整数)

作为运算对象的变量或常量称为操作数。如果参与运算的两个操作数都是整型,则运算结果也是整型;如果有一个操作数是实型,则运算结果也是实型。

根据操作数的个数,算术运算符可分为双目运算符和单目运算符。加、减、乘、除和求余运算都有两个数参加运算,有两个数参加运算的运算符称为双目运算符。只有一个操作数的运算符称为单目运算符。例如,"−x"中的"−"就是单目运算符。

不同运算符参加运算的优先级和结合方向是不同的,运算符优先级和结合方向如表 3.2 所示。

表 3.2　运算符优先级和结合方向

优先级	运算符	名称或含义	使用形式	结合方向	说明
1	后置++	后置自增运算符	变量名++	左到右	单目运算符
	后置--	后置自减运算符	变量名--		单目运算符
	[ ]	数组下标	数组名[整型表达式]		
	( )	圆括号	(表达式)/函数名(形参表)		
	.	成员选择(对象)	对象.成员名		
	->	成员指向(指针)	对象指针->成员名		
2	-	负号运算符	-表达式	右到左	单目运算符
	(类型)	强制类型转换	(数据类型)表达式		
	前置++	前置自增运算符	++变量名		单目运算符
	前置--	前置自减运算符	--变量名		单目运算符
	*	取值运算符	*指针表达式		单目运算符
	&	取地址运算符	& 左值表达式		单目运算符
	!	逻辑非运算符	! 表达式		单目运算符
	~	按位取反运算符	~表达式		单目运算符
	sizeof	长度运算符	sizeof 表达式/sizeof(类型)		
3	/	除	表达式/表达式	左到右	双目运算符
	*	乘	表达式 * 表达式		双目运算符
	%	余数(取模)	整型表达式%整型表达式		双目运算符
4	+	加	表达式+表达式	左到右	双目运算符
	-	减	表达式-表达式		双目运算符
5	<<	左移	表达式<<表达式	左到右	双目运算符
	>>	右移	表达式>>表达式		双目运算符
6	>	大于	表达式>表达式	左到右	双目运算符
	>=	大于或等于	表达式>=表达式		双目运算符
	<	小于	表达式<表达式		双目运算符
	<=	小于或等于	表达式<=表达式		双目运算符
7	==	等于	表达式 == 表达式	左到右	双目运算符
	!=	不等于	表达式!=表达式		双目运算符
8	&	按位与	整型表达式 & 整型表达式	左到右	双目运算符
9	^	按位异或	整型表达式^整型表达式	左到右	双目运算符
10	│	按位或	整型表达式│整型表达式	左到右	双目运算符

续表

优先级	运算符	名称或含义	使用形式	结合方向	说明
11	&&	逻辑与	表达式 && 表达式	左到右	双目运算符
12	||	逻辑或	表达式 || 表达式	左到右	双目运算符
13	?:	条件运算符	表达式 1? 表达式 2:表达式 3	右到左	三目运算符
14	=	赋值运算符	变量 =表达式	右到左	
	/=	除后赋值	变量/=表达式		
	*=	乘后赋值	变量 * =表达式		
	%=	取模后赋值	变量%=表达式		
	+=	加后赋值	变量+=表达式		
	-=	减后赋值	变量-=表达式		
	<<=	左移后赋值	变量<<=表达式		
	>>=	右移后赋值	变量>>=表达式		
	&=	按位与后赋值	变量 &=表达式		
	^=	按位异或后赋值	变量^=表达式		
	|=	按位或后赋值	变量 |=表达式		
15	,	逗号运算符	表达式,表达式,…	左到右	从左向右顺序运算

【例 3-2】 输入两个整数,输出它们的和、差、积、商和余数。

分析:本例实现两个整数的基本算术运算。定义两个整型操作数 x、y,运算结果存放在变量 result 中。

程序代码:

```
#include<stdio.h>
int main(void)
{
    int  x;                    //定义一个整型变量 x
    int  y;                    //定义一个整型变量 y
    int result;                //定义存放运算结果的整型变量 result
    printf("请输入整数 x:");    //通过键盘输入数据前进行的提示
    scanf("%d",& x);           //由输入函数接收并存储数值
    printf("请输入整数 y:");
    scanf("%d",& y);
    result=x+y;                //进行加法运算并将运算结果保存给 result
    printf("x+y=%d \n",result); //输出运算结果
    result=x-y;                //进行减法运算并将运算结果保存给 result
    printf("x-y=%d \n",result); //输出运算结果
    result=x * y;              //进行乘法运算并将运算结果保存给 result
    printf("x * y=%d \n",result);//输出运算结果
```

```
        result = x/y;                      //进行除法运算并将运算结果保存给 result
        printf("x/y =%d \n",result);       //输出运算结果
        result = x % y;                    //进行求余运算并将运算结果保存给 result
        printf("x mode y =%d \n",result);  //输出运算结果
        return 0;
}
```

运行结果如图 3.5 所示。

图 3.5   例 3-2 程序运行结果(带下画线的数值是程序执行时输入的值)

代码中 result 变量定义了一次,多次赋值。程序执行"result = x+y;"后,result 的值为 x 与 y 的和;程序执行"result = x ＊ y;"后,result 的值为 x 与 y 的积。变量定义后,可以重复使用,变量在执行多次赋值操作后,新的数值将覆盖原有的值(以上代码执行后 result 的值为 x % y 的运算结果)。

> 思考:
> 为什么 result = x/y;的结果是整数?

> 常见错误:
> ① 变量没有定义就使用,如"int a = b+10;"语句如果没定义变量 b,那么会出现编译错误。
> ② 变量没赋值就使用,如"int a;int b = a+10;"语句。
> ③ 变量名不符合变量命名规则,例如 3num、int 等都是非法的变量名。
> ④ 变量名重名,例如"int a;int a;"语句给变量 a 定义了两次,是不允许的。
> ⑤ 语句漏掉了分号。
> ⑥ 使用除法运算符时,除数(/右边的操作数)等于 0,例如"result = 9/0;"语句。

3.2.2   表达式

表达式是由运算符连接运算对象(操作数)所组成的式子,常见的操作数可以是常量、变量或函数。每个表达式都有运算结果。

(1)单个常量、变量、函数也是表达式

例如:10,num,sin(x)

（2）算术表达式

通常算术表达式是程序中最常见的,又称为数值表达式。算术表达式是由算术运算符和圆括号将运算对象连接起来的、符合 C 语法规则的式子。

例如：

```
result=x/y 是进行除法运算的表达式
(father_Height * 0.96+mather_Height)/2.0 是进行综合运算的表达式
```

（3）赋值表达式

例如“total=last_increment+increment;”语句中,“=”是指进行赋值操作,“=”称为赋值运算符,它与数学方程中的等号意义不同,程序中“=”的功能是:其右边的值存入其左边的变量。由“=”连接的式子称为赋值表达式。

赋值表达式的一般形式如下：

变量=表达式;

例如：

```
total=last_increment+increment 为计算当前新成员数量表达式
pre_Height=(father_Height * 0.96+mather_Height)/2.0 为预测身高赋值表达式
s=sqrt(p*(p-a)*(p-b)*(p-c))为求三角形面积的赋值表达式
```

赋值表达式执行的过程是先计算表达式的值,再将表达式的值赋给“=”左边的变量。

注意:赋值表达式中“=”右边的表达式也可以是赋值表达式。赋值运算符“=”具有右结合性。

例如：

```
total=(num=5) * (money=10);
```

执行的结果是把 5 赋给 num,10 赋给 money,然后再把 num 与 money 相乘的结果赋给 total。又如：

```
num=money=10;
```

执行的结果是把 10 赋给 money,然后再把 money 的值赋给 num。

3.2.3 赋值语句

赋值语句在程序中出现的频率很高,赋值语句是由赋值表达式加分号构成的,其一般形式如下：

变量=表达式;

例如：

```
num=10;
total=num * money;
pre_Height=(father_Height * 0.96+mather_Height)/2.0;
```

注意：

① 因为赋值表达式中“=”右边的表达式也可以是赋值表达式,所以下面的语句

是成立的:

> 变量=变量=表达式;
>
> 例如:num=money=10;

为了使程序具有良好的可读性,不建议读者编程时出现上面的语句,出现上述情况可以用下面两条语句替代:

> 变量1=表达式;
> 变量2=变量1;

例如:

```
money=10;
num=money;
```

② 变量初始化时,多个变量需要赋相同的初值时,语句"int num=money=10;"是错误的,因为此处的"="不执行赋值运算。可使用"int num=10,money=10;"语句。

③ 语句不能出现在表达式中。例如"total=(num=5;)*(money=10;)"是错误的。

C语言除简单赋值运算符外,还提供了复合赋值运算符,如+=、-=、*=、∕=等。

例如:

```
a+=b;等价于 a=a+b;
a-=b;等价于 a=a-b;
a*=b;等价于 a=a*b;
a/=b;等价于 a=a/b;
a%=b;等价于 a=a%b;
```

复合赋值运算符能使程序简洁易读。

3.3 数据与数据类型

计算机能处理整数、实数、字符、文本、图像、音频等多种类型的数据,为了能很好地处理这些数据,C语言对数据进行了分类,如图3.6所示。

不同的数据类型的数据所占内存空间大小不同,内存空间大小与取值范围并非严格对应,例如即使不同类型数据所占空间相同,取值范围也可能不同。

3.3.1 常量与变量

根据数据在程序运行过程中其值是否会发生变化,可以将其分为常量和变量。常量是指在程序运行过程中,其值保持固定不变;而变量的值会随着程序的运行发生变化。

常量在程序中的表示有直接常量形式和符号常量形式两种。例如,程序中使用圆

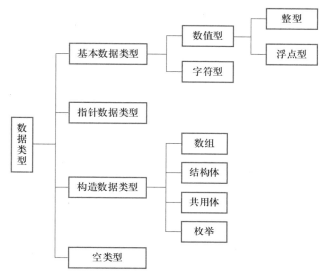

图 3.6　C 语言中的数据类型

周率时,可以直接用 3.14 表示,也可以通过如下预定义语句:

```
#define PI 3.14
```

定义一个符号常量 PI,这样在程序中用到圆周率时就可以使用符号常量 PI。

编程经验:

　　尽量使用符号常量,可以提高程序的可读性。

微视频:
基本的变
量和常量
类型

　　每个变量根据其类型不同对应一个大小不同的内存空间,变量值是存储在这个空间中的数据,变量名是代表这个内存空间的别名的标识符。

　　例如语句“int num;num = 10;”中,变量 num 与内存空间的关系如图 3.7 所示。

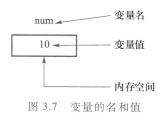

图 3.7　变量的名和值

　　内存空间是以字节(Byte,简记为 B)为基本存储单位的,每个字节由 8 个二进制位(bit,简记为 b)构成,每个位只能存放 0 或者 1。通过 0 和 1 的组合来表示各种各样的数据,就是二进制计数法。

　　为了表示内存空间的大小,还会使用 KB、MB、GB、TB 等单位,它们之间的关系如下:

$$1\ KB = 1\ 024\ B$$
$$1\ MB = 1\ 024\ KB$$
$$1\ GB = 1\ 024\ MB$$
$$1\ TB = 1\ 024\ GB$$

变量的类型对应 3 个方面的要素：变量可以执行的运算、变量长度和变量取值范围。

常量和变量还可以分为整型常量、整型变量、浮点型常量、浮点型变量、字符常量、字符变量。

3.3.2　整型变量与整型常量

整型对应数学中的整数，但在 C 语言程序中，整型数据及其运算的表示和使用与在数学中的使用不完全相同。

【例 3-3】　某公司工作午餐费用计算器。

问题描述：某公司为员工提供工作午餐（每份 35 元），每月按 22 个工作日计算，全公司员工 218 人，计算一年（12 个月）公司在工作午餐中需要花费的金额。

分析：每位员工一年的工作午餐费 = 月数×天数×每份午餐金额 = 12×22×35 = 9 240 元；全公司员工一年的工作午餐费 = 9 240×218 = 2 014 320 元。

上面计算公式中用到的数值为整数，int 可以用来定义整型变量。

程序代码：

```
#include <stdio.h>
#define MEMBERS  218      //自定义符号常量 MEMBERS 为员工人数
#define COST  35          //自定义符号常量 COST 为公司提供的工作午餐费用
int main(void)
{
    int months = 12;      //定义整型变量 months 存放一年的月份数
    int days = 22;        //定义整型变量 days 存放一月的工作天数
    int money = months * days * COST;
    //定义整型变量 money，存放一位员工全年工作餐费用
    int total_money = 0; //定义整型变量 total_money 存放公司全年员工午餐费用
    printf("每位员工一年工作午餐费用为：%d 元 \n",money);
    total_money = MEMBERS * money;
    printf("公司一年用于支付员工工作午餐费用为：%d 元 \n",total_money);
    return 0;
}
```

运行结果如图 3.8 所示。

每位员工一年工作午餐费用为：　9240元
公司一年用于支付员工工作午餐费用为：　2014320元

图 3.8　例 3-3 运行结果

思考:

　　如果公司发展后员工人数增加到一定数量,程序运行结果还正确吗? 导致运行结果错误的原因是什么? 如何修改程序?

1. 整型变量

整型变量根据分配的内存空间大小,又可分为短整型(short)、整型(int)和长整型(long)。

short、int 和 long 的内存空间占用大小从小到大排序为 short<int = long。例如,int 的内存空间大小是 4B,取值范围为$-2^{31} \sim 2^{31}-1$。

使用 int、short、long 定义的变量既可以表示正数,也可以表示负数。有时在程序中想定义大于或等于 0 的整数,要用到类型说明符 unsigned:

① 无符号短整型:类型说明符为 unsigned short。

② 无符号整型:类型说明符为 unsigned int。

③ 无符号长整型:类型说明符为 unsigned long。

若表示有符号整型变量,可使用类型说明符 signed,如果不加类型说明符,则默认为有符号的,如前面程序中定义的整型变量,没有加 signed,都是有符号的整型变量。例如:

```
int x;等价于 signed int x;
short x;等价于 signed short x;
```

表 3.3 给出了整型变量的内存空间大小和取值范围。

表 3.3　整型变量的内存空间大小和取值范围

类型	内存大小/B	取值范围
short	2	$-2^{15} \sim 2^{15}-1$
int	4	$-2^{31} \sim 2^{31}-1$
long	4	$-2^{31} \sim 2^{31}-1$
unsigned short	2	$0 \sim 2^{16}-1$
unsigned int	4	$0 \sim 2^{32}-1$
unsigned long	4	$0 \sim 2^{32}-1$

2. 整型常量

程序中所用到的数值如 10、20、9 等,称之为整型常量,整型常量默认类型是 int。

整型常量可以用十进制、八进制、十六进制 3 种计数法来描述。

为了区分 3 种计数法,八进制常量以 0 开头,十六进制常量以 0x 或 0X 开头。

例如:2、35、94 对应的十进制、八进制、十六进制表示如表 3.4 所示。

表 3.4   2、35、94 对应的十进制、八进制、十六进制

十进制	八进制	十六进制
2	02	0x2
35	043	0x23
94	0136	0x5E

整型常量后可带有后缀,后缀 u 和 U 表示该整型常量为无符号类型,后缀 l 和 L 表示该整型常量为 long。

例如:1024U 为 unsigned,345798L 为 long。

注意:

① 十进制整型常量不能含有非十进制数码,且第 1 个数字不能为 0。如 066(首数字为 0),20B(含非十进制数码)都是非法的十进制整型常量。

② 八进制整型常量必须有前缀 0,且不能含有非八进制数码。如 345(没有前缀),0789(含非八进制数码)都是非法的八进制整型常量。

③ 十六进制整型常量必须有前缀 0x,且不能含有非十六进制数码。如 5E(没有前缀),0x89EK(含非十六进制数码)都是非法的十六进制整型常量。

3.3.3   浮点型变量与浮点型常量

数学中的实数在 C 语言中用浮点型表示,为了在程序中使用实数,要用到浮点型变量,本节学习浮点型变量和浮点型常量的定义和使用方法。

【例 3-4】   身高预测。医学研究表明,身高与遗传因素、生长环境、饮食结构、运动等相关,此例仅根据父母身高的遗传因素预测孩子的身高。

问题描述:孩子的身高可以利用遗传因素即父母的身高进行预测,要求编写程序预测男、女的身高。

身高的计算公式为:

儿子成人时的身高 =(父身高+母身高)×0.54

女儿成人时的身高 =(父身高×0.96+母身高)÷2

其中,父身高和母身高的单位都是 cm。

分析:身高预测的计算公式中用到了带有小数的实数,程序中需要使用浮点型变量来存放实数,浮点型变量可以用 float 或 double 来定义。

程序代码:

```
#include <stdio.h>
int main(void)
{
    float father_Height,mather_Height;      //定义父母身高
    float pre_Height;                       //预测的身高
    printf("请输入父亲身高:\n");
    scanf("%f",& father_Height);
```

```
printf("请输入母亲身高:\n");
scanf("%f",& mather_Height);
pre_Height =(father_Height * 0.96+mather_Height)/2.0;
//女儿成人时的身高 =(父身高×0.96+母身高)÷2
printf("小姐姐,你长大后身高为%.2fcm\n",pre_Height);
pre_Height =(father_Height+mather_Height) * 0.54;
//儿子成人时的身高 =(父身高+母身高)×0.54
printf("小哥哥,你长大后身高为%.2fcm\n",pre_Height);
return 0;
}
```

程序运行结果如图 3.9 所示。

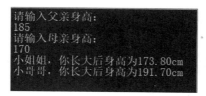

图 3.9　例 3-4 程序运行结果

1. 浮点型变量

浮点型变量类型有两种,即 float、double。

float 来源于浮点数(floating-point)、double 来源于双精度(double precision)。这两种浮点型变量类型都是用来定义浮点型变量的,它们的区别在于变量长度和取值范围不同:

① float 的内存空间大小为 4B,取值范围为$-3.4×10^{38} \sim 3.4×10^{38}$。

② double 的内存空间大小为 8B,取值范围为$-1.7×10^{308} \sim 1.7×10^{308}$。

例如:

```
float father_Height;    //定义了 float 型变量 father_Height
double  vol;            //定义了 double 型变量 vol
```

2. 浮点型常量

程序中用到了小数 0.96,它被称为浮点型常量。浮点型常量默认类型是 double,和整型常量有后缀 U 和 L 一样,浮点型常量末尾也可以加上浮点型后缀,后缀 f 或 F 表示 float,后缀 l 或 L 表示 long double。

例如:3.14 表示 double;3.14F 表示 float;3.14L 表示 long double。

另外,浮点型数还可以用科学计数法表示,例如:1.23E4 表示$1.23×10^{4}$;85.67e-5 表示$85.67×10^{-5}$。

科学计数法的标准格式为 aEb,其中,a 为整数或小数且必须有数字,b 必须为整数。

下面是不正确的浮点型常量的表示:

```
E15          //缺少 a 部分
0.35E        //缺少 b 部分
```

78e-1.2   //b 部分不是整数

3.3.4　字符变量与字符常量

程序中除了使用数字外,还可能使用字符类型的数据,本节介绍字符变量和字符常量的定义与使用方法。

【例 3-5】　某大学新生报到后,学生工作部为每一位学生分配宿舍。学生宿舍的设置为:4 张单人床、1 间盥洗室、4 张书桌、4 把椅子、4 个储物柜,宿舍采用智能门锁,智能门锁将为同一寝室的 4 位同学设置不同的数字钥匙。

问题描述:计算机随机产生 4 把数字钥匙,分别放入变量 a、b、c、d 中,数字取值范围为 1 000～9 999,同一寝室的 4 位同学通过输入字符"a""b""c""d"来获取各自的数字钥匙。

分析:定义 4 个整型变量来存储数字钥匙,数字钥匙可以用随机函数 rand( )产生。根据问题描述,记录学生输入的字符需用字符变量来存储。在 C 语言中,字符变量用 char 声明。

程序代码:

```c
#include <stdio.h>
#include <stdlib.h>
#include <time.h>
#include "keyc.h"
int main(void)
{
    int a,b,c,d;
    char key_s;
    printf("\t\t 这是选数字钥匙程序,请输入你所选的数字钥匙:\n");
    printf("\t\tA:开启智慧的金钥匙 \n\t\tB:开创事业的金钥匙 \n\t\tC:实现
自我价值的金钥匙 \n\t\tD:通往科学圣殿的金钥匙 \n");
    printf("\t\t 请输入你的选择(A-D)");
    scanf("%c",&key_s);
    getchar();
    key_s=key_ch(key_s);
    // 调用函数 key_ch 进行输入值正确性判断和转换(小写字母转大写字母)
    srand((unsigned)time( NULL));           // 随机数种子
    a=1000+rand()%(9999-1000+1);            // 产生随机数
    b=1000+rand()%(9999-1000+1);            // 产生随机数
    c=1000+rand()%(9999-1000+1);            // 产生随机数
    d=1000+rand()%(9999-1000+1);            // 产生随机数
    key_name(key_s,a,b,c,d);                // 调用函数 key_name 完成输出
    return 0;
}
```

运行结果如图 3.10 所示。

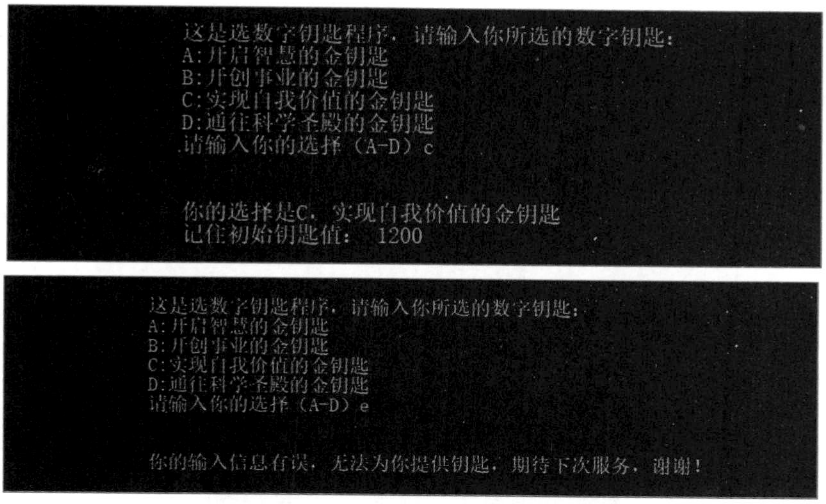

图 3.10   例 3-5 程序运行结果

思考：

程序如何实现输入值的判断？

1. 字符变量

字符变量使用 char 声明，它是用来保存"字符"的数据类型。同整型变量一样，字符变量也分为有符号类型和无符号类型。signed char 为有符号字符变量，unsigned char 为无符号字符变量。如果没有声明 signed 和 unsigned 的 char，其类型由编译器决定。如本例程序中的语句"char key_s;"，key_s 就是字符变量。char 类型说明如下：

① char 的内存空间大小为 1B。

② char 的取值范围为 -128 ~ 127。

③ unsigned char 的取值范围为 0 ~ 255。

2. 字符常量

在程序中，字符常量要用单引号把字符括起来，大小写字母代表不同的字符常量，单引号中的空格也是字符常量，字符常量只能包含一个字符。例如'a'，'m'，'A'，'M'，'0'，'8'等都是字符常量。

3. 转义字符

第 2 章中介绍了转义字符的使用，一个字符前使用符号"\"，则字符具有特殊含义。例如 \n，\t，\a，\b，\v，\r 等。

【例 3-6】   利用字符变量存放、输出特殊字符。

程序代码：

```
#include <stdio.h>
int main(void)
```

```
    {
        char ch1,ch2,ch3;
        ch1 ='n';                               /*字符变量赋值*/
        ch2 ='e';
        ch3 ='\167';                            /*八进制数167代表字符w*/
        printf("%c%c%c\n",ch1,ch2,ch3);         /*以字符格式输出*/
        printf("%c\t%c\t%c\n",ch1,ch2,ch3);     /*应用转义字符\t*/
        printf("%c\n%c\n%c\n",ch1,ch2,ch3);     /*应用转义字符\n*/
        return 0;
    }
```

程序运行结果如图 3.11 所示。

图 3.11   例 3-6 程序运行结果

字符串中若有‘或“,就必须使用转义字符\。例如:字符串“张先生:‘你好’”,则在程序中的写法是"张先生:\'你好\'"。在操作系统下表示文件路径的字符串“C:\temp\sample.c”,在程序中的写法是"C:\\temp\\sample.c"。转义字符的使用可以参照表 2.1。关于字符串的存储,将在第 6 章介绍。

4. ASCII 码

在 C 语言中,字符是作为整数值来处理的,每一个字符都有一个整数值与之对应,该值就是字符的编码。那么字符的编码是不是固定的呢? 回答是否定的,字符的编码与运行环境有关系,不同运行环境下字符的编码不同。

3.3.5   变量类型转换

1. 自动类型转换

当不同类型的数据在运算符的作用下进行运算时,需要进行类型转换,即先把不同类型转换为同一类型,然后再进行运算。通常,数据之间的转换遵循由较低类型向较高类型转换的“类型自动转换”原则,即两个操作数进行运算前,先将较低类型的数据转换为较高类型(例如,计算 2+5.6,先将 2 转换成 2.0(浮点型),再进行加法运算),使得两者的类型一致,然后再进行运算,运算结果为较高类型的数据。

【例 3-7】   将输入的小写字母转换成大写字母并输出。

分析:由 ASCII 码表可知,小写字母 a~z 与大写字母 A~Z 的编码是递增的,且小写字母与其对应的大写字母的编码相差 32,这样,大小写字母之间的转换可以通过编码加减 32 来实现。

程序代码:

```c
#include <stdio.h>
int main(void)
{
    char c1,c2;
    printf("输入一个小写字母");
    c1=getchar();
    c2=c1-32;//将小写字母转换为大写字母
    printf("%c 的大写字母为%c\n",c1,c2);
    return 0;
}
```

程序运行结果如图 3.12 所示。

输入一个小写字母g
g的大写字母为G

图 3.12 例 3-7 程序运行结果

语句"c2＝c1-32;"中,c1 和 c2 都是字符变量,数值 32 是整型常量,字符和整型不是同一种类型,是如何进行运算的呢?本语句中是把 c1 转换为整型进行运算的。基本数据类型的自动转换规则如图 3.13 所示。

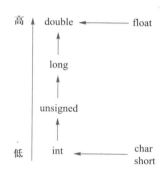

图 3.13 基本数据类型的自动转换规则

由图 3.13 可知,在表达式中,char 和 short 类型的值,无论有符号还是无符号,都会自动转换成 int 或者 unsigned int,char 是否作为有符号类型来处理,由编译器决定。

在赋值语句中,"＝"右边的值在赋予"＝"左边的变量之前,首先要将右边的值的数据类型转换成左边变量的类型。也就是说,"＝"左边变量是什么数据类型,右边的值就要转换成什么数据类型的值。这个过程可能导致右边的值的类型升级,也可能导致其类型降级。所谓"降级",是指等级较高的类型被转换成等级较低的类型。"降级"可能导致数据溢出或截断小数部分等问题。

例如,short 的值范围为-32 768~32 767,如果把大于该范围的值赋给 short 变量,就有可能因类型"降级"导致数据溢出,观察下面的代码:

```c
#include <stdio.h>
int main(void)
```

```
    }
        short  x,y,z;
        x = 30000;
        y = 20000;
        z = x+y;
        printf("z = %d \n",z);
        return 0;
    }
```

输出结果:

```
z = -15536
```

显然,x+y 的值是 50 000,超过了 short 的取值范围,这时会发生什么情况呢? 会发生数据溢出现象,编译器会把高位部分截断。

2. 强制类型转换

类型之间互相转换时,如果原数值能用转换后的数据类型表示,且内存空间能容纳得下原数值,那么,数值不会发生变化;如果占内存空间大的变量类型转换为占内存空间小的类型,那么就有可能造成数据溢出现象。不同类型间转换时,当较高的类型转换为较低的类型时,也会造成数据丢失现象。例如将浮点型转换为整数类型时,会截断小数部分。

【例 3-8】 计算本年度咖啡吧销售目标。

问题描述:已知某校园内的咖啡吧配合创新活动开展 3 次大型活动,分别是:大咖创新活动、机器人创客活动、AI 创客活动,咖啡吧 3 次活动计划销售金额分别为 6 088 元、19 810 元、32 781 元,计算本年度咖啡吧配合活动的总销售金额和每月平均销售金额。

分析:已知咖啡吧 3 次活动的计划销售金额,由题目可知,销售金额都是整数,所以可以定义整型变量保存每次销售金额和总的销售金额。而每月平均销售金额可能带有小数,所以记录每月平均销售金额的变量定义为浮点型。

程序代码:

```
#include <stdio.h>
int main(void)
{
    int cost_n,cost_m,cost_l,cost_sum;
    //定义咖啡吧 3 次活动销售金额的变量和总销售金额的变量为整型
    float cost_avg;//定义存放每月平均销售金额的浮点型变量
    cost_n = 6088;//为变量赋值
    cost_m = 19810;
    cost_l = 32781;
    cost_sum = cost_n+cost_m+cost_l;//计算销售总金额
    cost_avg = cost_sum/12;//计算每月平均销售金额
    printf("\n\t\t 本年度咖啡吧配合活动的销售目标:%d 元 \n",cost_sum);
    printf("\n\t\t 本年度活动销售每月平均值为:%.2f 元 \n",cost_avg);
    return 0;
}
```

运行结果如图 3.14 所示。

本年度咖啡吧配合活动的销售目标：58679元

本年度活动销售每月平均值为：4889.00元

图 3.14 例 3-8 程序运行结果（存在 bug）

从程序运行结果发现，计算结果小数部分都是 0，原因是：当整型数值除以整型数值时，结果自动将小数点后的部分舍弃了。如何使得两个整数相除得到浮点型数值结果呢？需要在运算前完成数据类型强制转换。

强制类型转换的一般形式如下：

（类型说明符）（表达式）；

例如：（float）a 把 a 转换为浮点型。

本例为了获得准确的平均值，可将"cost_avg = cost_sum/12；"修改为下面两种形式：

cost_avg =（float）cost_sum/12；//利用强制类型转换
cost_avg = cost_sum/12.0；
// 自动类型转换，因 12.0 是浮点型常量，则 cost_sum 自动转换类型了

本例正确的程序代码：

```
#include <stdio.h>
int main(void)
{
    int cost_n,cost_m,cost_l,cost_sum;
    //定义咖啡吧 3 次活动销售金额的变量和总销售金额的变量为整型
    float cost_avg;//定义存放每月平均销售金额的浮点型变量
    cost_n = 6088;//为变量赋值
    cost_m = 19810;
    cost_l = 32781;
    cost_sum = cost_n+cost_m+cost_l;//计算销售总金额
    cost_avg =(float)cost_sum/12;
    //对变量 cost_sum 进行强制类型转换后计算每月平均销售金额
    printf("\n\t\t 本年度咖啡吧配合活动的销售目标:%d 元 \n",cost_sum);
    printf("\n\t\t 本年度活动销售每月平均值为:%.2f 元 \n",cost_avg);
    return 0;
}
```

程序代码
例3-8正
确代码

运行结果如图 3.15 所示。

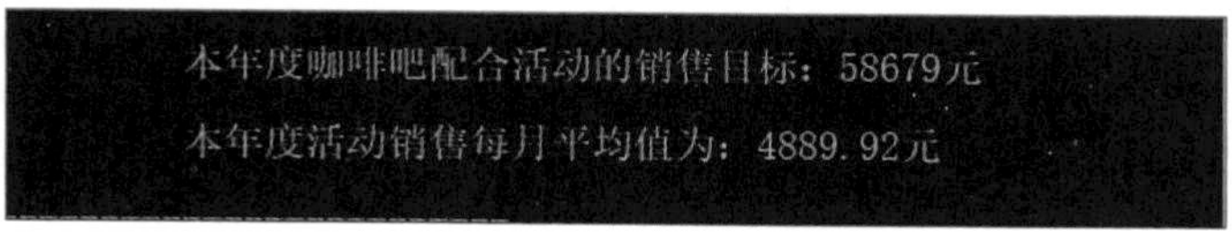

本年度咖啡吧配合活动的销售目标：58679元

本年度活动销售每月平均值为：4889.92元

图 3.15 例 3-8 程序运行结果（正确）

常见错误：
　　① 字符变量少单引号，如"char c = a；"。
　　② 使用整型变量表示浮点型数，如"int a = 2/3；"计算结果值没有小数部分。
　　③ 数值超出了变量的取值范围，如"short a = 50000；"造成程序运算结果不正确。
　　④ 把多个字符复制给字符变量，如"char c = '50'；"。
　　⑤ 由数据类型自动转换造成的数据丢失，如"float x = 9/2；"结果是 x = 4.0，而不是 x = 4.5。

3.4　变量的存储

　　通过对整型变量、浮点型变量和字符变量的介绍，了解了各类变量的内存空间大小和取值范围。存放在内存空间的数据，除了通过变量名直接访问外，还存在另外一种访问方式，而该访问方式与整型变量、浮点型变量和字符变量的内存存储方式相关。

微视频：变量的存储

3.4.1　变量与内存的关系

　　程序中声明了一个变量 num，程序运行时就给 num 分配了一块内存空间，如图 3.16 所示，其中矩形框表示变量内存空间。

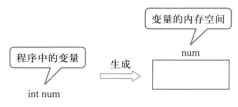

图 3.16　变量定义

　　变量赋值是指将值存入变量的内存空间。
　　例如"num = 10；"就是把数值 10 赋值给变量 num，也就是把 10 放入标识符为 num 的内存空间。
　　程序中一般定义多个变量，这些变量在内存中都占有一个内存空间，内存空间不是无序堆放的，而是有序排列的，如图 3.17 所示。
　　内存中堆放着大量存放数据的内存空间，程序中定义了大量的变量，这些变量的值存放在对应的内存空间中，想查找到相应的内存空间，需要用某种方式来表示存放数据的内存空间的"位置"，这就是内存空间地址。
　　内存空间地址类似门牌号，是数据在内存中的存储位置编号。例如图 3.17 中变

图 3.17 程序与内存中变量的表现形式

量 a 的地址为 0x0022ff44,变量 b 的地址为 0x0022ff52。

例 3-1 的语句"scanf("%d",&increment);"中所用的"&"符号,是用来取变量地址的,这样用户输入的值就通过变量地址存放到变量 increment 所标识的内存空间中。

& 是单目运算符,通常被称为取地址运算符。

3.4.2 变量在内存中的表示形式

字符数据占内存空间大小为 1B,例如,字符"x"在内存空间中的表示形式如图 3.18所示。

图 3.18 字符"x"在内存空间中的表示形式

32 位的 unsigned int 数据所占内存空间大小为 4B,存储的最大值和最小值的数据如图 3.19 所示。

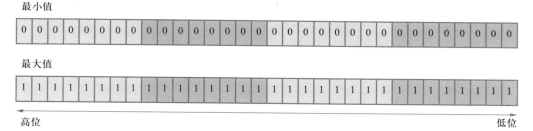

图 3.19 32 位的 unsigned int 数据在内存中的最大值和最小值

unsigned short 数据所占内存空间大小为 2B,存储的最大值和最小值的数据如图 3.20 所示。

以 20 为例,其在内存中的表示为

① unsigned short 型:0000000000010100。

② unsigned int 型:00000000000000000000000000010100。

在内存空间中,数值是以二进制形式表示的。对于无符号整数,假设其二进制的位数为 n,那么表示的数值范围为 $0 \sim 2^n - 1$。例如:对于 32 位的整数,2017 与 −2017 在

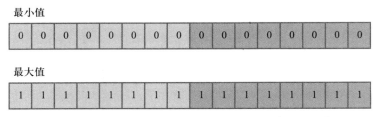

图 3.20　unsigned short 数据在内存中的最大值和最小值

内存中的表示如图 3.21 所示。

对于有符号整数,当最高位为 0 时,表示正数;当最高位为 1 时,表示负数。
对于有符号变量的存储,要用到反码和补码的知识。

浮点型变量的取值范围是由长度和精度共同决定的。如果需要获取变量的内存空间大小,可以使用 sizeof( ) 函数。sizeof(类型名)用来获取变量类型的内存空间大小;sizeof(变量名或表达式)则获取变量或表达式运算结果的内存空间大小。例如:

```
int a=10;
```

sizeof(int)表示整数类型 int 占用的内存空间大小,结果为 4。

sizeof(a)表示整数类型变量 a 占用的内存空间大小,结果为 4。

参考资料:
反码和补码

3.5　指针变量

通过变量名可以把数据放入内存空间中,也可以从内存空间中取出数据,那么内存地址有什么用处呢? 内存地址可以找到变量在内存空间的位置,把数据存放到该内存空间中或从中取出数据。使用内存地址存储数据,需要定义存放内存地址的变量,这是一种特殊类型的变量,称为指针变量。指针变量就是专门用于存放变量内存地址值的变量,那么就称该指针变量指向那个变量,通过指针变量间接访问变量的基本操作可以分为以下几个步骤。

（1）定义指针变量

指针变量要先定义,再使用。指针变量定义的一般形式如下:

类型名 ＊指针变量名;

其中类型名代表指针变量指向的变量的数据类型,＊标识出定义的是一个指针变量,用来存放变量的内存地址。例如:

int ＊pa;

定义了一个指针变量,此指针变量的名字是 pa,它可以用来指向一个整型变量,即可以存放一个整型变量的地址。

（2）指针变量赋值

指针变量定义后不能直接使用,必须赋值为某个变量的内存地址,然后才能使用。例如,有变量 a 和指针变量 pa 的定义语句如下:

```
int a=0;
int *pa;
```

那么可以在此基础上给指针变量 pa 赋值为 a 变量的内存地址:

```
pa=&a;
```

其中 pa 存放了 a 变量的内存地址,则称 pa 指向变量 a。

（3）指针变量初始化

在定义指针变量的同时完成赋值称为指针的初始化。例如:

```
int a=0;
int *pa=&a;
```

定义指针变量 pa,并用 a 变量的内存地址对其初始化,使 pa 指向 a。指针变量 pa 初始化为 &a,即 a 变量的内存地址,内存示意图如图 3.22 所示。此时指针变量 pa 的内存单元中是变量 a 的内存首地址(0x0022ff44),即 pa 指向变量 a。为了表示方便,可以把内存示意图转成如图 3.23 所示的简化形式。

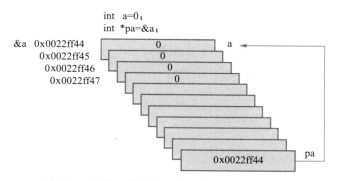

图 3.22　指针变量指向变量的内存首地址示意图

图 3.23　指针变量指向变量的简化形式

指针变量在赋值或初始化后也可以被重新赋值为其他变量的内存地址,重新赋值后即指向其他变量。可以把指针引用和变量的关系类比为信封、地址和房子。一个指针像是一个信封,可以在上面填写房子(变量)的地址。地址就指这座房子(变量),信封(指针)上的地址可以被擦掉,重新写上另一个房子的地址。

(4)通过指针访问变量

当为指针变量建立了指向关系后,可以通过指针变量访问其指向的变量,此时需用访问运算符"＊",该运算作用于指针变量,并获得指针变量所指向的变量值。

例如,若已经通过赋值或初始化将指针变量 pa 指向变量 a,那么除了直接用变量名 a 访问变量之外,还有另一种间接访问变量 a 的方法,即 ＊pa。如图 3.24 所示,当 pa 指向变量 a 后,＊pa 就和 a 完全等价,读写 ＊pa 就是读写变量 a。

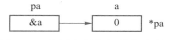

图 3.24   指针变量间接访问变量 a

例如,若有如下两条语句:

```
int a = 0;
int *pa = &a;
```

那么 pa 指向变量 a,＊pa 就和 a 完全等价,则下列语句的意义是:

```
printf("%d",*pa);        //输出指针变量 pa 所指向的变量 a 的值,屏幕输出为 0
*pa = 1;                 //修改指针变量 pa 所指向的变量 a 的值,修改后变量 a 为 1
printf("%d",*pa);        //修改后屏幕输出 pa 指向的变量 a 的值,为 1
```

【例 3-9】   引用指针存储数值显示社团招新情况统计报表。

程序代码:

```
#include <stdio.h>
int main(void)
{
    int   num;              //定义整型变量 num 存放计划招新人数
    int   increment;        //定义整型变量 increment 存放本次招新人数
    int   total = 0;        //定义整型变量 total 存放累计招新人数
    int last_increment;   //定义整型变量 last_increment 存放上次招新人数
    int *pincrement = &increment;
    //定义指针变量 pincrement 并对其初始化,使其指向变量 increment
    int *pnum = &num;      //定义指针变量 pnum 并初始化,使其指向变量 num
    int *ptotal = &total;  //定义指针变量 ptotal 并初始化,使其指向变量 total
    int *plast_increment = &last_increment;
    //定义指针变量 plast_increment 并初始化,使其指向变量 last_increment
    FILE *fp;              //定义 fp 指向 FILE 结构的指针变量
    fp = fopen("Number_club_members.txt","r");   //用 fp 指向数据文件
    fscanf(fp,"%d,%d",pnum,plast_increment);
    /* 读取数据文件 Number_club_members.txt,并将其值分别存入整型变量 num 和
```

```
last_increment 中 * /
fclose(fp);              //关闭数据文件
printf("\n\n\t 输入本次招新人数:");
scanf("%d",pincrement);
system("cls");
* ptotal = * plast_increment + * pincrement;
printf("\n\t|社团    计划招新人数|累 计    新成员人数 |\n");
printf("\t|\t%13d|\t%18d|\n", * pnum, * ptotal);
printf("\n\t|上次计划招新人数占比|本次招新成员人数占比 |\n");
printf("\t|\t%13.2f|\t%18.2f|\n",(float) * plast_increment /( *
ptotal),(float) * pincrement /( * ptotal));
return 0;
}
```

3.6　综 合 案 例

【例 3-10】　计算银行贷款本息。

问题描述:从文件 credit.txt 中读入贷款金额 money、贷款期 year 和贷款年利息 rate,计算贷款到期时的本息合计值,存入 sum 并输出。

分析:到期还款本息的计算公式为 $sum = money \times (1 + rate)^{year}$。这里用到了幂运算,幂运算可以使用数学库函数提供的 pow(x, y) 函数求出,只需在程序头部添加"#include <math.h>"语句,便能在程序中使用数学库函数。

程序代码:

程序代码:
例3-10

```
#include <stdio.h>
#include <math.h>
int main(void)
{
    FILE * fp;               //定义文件指针
    int money,year;          //定义贷款金额变量 money 和贷款期变量 year
    double rate,sum;         //定义贷款年利息变量 rate 和运算结果变量 sum
    fp = fopen("credit.txt","r");  //打开数据文件,将文件指针指向该文件
    fscanf(fp,"%d%d%lf",&money,&year,& rate);
    //从数据文件中读取贷款金额、贷款期、贷款年利息
    sum = money * pow(1+rate,year);        //计算
    printf("%d 元钱贷款利率%f,%d 年后贷款本息是%f",money,rate,year,sum);
    //输出运算结果
    fclose(fp);              //关闭数据文件
    return 0;
}
```

假设 credit.txt 的内容如下:
200000 15 0.06

程序运行结果如图 3.25 所示。

200000元钱贷款利率0.060000，15年后贷款本息是479311.638620

图 3.25   例 3-10 程序运行结果

【例 3-11】 "剪刀—石头—布"人机对抗猜拳小游戏(1.0 版)。

问题描述:这是一个简单的猜拳小游戏,人与计算机对决。人出的手势由人自己决定,计算机则随机给出手势:

- 人用 A 代表"剪刀",B 代表"石头",C 代表"布"。
- 计算机用 1 代表"剪刀",2 代表"石头",3 代表"布"。

设计用户界面如下:

> 猜拳小游戏,请输入你要出的拳头:
>
> A:剪刀
>
> B:石头
>
> C:布
>
> 显示人出的编号
>
> 电脑出了…
>
> 你出了…
>
> 你赢了!(或电脑赢了!)

本问题需要定义两个变量来存储玩家出的拳头(player)、计算机出的拳头(computer),根据题目要求,存储玩家出的拳头的变量需要字符变量。为了处理方便,计算机出的拳头用整型变量表示,计算机出拳可用随机函数 rand( )产生。

程序代码:

程序代码:
例3-11

```c
#include <stdio.h>
#include <stdlib.h>
#include <time.h>
#include "showresult.h"
int main(void)
{
    char player;                        //玩家出拳
    int computer;                       //计算机出拳
    printf("猜拳小游戏,请输入你要出的拳头:\n");
    printf("A:剪刀\nB:石头\nC:布 \n");
    scanf("%c%*c",&player);
    srand((unsigned)time(NULL));        //随机数种子
    computer=rand();                    //产生随机数
    computer%=3;                        //随机数取余,得到计算机出拳
    printf("电脑出了");
    show_comp_fist(computer);           //显示计算机所出的拳(剪刀、石头、布中的一种)
    printf("你出了");
```

```
show_player_fist(player);    //显示玩家所出的拳(剪刀、石头、布中的一种)
show_result(computer,player);//显示比赛结果,即赢家是谁
return 0;
}
```

程序运行结果如图 3.26 所示。

图 3.26 例 3-11 程序运行结果

程序头部包含了头文件 showresult.h,该头文件有判断猜拳输赢的功能,而此功能的实现需要使用分支语句,分支语句在下一章会详细讲述,此处先根据代码运行查看结果即可。

【例 3-12】 利用智慧寝室系统控制板编程实现室内温度和湿度数据实时监控,并且以每 5s 一次的频率在控制台和智慧寝室系统控制板屏幕上进行数据实时显示,控制台根据实时数据管理室内相关设备(如湿度超过 45%,则除湿机自动打开)。

问题分析:
① 采集智慧寝室系统控制板温度和湿度的数值。
② 向控制台和智慧寝室系统控制板发送控制命令。

功能描述:
① 定义变量,进行通信初始化。
② 每 5s 向智慧寝室系统控制板发送取温度和湿度命令,从结构体中拿到温度和湿度的数据。
③ 每 5s 控制台打印拿到温度和湿度的数值。
④ 每 5s 向智慧寝室系统控制板发送在屏幕上显示温度和湿度的命令。
⑤ 根据湿度的数值控制室内排风系统的打开和关闭。
⑥ 关闭通信资源。

运行结果如图 3.27~图 3.30 所示。

微视频:
室内温度
和湿度实
时监控功
能的实施

程序代码:
例3-12

思考:
    如何处理多次温度、湿度值没有变化而产生的冗余数据?

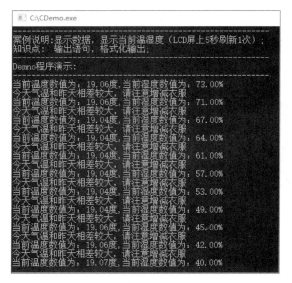

图 3.27　命令窗口运行结果

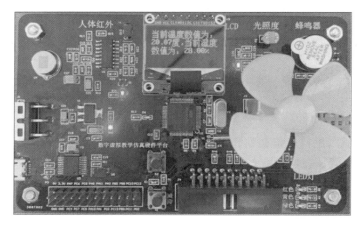

图 3.28　智慧寝室系统控制板满足除湿条件的显示

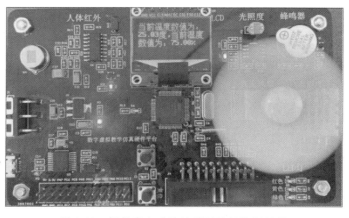

图 3.29　智慧寝室系统控制板执行除湿效果

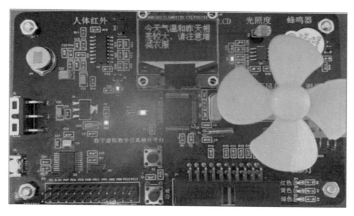

图 3.30　智慧寝室系统控制板温差提醒效果

小　　结

　　顺序结构是程序最简单、最基本的结构,即按语句的书写次序先后逐条执行。读者在了解程序的基本元素(语句、常量、变量、算术运算符、数据类型以及表达式等)后,学习使用赋值语句,并掌握顺序结构程序设计。

　　不同数据类型的数据所占内存空间大小不同,取值范围不同,可以执行的运算也不同。在进行运算时,不同的数据类型之间会自动转换,也可以强制进行类型转换。

　　理解变量在内存中的表示是学习的重点和难点,读者一定要弄明白变量名、变量值、内存空间地址和指针变量的概念,以及利用指针变量访问内存空间数据的方法。

　　第 3 章知识结构如图 3.31 所示。

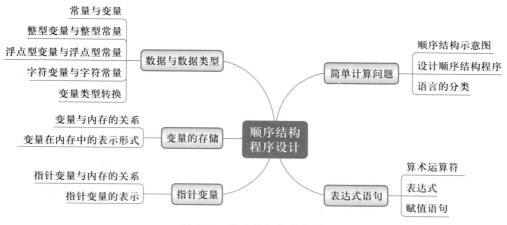

图 3.31　第 3 章知识结构图

习　题　3

一、选择题

1. 下列不属于 C 语言关键字的是(　　)。

A. long　　　　　　B. print　　　　　　C. default　　　　　　D. typedef

2. 假设变量名 i、c、f 的定义为"int i;char c;float f;",那么以下结果为整型表达式的是(　　)。

A. i+f　　　　　　B. i * c　　　　　　C. c+f　　　　　　D. i+c+f

3. 以下为不合法浮点数的是(　　)。

A. 160、-0xffff、011　　　　　　B. -0xcdf、01A、0xe

C. -01、986,012、0668　　　　　　D. -0x48A、2e5、0x

4. 以下为正确的变量定义的是(　　)。

A. int d = 10.23;　　　　　　B. float m1 = m2 = 10.0;

C. char c1 ='A',c2 = A;　　　　　　D.double x = 0.618,x = 3.14;

5. 定义字符变量"char c;",若将字符 a 赋给变量 c,则下列语句正确的是(　　)。

A. c ='a';　　　B. c ="a";　　　C. c ="97";　　　D. c ='97';

6. 若有定义"int x = 20;",则执行语句"x+ = x/ = 4;"后,x 的值为(　　)。

A. 5　　　　　　B. 10　　　　　　C. 25　　　　　　D. 无答案

7. 以下程序的输出结果是(　　)。

```
void main()
{
    int num = 0xF;
    int money = 010;
    int total = num * money;
    printf("%d,%d,%d \n",num,money,total);
}
```

A. 10,10,100　　B. 15,8,120　　C. 15,10,150　　D. 6,10,60

8. 若有定义"int x = 9;float y;",则以下语句的执行结果是(　　)。

```
y = x/2;
printf("%f",y);
```

A. 4.500000　　B. 4.5　　　C. 4　　　　D. 4.000000

9. char 和 short 数据类型所占内存空间大小为(　　)。

A. 都是 2B　　　　　　B. 用户自己定义的

C. 任意的　　　　　　D. 1B 和 2B

10. -8 作为 short 数据,在内存中的表示为(　　)。

A. 0000 0000 0000 1000　　　　　　B. 1000 0000 0000 0000

C. 1111 111 1111 0111   D. 1111 1111 1111 1000

二、编程题

1. 温度转换:输入摄氏温度,求对应的华氏温度。

数据关系:华氏温度 F 和摄氏温度 C 的对应关系是 $F = \dfrac{9}{5}C + 32$。

2. 输入三角形的 3 条边,计算三角形的面积。

假设三角形 3 条边分别为 a、b、c,则 $s = (a+b+c)/2$,那么三角形的面积公式为 $S = \sqrt{s \times (s-a) \times (s-b) \times (s-c)}$

3. 编写一个程序求任意一个输入字符的 ASCII 码。

4. 编程求变量类型 char、short、int、long、long long、float、double、long double 的内存空间大小。

5. 编程实现对大写英文字母进行加密。加密规则是:当字母为 A～W 时,用该字母后的第 3 个字母加密,字母 X、Y、Z 分别用字母 A、B、C 来加密。

6. 编写一段程序,输入自己的身高(cm),输出自己的标准体重(kg)。标准体重计算公式为:

(身高-100)×0.9

所得结果保留两位小数。

4 选择结构程序设计

程序中的语句在顺序执行时,当前语句执行完毕之后会自动执行下一条语句。然而,有时下一条语句能否执行取决于一定的条件,即在执行语句之前,需要先对某些条件进行判断,当条件成立时才会执行该语句,否则不会执行该语句。例如,要计算两数相除的商,应首先判断除数不为0,然后才能执行两数相除;否则,将输出提示"除数不能为0"。在程序设计中,此类先根据条件进行判断,再选择性地执行相应操作的过程就是选择结构。选择结构把程序的走向分为若干个分支,需根据不同的条件转向相应的分支加以执行,因此也称为分支结构。

4.1 选择:从简单判别到复杂决策

编写程序时,无论是进行简单判别,还是解决复杂的决策问题,一般都会涉及选择结构。

选择结构一般通过"如果……,那么……,否则……"形式进行判断和选择。例如,要找出两个整数 a 和 b 中的最大值,需要判断 a 和 b 的大小。如果 a 大,则把 a 作为最大值;否则,把 b 作为最大值。

选择结构也可进行多次比较和选择,体现程序的决策过程。例如,要找出 3 个整数中的最大值,方法之一就是首先通过第一次判断,在前两个整数中选出一个较大值,此时将有两种可能的结果。然后,再把第 3 个数与第一次判断的结果进行第二次比较。这个过程可用图 4.1 所示的树形示意图表示。

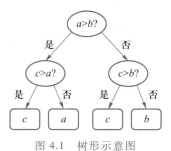

图 4.1 树形示意图

　　可想而知,如果完成任务所需的选择步骤不断增加,程序的决策复杂度也将不断增大。以人工智能围棋程序为例,由于围棋棋盘有 19 行 19 列共计 361 个落子点,因此在落下第 N 个棋子后,下一步至少有 361−N 种落子位置(考虑到之前的棋子有被提吃的可能),而每一种落子方法又会影响后继对弈的胜负可能性……据推算,理论上围棋的算法搜索空间上限远高于目前可观测宇宙中的原子总数,其决策的复杂程度可见一斑。

　　本章在综合案例中完成"剪刀—石头—布"人机对抗猜拳小游戏的设计,计算机随机出拳,玩家自行出拳。在程序中使用选择结构对各种出拳组合进行条件判断,并显示胜负结果。

　　从人机交互的角度来看,根据菜单进行功能选择是程序设计与实现中的常见要求。本章在综合实例中,初步完成了社团信息管理程序中的菜单选择功能。程序运行后,首先在屏幕上显示系统的功能主菜单,然后提示用户输入菜单项所对应的序号,成功读取之后,执行该序号所对应的菜单项的功能。菜单项的选择和功能的具体实现均涉及选择结构。

　　在 C 语言中,选择结构使用选择语句(selection statement)加以实现,包括 if 语句、if-else 语句和 switch 语句。根据分支的数目,以下将选择结构归纳为单分支结构、双分支结构和多分支结构分别进行介绍。

4.2　单分支结构

　　单分支结构仅包含一个分支,是最简单的选择结构,使用 if 语句实现。

4.2.1　if 语句

　　if 语句首先判断给定条件是否成立,再决定执行或不执行这一分支。其一般形式如下:

```
if(表达式)
    语句
```

　　if 语句中使用表达式来说明条件,例如,要判断一个数值是否为正,可将其是否大于 0 作为条件。表达式之后的语句构成一个分支。if 语句的执行流程如图 4.2 所示,首先对表达式求值,再判断条件是否成立:若表达式的值不为 0,则表示条件成立,分支中的语句得以执行;若表达式的结果为 0,则表示条件不成立,不执行分支中的语句。

　　【例 4-1】　在人工智能领域中,线性整流函数(rectified linear unit,ReLU)是一个简单却常用的分段函数,函数定义如下:

$$y = \max(0, x) = \begin{cases} 0, & x \leq 0 \\ x, & x > 0 \end{cases}$$

ReLU 的作用是:在输入值 x 为正时,输出值 y 与 x 相同;在 x 为 0 或负值时,y 值为 0。请编写一个程序,当用户输入一个浮点数时,根据 ReLU 计算对应的输出值。

分析:实现程序需求时,一般可能有多种思路和方法。对于 ReLU 的计算,本章中将分别采用单分支、双分支和条件表达式 3 种形式完成,以便进行对照。此处首先采用单分支结构加以实现,总体思路是先将初始值 0 赋给 y,再根据 x 的定义域,对 y 的取值进行调整。程序的流程如图 4.3 所示。首先将 y 值初始化为 0,再读取 x 值,使用 if 语句选择性地判断 y 的值。if 语句结束后,程序执行后续语句。

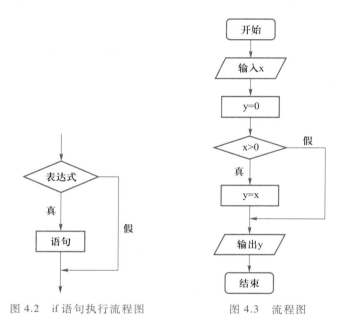

图 4.2   if 语句执行流程图   图 4.3   流程图

程序代码:

```
#include <stdio.h>
int main(void)
{
    float x,y = 0;          //y 初始化为 0,x 用于准备接收用户输入
    scanf("%f",&x);
    if(x>0)                 //如果 x 大于 0
        y = x;              //给 y 赋值
    printf("%f",y);
    return 0;
}
```

4.2.2   复合语句

在 if 语句中,如果分支内部执行的操作需要由两条或更多的语句完成,则必须将这些语句序列用一对大括号括起来,形成一个复合语句(compound statement),复合语

句通常也称作语句块(block)。从语法角度而言,一个复合语句等同于一条独立语句。复合语句还可以嵌套,即复合语句的内部还可以包含其他的复合语句。

复合语句的形式如下:

```
{
    <语句序列>
}
```

【例 4-2】　编写程序,将用户输入的两个不相等整数按升序(数值由小至大)输出。

分析:首先按照输入顺序用两个整数变量 x,y 存储两个整数。其次进行判断,如果 x 比 y 大,则利用中间变量 t 交换 x 和 y 的值。最终结果是变量 x 存储了较小的整数,而变量 y 存储了较大的整数。

程序代码:

```
#include <stdio.h>
int main (void)
{
    int x,y,t = 0;
    printf("请输入 2 个整数:");
    scanf("%d,%d",&x,&y);
    if(x>y){
        t = x;
        x = y;
        y = t;
    }
    printf("x = %d,y = %d",x,y);
    return 0;
}
```

运行结果如图 4.4 所示。

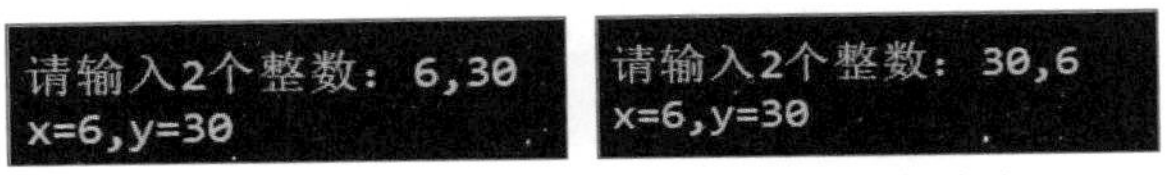

```
请输入2个整数: 6,30        请输入2个整数: 30,6
x=6,y=30                   x=6,y=30
```

图 4.4　两个整数按照从小到大的顺序输出

程序的流程如图 4.5(a)所示。在 if 语句中,用大括号将 3 条语句构成一条复合语句,作为 if 语句的分支。当条件 x>y 成立时,该复合语句中的语句序列将依次执行;反之,如果条件 x>y 不成立时,该复合语句中的语句序列都不会被执行。

常见错误:复合语句组成的分支中漏写大括号。

如果在本例的分支中漏写大括号:

```
if(x>y)
    t = x;          //if 语句结束
    x = y;          //不是 if 语句分支
    y = t;
```

则 3 条独立的语句不构成复合语句。程序的流程如图 4.5(b)所示。按照语法规则,if 语句中仅把"t=x;"这一条语句作为分支,if 语句到此结束。后面的两条语句"x=y; y=t;"都不再是 if 语句分支的一部分,而是与 if 语句语法地位相同的独立语句。其后果是:虽然在形式上没有产生语法错误,但这两条独立语句不再受 if 语句的条件限制,因而产生逻辑错误。如果条件成立,后续语句都得以执行,语句执行后看不出问题。但是如果条件不成立,"t=x;"未被执行,而"x=y;y=t;"仍被执行,导致 x 和 y 的值出错。这是初学者容易出错的地方。

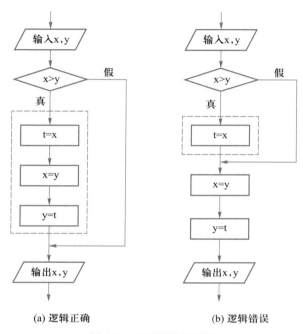

(a) 逻辑正确   (b) 逻辑错误

图 4.5   正误流程图对照

4.2.3   条件的表示

要在 C 程序中设计选择结构,如何正确描述条件呢? 如果要判断的条件涉及比较两个操作数的大小关系,那么可以使用关系运算来表达;对于多个表达式组合而成的、较为复杂的条件,还需要使用逻辑运算。

1. 关系运算

对于比较两个操作数的大小关系,C 语言提供 4 种关系运算符(relational operator):>、>=、<、<=,分别表示大于、大于或等于、小于、小于或等于。对于判断两个操作数是否相等,C 语言提供了两种相等运算符(equality operator):== 和 !=。一般来说,比较大小关系和相等性关系统称为关系运算,其运算结果是一个逻辑值:真或假,在 C 语言中用 1 或 0 来表示,运算规则如下:

① 如果关系成立,则运算结果为 1,逻辑值为"真"。

② 如果关系不成立,则运算结果为 0,逻辑值为"假"。

关系运算符的说明如表 4.1 所示。其中,字符类型进行比较时使用其 ASCII 码值,例如' a '的 ASCII 码值为 97,而' A '的 ASCII 码值为 65,因此' a '<' A '的结果为假;整数与浮点数进行比较时,整数会先自动类型转换为小数部分为 0 的浮点数再进行比较,因此 6.0<=6 和 1.0!=0 的结果都为真。

表 4.1　关系运算符

运算符	含义	示例	示例的值
>	大于	9>1	1(真)
>=	大于或等于	2.71>=3.14	0(假)
<	小于	' a '<' A '	0(假)
<=	小于或等于	6.0<=6	1(真)
==	等于	6==5	0(假)
!=	不等于	1.0!=0	1(真)

【例 4-3】　验证密码:把用户输入的整数作为密码,如与内置密码相同,则显示密码正确。

分析:验证密码是程序中的常见功能。在本例中,为简单起见,仅使用整数作为密码。若要使用一个字符串作为不容易被猜中的"强"密码,可在学习第 7 章字符串的处理之后加以实现。本例中使用两个整数类型变量,分别保存初始化的内置密码和用户输入的密码,然后在 if 语句中使用"=="来判断内置密码和用户输入的密码是否相等。若表达式的值为 1,说明相等关系成立,对应的分支得以执行,输出"密码正确";若表达式的值为 0,说明相等关系不成立,则不执行对应的分支。

程序代码:

```
int password=9999;              //内置密码
int newpassword;
printf("请输入密码:");
scanf("%d",&newpassword);       //保存用户输入的密码
if(password==newpassword)       //如果输入的密码与内置密码相同
    printf("密码正确!");
```

常见错误:判断相等时,将"=="误写为"="。

"=="是相等运算符,而"="是赋值运算符。在判断相等条件时,常见的错误是将"=="运算符误写为"="运算符,此时产生逻辑错误。

在上例中,若将 if(password==newpassword)误写为 if(password=newpassword),则在进行表达式求值时,newpassword 中保存的用户输入的密码(例如,100)将赋值给 password,导致内置密码失效(由 9 999 变为 100),并且由于 newpassword 与 password 中的值相同(现在都为 100),造成 if 括号中的表达式 password=newpassword 结果非 0,即为逻辑"真",从而执行分支,输出"密码正确!"。

表 4.2 列出了一些使用关系运算符来表示条件的表达式示例。其中,③和④涉及不同运算符的优先级问题。从表 3.2 中可看出,4 种关系运算符>、>=、<、<= 的优先级相同,两种相等运算符 ==、!= 的优先级相同但低于关系运算符,但它们的优先级都低于算术运算符,高于赋值运算符。

表 4.2　关系运算符表示条件的表达式示例

序号	需要判断的条件	表达式
①	计数器(整型变量 i)小于或等于 100	i<=100
②	除数(变量 m)不为 0	m!=0
③	循环的次数(整型变量 n)为奇数	n%2!=0
④	读取并存储(字符变量 ch)的输入字符为换行符	(ch=getchar())=='\n'
⑤	用户选择的菜单序号(字符变量 item)为 1	item=='1'
⑥	体温(单精度变量 x)小于 37.3℃	x<37.3

在表 4.2 的③中,由于算术运算符"%"的优先级高于 !=,因此 n%2!=0 相当于 (n%2)!=0,即求表达式的值时,先计算 n 对 2 的余数,然后再判断该余数是否为 0。

在表 4.2 的④中,由于赋值运算符"="的优先级低于 ==,因此 ch=getchar() 必须先用括号括起来,才能完成先将函数 getchar() 获取的用户输入字符存放在变量 ch 中,然后再判断 ch 是否为换行符。

常见错误:混淆整数 0 与字符'0'。

0,1,…,9 与'0','1',…,'9'在 C 语言中分别属于十进制整数常量与字符常量,它们的数据类型、存储方式、表示方式都是不同的。整数常量 0,1,…,9 在内存中一般占 4B,而字符常量'0','1',…,'9'只占 1B。例如,整数 0 在内存中一般占 4B,是 32 个二进制位(bit),每一位上都是 0;而字符常量'0'在内存中是 1B 的 ASCII 码,存储为 00110000,对应十进制为 48。

在表 4.2 的⑤中,如果将条件 item=='1' 误写为 item==1,则由于 item 是字符变量,当用户输入选项为'1'时,条件变为'1'==1,而字符'1'的 ASCII 码值是 49,因此实际比较的是 49==1,导致条件不成立,出现逻辑错误。

常见错误:浮点数比较时结果出错。

与表 4.2 的⑥相仿,以下的代码实现体温监测功能:如果获取的体温值大于或等于 37.3℃,则显示体温偏高。

```
float x;    //存储体温值
scanf("%f",&x);
if(x>=37.3)
    printf("体温偏高!");
```

大部分情况下,这段代码都按照预期正常运行。但是,当遇到输入体温值恰好为 37.3 时,程序将会出现逻辑错误:按照预期本应执行 if 语句的分支,即输出"体温偏高!",而实际运行结果却是该分支并未被执行。因此,说明程序认为 x<37.3。错误在哪里呢?

导致这种问题的主要原因是:计算机中的浮点数一般是基于 IEEE 754 标准进行存储的,受表示精度所限,很多数值只能采用近似值表示。在本例中,x 是单精度 float 类型,实际存储的值并不为 37.3,而是接近 37.299 99 的一个近似值;而常量 37.3 则默认具有双精度 double 类型,更为接近 37.3,因而程序认为 x 不等于 37.3。

在计算机程序涉及判断两个浮点数相等,尤其是涉及工程计算领域时,都需要特别注意此类问题。一个常用的解决办法是:当两个浮点数之差的绝对值小于指定的精度时,即可认为这两个浮点数相等。例如,当 x 满足 abs(x-37.3)<0.000 001 时,则认为 x 已与 37.3 相等,其中 abs( )是 math.h 头文件中声明的求取绝对值的常用库函数。

2. 逻辑运算

对一个或多个逻辑值进行操作的运算称为逻辑运算。逻辑运算的 3 种基本操作是逻辑非、逻辑与、逻辑或,在 C 语言中对应的逻辑运算符分别是 !、&& 和 ‖,如表 4.3 所示。

表 4.3　逻辑运算符

运算符	含义	示例	示例的值
!	逻辑非	!0	1(真)
&&	逻辑与	1&&0	0(假)
‖	逻辑或	0‖0	0(假)

在 C 语言中,参与逻辑运算的操作数除了 0 和 1 之外,还可以是算术表达式、关系表达式、逻辑表达式、赋值表达式、字符表达式及数值表达式等,其值若为非 0 值,则视为逻辑真;其值若为 0,则视为逻辑假。逻辑运算的结果可用真值表表示,例如,对于两个操作数 a 和 b 对应的逻辑运算真值表如表 4.4 所示。

表 4.4　逻辑运算真值表

a	b	!a	!b	a&&b	a‖b
非 0	非 0	0	0	1	1
非 0	0	0	1	0	1
0	非 0	1	0	0	1
0	0	1	1	0	0

从真值表中可总结逻辑运算的规则如下：

① 逻辑非运算表示若操作数的值为真，则其运算结果为假；反之，则为真。

② 逻辑与运算表示仅当两个操作数都为真时，运算结果才为真；只要有一个为假，运算结果就为假。

③ 逻辑或运算表示两个操作数中只要有一个为真，运算结果就为真；仅当两个操作数都为假时，结果才为假。

逻辑运算可以将多个单一条件组合成一个复合条件，以此表示逻辑命题，因此可能涉及之前所学的算术、关系、赋值等运算符。

表 4.5 列出了部分命题的表达式示例。

表 4.5 部分命题的表达式示例

序号	命题	表达式
①	成绩（整型变量 score）为 60~80 分	score>=60 && score<=80
②	成绩（整型变量 score）不到 60 分或超过 80 分	score<60 ‖ score>80
③	用户输入的字符（字符变量 ch）是大写字母	ch>='A'&&ch<='Z'
④	用户输入的字符（字符变量 ch）是字母 Y（大小写均可）	ch=='Y'‖ch=='y'
⑤	整数 x 和 y 至少有一个为正，且互不相等	(x>0‖y>0) && x!=y
⑥	与变量 a 的逻辑意义相反	!a

在表 4.5 中，①的命题是整型变量 score 为 60~80 分，即需要同时满足"score>=60"和"score<=80"这两个条件，逻辑结果才为真，此时可使用括号把每个条件分别括起来，再使用逻辑与"&&"运算符将两个条件连接起来：

```
(score>=60) && (score<=80)
```

由于 && 的优先级比关系运算符的优先级低，因此也可写为：

```
score>=60 && score<=80
```

符合条件要求的表达式形式不一定是唯一的，书写表达式时应以简洁易读的形式为准。例如上述表达式亦可写作!(score<60 ‖ score>80)，但显然不如前者表示清晰。

> 常见错误：数学表达式与 C 语言表达式的含义混淆。
>
> 虽然有时 C 语言表达式与数学表达式形式相近甚至相同，但需要注意它们的含义的区别。例如，表示 score 为 60~80 分，数学表达式为：
>
> ```
> 60<=score<=80
> ```
>
> 但 C 语言会将其含义解读为：
>
> ```
> (60<=score)<=80
> ```
>
> 此时，将先计算 60<=score 的值，得到结果为 0 或 1，再判断这个结果是否小于或等于 80。这样无论 score 是何值，最终导致整个表达式的逻辑结果总为真，产生了逻辑错误。

表 4.5 中的②、③和④的表达式也省略了关系运算的括号。但在条件比较复杂的情况下,一般建议把需要先行计算的部分用圆括号括起来,其好处是计算顺序清晰,代码的可读性好,不易出错。表 4.5 中的⑤,由于 ‖ 的优先级低于 &&,因此括号不能省略,以此保证"逻辑或"与"逻辑与"的计算顺序。

> **编程经验**:条件 a == 0 与 a! = 0 的另一种表示方法。
>
> 　　表 4.5 中的⑥,命题!a 是否构成了一个条件? 在 if 语句中,if(a == 0)表示如果 a 值为 0,则条件成立,执行相应的分支。由于 a 值为 0 时其逻辑意义就是"假",也即!a 为真,因此,if(a == 0)也可用 if(!a)来表示,这种用法在实践中颇为常见。
>
> 　　与此类似,语句 if(a! = 0)表示如果 a 值不为 0,则条件成立,执行相应的分支。由于 a 值不为 0 时其逻辑意义就是"真",因此,if(a! = 0)也可用 if(a)来表示。
>
> 　　此外,由于 NULL 的值在 C 语言中被定义为 0,因此,检查文件指针是否有效可用以下代码来实现:
>
> ```
> FILE * fp;
> fp = fopen("test.txt","r");
> if(!fp)        //等价于 if(fp == NULL)
>     exit(0);
> ```

【例 4-4】　若用户输入的年份使用整数变量 year 来存储,写出判断其是否为闰年的表达式。

　　分析:年份为闰年的判断条件为以下两者之一:

① 能被 4 整除,但不能被 100 整除;

② 能被 400 整除。

　　因此,判断 year 是否为闰年的逻辑表达式为

```
year%4 == 0 && year%100! = 0 ‖ year%400 == 0
```

上述表达式虽然等价于下列表达式,但是从代码的可读性角度考虑,一般以适当加上括号为宜:

```
(year%4 == 0 && year%100! = 0) ‖ (year%400 == 0)
```

【例 4-5】　判断用户输入的字符是否为字母。

　　分析:字母有大写和小写之分,它们在 ASCII 码表中各自分布在 A~Z 以及 a~z 区域,可根据输入字符的 ASCII 码判断是否在大写与小写字母的范围。

　　程序代码:

```
char c;
c = getchar();
if(c >= 'a' && c <= 'z' || c >= 'A' && c <= 'Z')
    printf("用户输入了一个字母。");
```

3. 逻辑表达式中的短路(shortcut)

在逻辑表达式中,并不是所有的运算都会被执行,而是一旦可以直接推断出整个逻辑表达式的值时,便不再对尚未处理的部分进行计算,以此提高效率。逻辑运算符"&&"和"‖"都具有短路特性:

① 在求解 a&&b 时,只有 a 为真,才需要继续判断 b 的值;如果 a 为假,无论 b 为真或假,最终的结果必然为假,因此不再处理 && 之后的表达式,发生"短路"。

② 在求解 a‖b 时,只有 a 为假,才需要继续判断 b 的值;如果 a 为真,无论 b 为真或假,最终的结果必然为真,因此不再处理 ‖ 之后的表达式,发生"短路"。

例如,有以下表达式:

`n!=0 && (c=m/n)`

根据运算符的优先级顺序,上式等价于:

`(n!=0) && (c=(m/n))`

在求值过程中,若 n 的值为 0,则 n!=0 为假,因此等价于:

`0 && (c=(m/n))`

此时由于 && 的左侧操作数为假,因此发生"短路",在未对 c=(m/n) 计算的情况下即可直接得到整个表达式的值为假,避免了 0 做除数的情况。

在求值过程中,若 n 的值非 0,则 n!=0 为真,c=(m/n) 才会得以执行,最终 m/n 的商被赋值给 c。

微视频:
短路求值

4.3　双分支结构

双分支结构表示条件语句包含两个分支,可以使用 if-else 语句实现。

4.3.1　if-else 语句

if-else 语句首先判断给定条件是否成立,再从两个分支中选择一个分支执行。其一般形式如下:

```
if(表达式)
    语句1
else
    语句2
```

其中表达式用来说明条件,语句 1 和语句 2 各自构成一个分支。if-else 语句流程图如图 4.6 所示,首先对表达式求值,如果表达式的值为逻辑真(非 0),则执行语句 1 对应

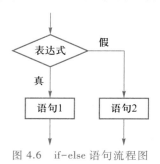

图 4.6　if-else 语句流程图

的分支;如果表达式的值为逻辑假(0),则执行语句 2 对应的分支。语句 1 或语句 2 如果只有一条语句,则可以作为内嵌语句,不必加大括号{};语句 1 或语句 2 也可以是用一对大括号括起来的复合语句,即所对应的分支是由多条语句组成的。

【例 4-6】 采用双分支结构改写例 4-1 的程序,根据 ReLU 函数计算用户输入一个浮点数时对应的输出值。

分析:按照"如果……,那么……,否则……"的形式,针对 x 的定义域构建两个分支:如果 x>0,那么将 y 赋值为 x,否则将 y 赋值为 0。具体流程图如图 4.7 所示。

程序代码:

```
#include <stdio.h>
int main (void)
{
    float x,y;
    scanf("%f",&x);
    if(x>0)         //如果 x 大于 0
        y = x;      //分支 1
    else
        y = 0;      //分支 2
    printf("%f",y);
    return 0;
}
```

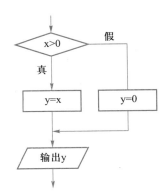

图 4.7 双分支结构的 ReLU 函数实现流程图

【例 4-7】 编写程序,使用双分支结构,输出两个整数中的最大值。

分析:流程与例 4-6 类似,首先判断如果 a 大于 b,那么把 a 作为最大值;否则把 b 作为最大值(即使两个数相等)。

程序代码:

```
#include <stdio.h>
int main (void)
{
    int a,b;
    scanf("%d,%d",&a,&b);
    if(a>b)
```

```
        printf(最大值为"%d",a);
    else
        printf(最大值为"%d",b);
    return 0;
}
```

4.3.2　条件运算符

条件运算符是 C 语言中唯一的一个三目运算符,运算时需要 3 个操作数,由条件运算符及其运算对象构成的表达式也称为条件表达式,一般形式为:

表达式 1？表达式 2：表达式 3

其中？ 和:为条件运算符;表达式 1、表达式 2 和表达式 3 为操作数。

条件表达式的使用说明如下:

① 条件运算符优先级高于赋值运算符,低于关系运算符和算术运算符。

② 条件运算符的结合方向为自右至左。

③ 表达式 2 和表达式 3 不仅可以是数值表达式,还可以是赋值表达式或函数表达式。

条件表达式的执行过程是:首先计算表达式 1 的值,如果值为非 0,则把表达式 2 的值作为整个条件表达式的值;如果值为 0,则把表达式 3 的值作为整个条件表达式的值。从这个过程可以看出,条件运算符本质上就是一条精简形式的 if-else 语句。

【例 4-8】　使用条件表达式改写例 4-1 程序,根据 ReLU 函数计算用户输入一个浮点数时对应的输出值。

分析:将例 4-6 中 if-else 语句改写为条件表达式即可。

程序代码:

```
#include <stdio.h>
int main (void)
{
    float x;
    scanf("%f",&x);
    printf("%f",x>0 ? x : 0 );    //等价于 if-else 语句
    return 0;
}
```

4.3.3　if-else 的嵌套

if-else 可以嵌套使用,即在分支中可以包含另一个 if 或 if-else 语句。例如:

```
if(表达式 1)
  if(表达式 2)        //内嵌 if 语句作为外层分支
    语句 1            //内层分支 1
  else
    语句 2            //内层分支 2
```

```
    else
        if(表达式 3)            //内嵌 if 语句作为外层分支
            语句 3              //内层分支 3
        else
            语句 4              //内层分支 4
```

微视频:
if-else
配对

在以上代码中,外层的 if 语句根据表达式 1 的值分别构建两个分支,而每个分支各内嵌一条 if-else 语句,分别根据表达式 2 或表达式 3 的值进一步构建内层分支,分别对应语句 1~语句 4。由于一个 if-else 语句结构可以作为一条语句看待,内嵌的 if-else 语句作为外层分支时可以不必用大括号。由于语句 1~语句 4 又可以是复合语句或更深层次的内嵌 if-else 语句,因此形式上可以更加复杂。在实际应用中,为了避免产生逻辑问题,增强程序代码的可读性,书写代码时可将每个分支都用一对大括号括起来。

【例 4-9】 使用嵌套的 if 语句,输出 3 个整数中的最大值。

分析:在例 4-7 的基础上,首先通过外层的 if 语句在前两个整数中选出一个较大值,把两种可能的结果各自构建一个外层分支;各个分支使用内嵌的 if 语句,分别对第 3 个值进行再次比较。流程图如图 4.8(a)所示。

程序代码:

程序代码:
例4-9嵌
套形式

```c
#include <stdio.h>
int main (void)
{
    int a,b,c;
    scanf("%d,%d,%d",&a,&b,&c);
    if(a>b){
        if (c>a)
            printf(最大值为"%d",c);
        else
            printf(最大值为"%d",a);
    }
    else{
        if (c>b)
            printf(最大值为"%d",c);
        else
            printf(最大值为"%d",b);
    }
    return 0;
}
```

在逻辑关系比较简单的情况下,有的 if-else 语句嵌套形式也可改为非嵌套形式。例如例 4-9 中的程序也可改为如下形式:

```c
#include <stdio.h>
int main (void)
{
    int a,b,c,max;              //增加一个中间变量 max
    scanf("%d,%d,%d",&a,&b,&c);
```

```
        max = a;                //将第 1 个整数暂作为最大值
        if(b>max) max = b;      //如果第 2 个整数更大,就将第 2 个整数作为最大值
        if(c>max) max = c;      //如果第 3 个整数更大,就将第 3 个整数作为最大值
        printf(最大值为"%d",max);
        return 0;
}
```

以上代码流程图如图 4.8(b)所示,其中使用了两个独立的单分支 if 语句,同时增加了一个中间变量 max 用于保存每次比较出来的最大值,在整体上看似更为简洁。但如果程序的逻辑关系复杂一些,例如需将 3 个整数按从小到大的顺序输出,则使用 if-else 语句的嵌套形式将使代码在逻辑上更加明晰。

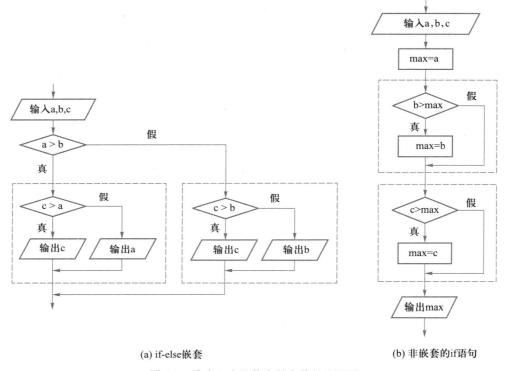

(a) if-else嵌套　　　　　　　　　　　　　　　(b) 非嵌套的if语句

图 4.8　输出 3 个整数中最大值的流程图

【例 4-10】　编写程序,根据用户输入的血液中酒精含量(单位:mg/100 ml),使用选择结构输出判断结果,即是否为酒驾、醉驾或正常。我国车辆驾驶人员的酒驾与醉驾标准如下:

① 酒驾:血液中的酒精含量大于或等于 20 mg/100 ml 且小于 80 mg/100 ml;

② 醉驾:血液中酒精含量大于或者等于 80 mg/100 ml。

分析:用变量 alcohol 存储输入的血液中酒精含量。首先通过外层的 if 语句,根据条件 alcohol>=20 来区分酒后驾驶和正常两个分支。然后在酒后驾驶分支中,通过内嵌的 if 语句,再次根据条件 alcohol<80,进一步区分酒驾与醉驾。相关 if-else 语句如下:

```
if(alcohol>=20)
  if(alcohol<80)
    printf("酒驾! 扣驾驶证 6 个月与罚款。再次酒驾依法拘留、罚款、吊销驾驶证、2 年内
不得重考驾驶证。");
  else
    printf("醉驾! 吊销驾驶证,情节严重的追究刑事责任,5 年内不得重考驾驶证。");
else
  printf("正常。");
```

在书写内嵌 if 语句的条件 alcohol<80 时,由于其所在外层分支对应的前提条件是 alcohol>=20,因此不必也不应将内嵌条件 alcohol<80 写为

```
alcohol<80 && alcohol>=20
```

这将画蛇添足地增加一次关系运算和逻辑运算,降低效率。如果写为 20<=alcohol<80,则更加违反了 C 语言中逻辑运算的书写规则,造成错上加错的逻辑错误。

4.3.4 if 与 else 的匹配

在嵌套使用 if-else 时,必将先后出现多个 if 和 else,需要确保程序能够正确处理 if 与 else 之间的匹配关系,否则将产生逻辑错误。C 语言中 if 和 else 的匹配规则是: else 将与前面最近的 if 配对,除非这个 if 已被花括号{}分隔开。

在 4.3.3 小节的案例中,if 与 else 的数目相等,匹配关系也正确。但是在以下精简的代码中出现了两个 if 和一个 else:

```
if(alcohol>=20)          //第 1 个 if
  if(alcohol>=80)        //第 2 个 if          ⎫
    printf("醉驾!");                          ⎬ 是否匹配?
  else                   //与第 1 个 if 匹配?   ⎭
    printf("正常。");
```

根据缩进位置看,else 看上去似乎是与第 1 个 if 匹配,以此对应 alcohol>=20 这个条件。但实际上,C 语言会忽略缩进的差异,并且由于从 else 向前找到最近的是第 2 个 if,因此 C 语言认定的实际匹配关系如下:

```
if(alcohol>=20)          //第 1 个 if
  if(alcohol>=80)        //第 2 个 if
    printf("醉驾!");                          ⎫
  else                   //与第 2 个 if 匹配     ⎬ 匹配
    printf("正常。");                          ⎭
```

在这种情况下,else 与第 2 个 if 匹配,对应了 alcohol>=20 并且 alcohol<80 的条件。此时已达到了“酒驾”标准,而在分支中却仍会输出“正常”,显然造成了逻辑错误。解决以上问题的方法之一是用花括号{}来界定 if 与 else 的匹配关系。将以上代码改写为:

```
if(alcohol>=20){          //第 1 个 if
   if(alcohol>=80)         //第 2 个 if
       printf("醉驾!");
}
else                      //与第 1 个 if 匹配
   printf("正常。");
```

匹配

现在,由于一对花括号将第 2 个 if 内嵌入外层分支中,对于 else 来说,第 2 个 if 此时是"不可见"的,因此,else 将与先前最近的第 1 个 if 配对,正确体现了程序的逻辑要求。

4.4   多分支结构

多分支结构表示选择结构包含多路分支,可以使用 if 语句级联方式或 switch 语句加以实现。

4.4.1   if 语句的级联

if 语句的级联形式是 if-else 语句的扩展。首先使用一个 if 对应第 1 个分支,接下来使用若干个 else if 对应第 2 至第 n 个分支,最后使用一个 else 对应"以上都不是"的情况,其常用形式如下:

```
if(表达式 1)
    语句 1 //分支 1
else if(表达式 2)
    语句 2 //分支 2
...
else if(表达式 n)
    语句 n //分支 n
else   //以上都不是
    语句 n+1 //分支 n+1
```

if 语句级联的流程图如图 4.9 所示。依次判断各个表达式的值,一旦发现某个表达式值为真时,则执行其对应的分支;如果所有的表达式均为假,则执行语句 $n+1$。

【例 4-11】   使用 if 语句的级联形式改写例 4-10,根据用户输入的血液中酒精含量,输出是否为酒驾、醉驾或正常。

分析:将 if-else 嵌套形式改写成 if 语句的级联形式,通过两次比较,构成 3 个分支,主要代码如下:

```
if(alcohol>80)
   printf("醉驾!");
else if(alcohol>=20)
   printf("酒驾!");
```

```
else
  printf("正常。");
```

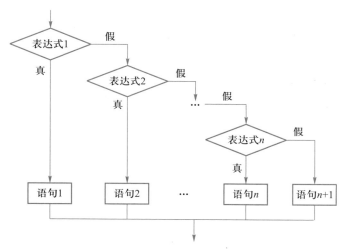

图 4.9　if 语句级联的流程图

【**例 4-12**】　判断输入的日期是星期几。

分析:计算日期是星期几可使用基姆拉尔森公式:

$$(d+2\times m+3\times(m+1)/5+y+y/4-y/100+y/400)\%7$$

其中 y、m、d 分别表示日期中的年、月、日,而且须将一月和二月看成是上一年的十三月和十四月,例如,2004 年 1 月须换算成 2003 年 13 月再代入公式。计算结果为 0 时代表星期一,结果为 1 时代表星期二,依此类推,直到结果为 6 时代表星期日。程序用 if 语句的级联形式,依次判断公式的值为 0,1,…,6,实现多分支选择结构。

程序代码:

程序代码:
例4-12

```
#include <stdio.h>
int main(void)
{
    int year=0,month=0,day=0,day_of_week;
    printf("请输入日期,格式为:年 月 日(空格作为间隔):");
    scanf("%d%d%d",&year,&month,&day);
    if(month==1 || month==2){
        //把一月和二月看成是上一年的十三月和十四月
        month+=12;
        year--;
    }
    day_of_week=(day+2*month+3*(month+1)/5+year+year/4-year/100+
                year/400)%7;
    if(day_of_week==0) printf("星期一");
    else if(day_of_week==1) printf("星期二");
    else if(day_of_week==2) printf("星期三");
    else if(day_of_week==3) printf("星期四");
    else if(day_of_week==4) printf("星期五");
```

```
      else if(day_of_week==5) printf("星期六");
      else printf("星期日\n");
      return 0;
}
```

【例4-13】   判断键盘输入的字符是否为英文字母、数字字符、字符"*"和其他字符。

分析:使用 if 语句的级联形式,正确写出是否为英文字母、数字字符、字符"*"的表达式,依此判断,其余的作为其他字符。

程序代码:

```
#include <stdio.h>
int main(void)
{
      char ch;
      printf("Enter a character:");            //输入提示
      ch=getchar();                            //变量 ch 接收从键盘输入的一个字符
      if((ch>='a' && ch<='z') || (ch>='A' && ch<='Z'))     //判断是否为英文字符
         printf("%c 是英文字符",ch);
      else if(ch>='0' && ch<='9')              //判断是否为数字字符
         printf("%c 是数字字符",ch);
      else if(ch=='*')                         //判断是否为字符 *
         printf("%c 是星号字符 *",ch);
      else                                     //其余为其他字符
         printf("%c 是其他字符",ch);
      return 0;
}
```

4.4.2   switch 语句

在多分支结构的实际应用中,经常出现的一类情况是:不同分支的选择条件是由同一个表达式的不同取值所决定的。例如在例4-12中,day_of_week 的不同取值 0,1,…,6 分别决定了哪一个分支得以执行,以此输出对应的星期几。C 语言提供了 switch 语句适用于描述这类多路选择的情况,其一般形式如下:

```
switch(表达式){
      case 常量 1:语句组 1;
      case 常量 2:语句组 2;
      …
      case 常量 n:语句组 n;
      [default:语句组 n+1;]
}
```

switch 语句中各个分支的入口由 case 加不同的标号(常量 1,常量 2,…,常量 n)的形式注明。switch 语句的流程图如图 4.10 所示,首先计算表达式的值,然后逐一将其与各个 case 之后的常量进行比较,一旦发现相等时,便进入该 case 对应的分支,逐条执行其中的语句组,直到遇到 break 语句或 switch 语句的右侧花括号,才会退出 switch 语句。如果未遇到 break 语句,则继续执行后续的语句组,而不论表达式的值与下一个 case 对应的常量是否相等。default 语句则对应"以上都不是"的情况。

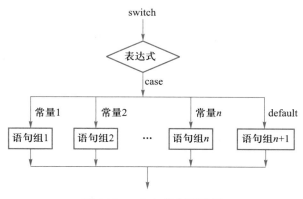

图 4.10   switch 语句流程图

使用 switch 语句的注意事项如下:

① case 后面的(常量 1,常量 2,…,常量 n)可以分别由表达式构成,但各表达式的结果必须是整数或字符类型,且各表达式的值必须互不相同。

② 每个 case 对应的分支中,语句组不必加{ },也可为空。

③ 多个 case 可"共享"一组语句组,直到遇到 break 语句。

④ default 语句是可选的,可放在开关语句花括号内的任何位置,但通常作为最后一个分支。

⑤ switch 也可嵌套使用,此时每个 break 只负责退出其所属的 switch 语句。

【例 4-14】   使用 switch 语句,判断输入的日期是星期几。

分析:将例 4-12 中的 if 语句的级联形式改为 switch 语句,根据基姆拉尔森公式的结果,直接找到所对应的分支。

程序代码:

```
#include <stdio.h>
int main(void)
{
    int year = 0, month = 0, day = 0, day_of_week;
    printf("请输入日期,格式为:年 月 日(空格作为间隔):");
    scanf("%d%d%d", &year, &month, &day);
    if(month == 1 || month == 2){
        //把一月和二月看成是上一年的十三月和十四月
        month += 12;
        year--;
    }
    day_of_week = (day + 2 * month + 3 * (month + 1) / 5 + year + year / 4 - year / 100 +
                year / 400) % 7;
    switch(day_of_week){
```

```
            case 0:printf("星期一");break;
            case 1:printf("星期二");break;
            case 2:printf("星期三");break;
            case 3:printf("星期四");break;
            case 4:printf("星期五");break;
            case 5:printf("星期六");break;
            default:printf("星期日");
        }
        return 0;
    }
```

常见错误:switch 语句分支中漏掉 break 语句。

在 switch 语句的分支中,如果漏掉 break 语句,则一旦进入该分支并执行完其中的语句组后,不会再判断表达式的值是否与下一个 case 中的常量相等,而是继续执行后续的语句,直到遇到下一条 break 或 switch 语句结束。例如,如果在例 4-14 中的分支中漏掉各个 break 语句:

```
switch (day_of_week) {
        case 0: printf("星期一");
        case 1: printf("星期二");
        case 2: printf("星期三");
        case 3: printf("星期四");
        case 4: printf("星期五");
        case 5: printf("星期六");
        default: printf("星期日");
    }
```

则当 day_of_week 为 0 时,进入第一个分支并执行完毕后,由于没有 break 语句,因此还会连续执行后续的所有分支,最终输出结果为:

星期一星期二星期三星期四星期五星期六星期日

因此,初学时要特别留意分支结束时要加上 break 语句。

【例 4-15】 使用 switch 语句根据输入的表达式,分别用+、-、*表示加、减、乘,用/或:代表除,对两个整数进行加、减、乘、除运算并输出计算结果。例如,若输入为"3 * 5"时,则输出为 15;若输入 24/8 或 24:8,则输出为 3。

分析:由于字符也是特殊的整数类型,因此可根据表达式中运算符的 ASCII 码建立相应的分支,分别实现对表达式的计算。

注意:由于要求/和:都执行"除"的功能,因此这两个符号对应的分支"共享"一段语句。若运算符不是题目中所要求的任何一个,则显示无法计算。

程序代码:

```
#include <stdio.h>
int main(void)
{
    int operand1,operand2;
```

```
char operator;
printf("请输入要计算的表达式:");
scanf("%d%c%d",&operand1,&operator,&operand2);
switch(operator) {
   case'+':printf("%d",operand1+operand2);
          break;
   case'-':printf("%d",operand1-operand2);
          break;
   case'*':printf("%d",operand1 * operand2);
          break;
   case'/':
   case':': if(operand2!=0)        //case'/'和case':'共享if语句
             printf("%f",1.0 * operand1/operand2);
           else
             printf("除数不能为0");
           break;
   default:printf("无法计算。");
}
return 0;
}
```

程序代码:
例4-15

编程经验:if 语句的级联和 switch 的区别。

　　if 语句的级联和 switch 语句都可实现多路选择,在应用中的区别如下:

　　① switch 语句只能根据整数表达式进行判断,因此对使用场合受到一定的限制,而 if 语句的级联则无此问题。

　　② switch 语句在书写形式上比较清晰,可读性更好,而 if 语句的级联形式可能略显冗长。

　　③ 使用 if 语句的级联时,根据条件的个数进行多次比较才能确定要执行的分支,而 switch 语句在某些条件(例如各个 case 后的可取值相近)下,编译器可以将其对应的机器指令序列转换为运行效率更高的形式,即只对表达式的值进行一次"查表"后直接转向对应的分支,而不必进行逐一比较。

4.5　综　合　案　例

【例 4-16】　延续例 3-11,使用分支语句设计"剪刀—石头—布"人机对抗猜拳小游戏。程序的功能需求如下:

　　① 计算机随机出拳;

　　② 玩家的出拳自行选定;

　　③ 程序对胜负进行判定并输出结果。

分析:为了判断胜负,程序运行过程中需要记录玩家和计算机的出拳状态。为简单起见,用整数 0、1 和 2 分别表示"剪刀""石头"和"布"3 种出拳状态,因此可用整数变量 player 和 computer 记录玩家和计算机的出拳状态。

计算机的出拳可用库函数 rand( )取随机数后对 3 取余数获得,玩家的出拳则由用户输入。如果用户输入了非 0、1、2 的数字,则进行出错提醒,即显示出错信息并退出程序。如果用户输入正确,则先后使用多分支结构分别输出玩家出拳、计算机出拳和胜负结果。

算法设计:在判断胜负时,可对出拳的各种组合进行条件判断,并使用分支语句实现判断胜负。玩家和计算机的出拳共存在 $3^2 = 9$ 种可能的组合,分别对应平、胜、负 3 种结果,如表 4.6 所示。

表 4.6　"剪刀—石头—布"胜负判定表

player(玩家出拳)	computer(计算机出拳)	结果	player-computer	(player-computer+3)% 3
0(剪刀)	0(剪刀)	平	0	0
1(石头)	1(石头)	平	0	0
2(布)	2(布)	平	0	0
0(剪刀)	2(布)	胜	-2	1
1(石头)	0(剪刀)	胜	1	1
2(布)	1(石头)	胜	1	1
0(剪刀)	1(石头)	负	-1	2
1(石头)	2(布)	负	-1	2
2(布)	0(剪刀)	负	2	2

使用不同的条件作为判断依据,就会有如下不同的实现方法:

① 当直接根据 player 和 computer 的组合作为条件时,根据表 4.6 中前两列的值即可写出以下实现方法:

```
if (player == computer)
    printf ("平局!");
else if(player == 0 && computer == 2 || player == 1 && computer == 0 ||
        player == 2 && computer == 1)
    printf ("你赢了!");
else
    printf ("电脑赢了!");
```

② 当使用算术运算反映 player 和 computer 之间的关系,例如表达式 player-computer 来作为条件时,根据表 4.6 中第 4 列的值可写出以下实现方法:

```
switch ( player-computer ){
    case 0:printf ("平局!");break;
    case-2:
    case 1:printf ("你赢了!");break;
```

```
    case 2:
    case-1:printf ("电脑赢了!");break;
}
```

③ 当表达式 player-computer 的值为-1 和-2 时,模 3 的结果分别与 2 和 1 相同,因此还可使用表达式（player-computer+3)%3 来作为条件,根据表 4.6 中第 4 列的值可写出以下实现方法:

```
switch ( (player-computer+3)%3){
    case 0:printf ("平局!");break;
    case 1:printf ("你赢了!");break;
    case 2:printf ("电脑赢了!");break;
}
```

程序代码:

程序代码:
例4-16

```c
#include <stdio.h>
#include <stdlib.h>
#include <time.h>
int main(void)
{
    int player;                         //玩家出拳
    int computer;                       //计算机出拳
    printf("*****"剪刀—石头—布"人机对抗猜拳小游戏*****\n");
    srand( (unsigned)time( NULL ) );    //使用计算机时间设置随机数种子
    computer=rand() %3;                 //生成0~2的随机数,作为计算机的出拳
    printf("电脑已出拳,现在请输入你的选择(0.剪刀  1.石头  2.布):");
    scanf("%d",&player);
    if (player==0)    printf("你出了:剪刀\n");
    else if (player==1)    printf("你出了:石头\n");
    else if (player==2)    printf("你出了:布\n");
    else {      //如果用户输入了非0,1,2的数字,显示出错并退出程序
        printf("输入错误!");
        exit(1);
    }
    //使用条件表达式
    printf("电脑出了:%s\n",computer==0 ? "剪刀" : computer==1 ? "石头" :
            "布");
    switch( (player-computer+3) %3 ){
      case 0:printf ("平局!");break;
      case 1:printf ("你赢了!");break;
      case 2:printf ("电脑赢了!");break;
    }
    return 0;
}
```

程序运行结果如图 4.11 所示。

```
*****"剪刀-石头-布"人机对抗猜拳小游戏*****
电脑已出拳,现在请输入你的选择(0.剪刀   1.石头   2.布):0
你出了:剪刀
电脑出了:布
你赢了!
```

图 4.11 "剪刀—石头—布"猜拳小游戏运行示例

编程经验:分支语句的灵活使用。

在本例中,在输出玩家出拳、计算机出拳和胜负结果时,分别使用了 if 语句级联、条件表达式和 switch 语句。这些语句可根据编程风格的要求进行互换。例如,在输出计算机的出拳时,使用了条件表达式:

computer==0 ? "剪刀" : computer==1 ? "石头" : "布"

在这种嵌套形式中,当 computer==0 成立时取值为字符串"剪刀";否则继续判断:当 computer==1 成立时,取值为字符串"石头",否则取值为字符串"布"。在本例中,将条件表达式作为 printf() 的参数的主要原因是其在书写形式上比 if-else 语句更为简洁。

【例 4-17】 实现社团成员管理程序中的菜单功能。根据图 1.12 所示的流程图,完善社团成员管理程序,根据用户所选菜单项(功能)实现相应的功能。

分析:

① 显示菜单:程序运行后,首先在屏幕上显示系统的功能主菜单,如图 4.12 所示。

```
|**********************************|
|学校社团管理系统—社团成员管理(1.0版)|
|1.社团招新              2.信息修改|
|3.信息删除              4.信息查询|
|5.成员统计              6.信息输出|
|**********************************|
请输入您的选择(1-6),其他自动退出系统:
```

图 4.12 功能主菜单

② 选择菜单:提示用户需输入菜单项对应的字符,输入序号后按 Enter 键,则执行该菜单项所对应的功能。

③ 社团招新:若选中"社团招新"功能,则将用户输入的新成员学号写入文件保存(图 4.13)。

```
请输入您的选择(1-6),其他自动退出系统:1
请输入新加入成员学号:1201
恭喜1201报名成功
```

图 4.13 添加成员

④ 信息修改:若选中"信息修改"功能,则将文件中保存的原学号更新为用户输入的新学号(图 4.14)。

```
请输入您的选择(1-6),其他自动退出系统: 2
原来的学号为: 1201
请输入修改后的学号: 1202
学号1201成功修改为1202
```

图 4.14　修改信息

按照"自顶向下,逐层细化"的设计思路,首先确认程序的总体功能可划分为显示菜单和选择菜单项两个功能模块:

开始
显示主菜单
选择菜单项
结束

然后对照需求,对各功能模块逐层细化,可用伪代码表示如下:

程序代码
例4-17

开始
显示主菜单://menu()
　　逐行输出菜单项
选择菜单项://select()
　　输出选择提示
　　读取菜单项序号
　　执行选中的菜单项功能:
　　　　社团招新　//add()
　　　　信息修改　//modify()
结束

由于 C 语言中的模块使用函数(function)描述,因此将显示主菜单、选择菜单项、社团招新和信息修改等模块分别使用函数 menu()、select()、add()和 modify()等实现,为简单起见,这些函数无参数,也无返回值,分别定义在头文件 my.h 中。

根据伪代码设计程序执行时,先调用 menu()函数显示主菜单,再调用 select()函数实现菜单项选择,据此可列出程序的总体功能框架如下:

```c
#include<stdio.h>
#include "my.h"
int main(void)
{
    menu();
    select();
    return 0;
}
```

在头文件 my.h 中,menu()函数只需调用 printf()函数即可显示主菜单,程序代码见例 2-4。

select()函数实现输出选择提示、读取菜单项序号并执行选中的菜单项功能。首先提示用户输入菜单项所对应的序号 1,2,…,6,等用户输入后按 Enter 键,将序号值作为整数读取并存储到变量 choice 中。然后使用选择结构执行该菜单项所对应的功能。此处采用 switch 结构实现多路选择,语句简洁清晰。在输入序号 1 和 2 时,分别调用 add() 和 modify() 函数。本节未具体实现其后 4 个菜单项的功能,因此"共享"了"功能待增加..."这一提示。default 分支对应了序号输入错误的情况。

程序代码:

```c
void select(void)
{
    int choice;
    printf("请输入您的选择(1-6),其他自动退出系统:");
    scanf("%d",&choice);
    switch(choice) {
        case 1:add();break;
        case 2:modify();break;
        case 3:
        case 4:
        case 5:
        case 6:printf("功能待增加 ...\n");break;
        default:printf("您的输入有误,自动退出系统\n");exit(1);
    }
}
```

add() 函数将新成员的学号写入文件。此处对第 2 章中 add() 函数进行了改进:在使用"写"的方式打开保存学号的文件 member.txt 中,使用 if-else 语句进行出错处理,即对打开文件是否成功进行了判断:如果成功,则提示用户输入新加入成员的学号,等待用户输入一个整数作为新学号后,将其保存到文件 member.txt 中;如果未成功,则提示出错并退出程序。

程序代码:

```c
void add(void)
{    int id;    //学号
    FILE * fp;
    fp=fopen("member.txt","w");
    if(fp!=NULL){
        printf("请输入新加入成员学号:");
        scanf("%d",&id);
        fprintf(fp,"%d",id);
        fclose(fp);
        printf("恭喜%d 报名成功\n",id);
    }
    else {
        printf("文件写入出错。");
        exit(2);
    }
}
```

modify() 函数将文件 member.txt 中保存的原学号更新为新学号。在使用"r+"的

方式打开文件 password.txt 后,同样使用 if-else 语句进行错误处理:若打开文件成功,
则首先读取并显示原学号,再提示用户输入新学号,在使用 rewind( ) 函数将文件指针
重新定位到文件首之后,使用 fprintf( ) 函数将新学号写入文件("覆盖"了原学号);如
果未成功,则提示出错。

程序代码:

```
void modify(void)
{
    int id,sid; //原学号,新学号
    FILE * fp;
    fp = fopen("member.txt","r+");
    if ( fp! = NULL){
        fscanf(fp,"%d",&id);
        printf("原来的学号为:%d\n",id);
        printf("请输入修改后的学号:");
        scanf("%d",&sid);
        rewind(fp);        //文件指针重新定位到文件首
        fprintf(fp,"%d",sid);
        fclose(fp);
        printf("学号%d 成功修改为%d\n",id,sid);
    }
    else {
        printf("文件读取出错。");
        exit(3);
    }
}
```

编程经验:使用分支语句进行错误处理。

在程序处理用户输入内容或进行文件读写时,往往由于输入数据的类型或值不
符合要求、文件打开出错等原因,造成程序无法按预期正常执行,此时应进行错误处
理。在本例的 select( ) 函数中,若用户输入的值不是 1~6 的整数,则在 switch 语句
中由 default 分支进行了出错处理。类似的,在 add( ) 和 modify( ) 函数中,若 fopen( )
语句打开文件出错导致文件指针 fp 无效(此时其值为 NULL),则使用 if-else 语句
进行出错处理。本例采用了比较简单的处理方法:在不同的出错场景下,使用了不
同的出错提示,并在使用 exit( ) 函数退出程序的同时标明了不同的出错代码,即
exit(1)、exit(2)和 exit(3),以便对错误进行定位。

思考:

以上程序中的选择结构每次只能选择一个菜单项,如何才能实现菜单项的多次
选择呢?

【例 4-18】 利用智慧寝室系统控制板,编程实现智慧寝室系统中的应用场景
切换。

应用背景:

在智慧寝室系统基础版中提供了智能室温模式、智能照明模式、离开(寝室)模式3种基本应用场景,本案例的任务是设计应用场景控制功能,实现各个应用场景之间的切换。

问题分析:

在显示可供选择的应用场景之后,由用户从键盘输入所选择模式的代码,使用选择结构进行逻辑设计,向智慧寝室系统控制板发送相关信息,完成各个应用场景之间的切换。

为简洁起见,以下对程序代码进行了删减,仅选取了选择结构的部分代码,其中使用了 switch 语句实现分支结构,根据用户输入的模式代码进行场景选择。如果用户输入 1,即选择了"智能室温模式",则还可根据智慧寝室系统控制板所采集的室温进一步进行判断:如果室温大于 25℃,则开启风扇;反之则关闭风扇。

```
int UserChoice=0;//用户模式选择
printf("输入选择的模式 .1.智能室温模式 .2.智能照明模式 .3.离开(寝室)模式 .\n");
scanf("%d",&UserChoice);
switch(UserChoice)    //使用 switch 实现分支结构
{
    case 1:
            strcat(Str,"用户选择了智能室温模式");
            printf("%s\n",Str);
            if(DevData.TempData>25)
            {
                    //向智慧寝室系统控制板发送开启风扇命令
                    HardwareSend(Fan,Control,FANON);
            }
            else
            {
                    //向智慧寝室系统控制板发送关闭风扇命令
                    HardwareSend(Fan,Control,FANOFF);
            }
            break;
    case 2:
            strcat(Str,"用户选择了智能照明模式");
            printf("%s\n",Str);
            break;
    case 3:
            strcat(Str,"用户选择了离开(寝室)模式");
            printf("%s\n",Str);
            break;
}
```

当选择智能室温模式并且室温小于 25℃ 时,智慧寝室系统控制板效果如图 4.15 所示。

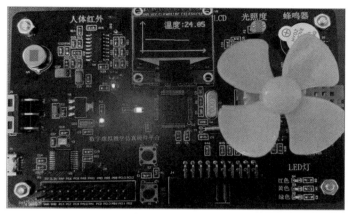

图 4.15　智慧寝室系统控制板效果

小　　结

本章围绕判断与选择常见实际问题,介绍了选择结构设计的相关内容,即判断条件的描述及单分支、双分支及多分支结构的设计方法。各种分支结构可以用 if 语句和 switch 语句实现,介绍了 if 语句的配对、级联等规则;switch 语句的语法特点,以及它们的嵌套使用。最后,通过综合案例介绍多种选择结构的具体实现方法,为今后学习掌握更多编程技能打下坚实的基础。

第 4 章知识结构如图 4.16 所示。

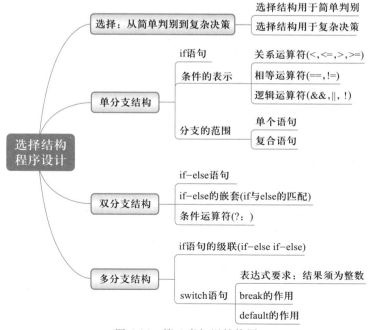

图 4.16　第 4 章知识结构图

习 题 4

一、选择题

1. 能正确表示逻辑关系"a≥10 或 a≤0"的 C 语言表达式是(　　)。

A. a>=10 or a<=0 　　　　　　　　　　 B. a>=10 | a<=10

C. a>=10 && a<=0 　　　　　　　　　　 D. a>=10 ‖ a<=0

2. 设 x、y 和 z 是 int 变量,且 x=3、y=4、z=5,则下面表达式中值为 0 的是(　　)。

A. y && 'y' 　　　　　　　　　　　　　 B. x==y && y!=z

C. x‖y+z && y-z 　　　　　　　　　　 D. !(x<y) && !z‖1

3. 以下程序运行后的输出结果是(　　)。

```c
#include <stdio.h>
int main()
{
    int a=5,b=4,c=3,d=2;
    if (a>b>c)
        printf("%d\n",d);
    else if( (c-1>=d)==1 )
        printf("%d\n",d+1);
    else
        printf("%d\n",d+2);
    return 0;
}
```

A. 2 　　　　　　 B. 2 3 　　　　 C. 3 　　　　 D. 4

4. 在执行以下程序时,为使输出结果为 t=4,则给 a 和 b 输入的值应满足的条件是(　　)。

```c
#include <stdio.h>
int main()
{
    int a,b,s,t;
    scanf("%d,%d",&a,&b);
    s=1;t=1;
    if(a>0)  s=s+1;
    if(a>b)  t=s+t;
    else if(a==b)
        t=5;
    else
        t=2*s;
    printf("t=%d\n",t);
    return 0;
}
```

A. a>b   B. a<b<0   C. 0<a<b   D. 0>a>b

5. 若 a、b 均是整型变量,以下合法的 switch 语句是(   )。

A. `switch(a)`
```
{
    case 3.0: printf("ok! \n");break;
    default: printf("***\n");break;
}
```

B. `switch(a+b)`
```
{
    case b: printf("hello! \n");break;
    default: printf("***\n");break;
}
```

C. `switch(a-b)`
```
{
    case a-b: printf("hello! \n");break;
    case 3: printf("ok! \n");break;
}
```

D. `switch(a*b)`
```
{
    case 3+5: printf("ok! \n");break;
    default: printf("***\n");
}
```

二、编程题

1. BMI 指数(即身体质量指数)是世界公认的一种评定肥胖程度的分级方法,它的定义如下:

$$BMI = 体重(kg) \div 身高^2(m)$$

参考判断标准如下:

① 较轻:BMI<18;

② 正常:18≤BMI<25;

③ 超重:25≤BMI<28;

④ 肥胖:BMI≥28。

输入体重和身高,程序要求如下:

① 计算 BMI;

② 根据计算值参照判断标准评定等级。

2. 给定一个 10~1 000 的正整数,程序要求如下:

① 求出它是几位数;

② 输出每一位数字;

③ 判断其逆序后是否仍与原数相同,并输出结果。

3. 设计一个具有两个整数加、减、乘、除及取余功能的简单计算器,两个整数及运算符由键盘输入。程序要求如下:

① 输出结果形如 3+2=5；

② 当运算符为除和取余时，若除数为 0，则输出出错信息；

③ 当运算符不合法时，输出出错信息。

4. 输入 3 个数，程序要求如下：

① 判断它们是否能构成三角形；

② 若不能构成三角形，输出相应的信息；

③ 若能构成三角形，则求其周长，再判断是等边、等腰、直角或者一般三角形。

提示：组成三角形的条件是两边之和大于第三边。

5. 某品牌共享充电宝的租用收费标准为：前 5 分钟内免费，超出 5 分钟即按每 30 分钟 2 元计费（不足 30 分钟按 30 分钟计费），每 24 小时满 20 元后封顶，总封顶 99 元（即买断使用权）。请编写程序，当输入租用分钟数后，按以上收费标准计算收取的费用金额并输出。

5 循环结构程序设计

现实生活中常遇到一些有规律的、重复的事件,例如,数学中的连续求和,求阶乘运算;求解圆周率时,古代的数学家采用在圆中画多边形,随着多边形边数的增加,逐渐趋近于圆。日常生活中,在超市购物结账时,对于每一个顾客,收银员重复进行机器扫描、读取价格、价格汇总、结账等动作。如果每一个结算过程都用人工去完成,无疑将是非常烦琐的。

5.1 关 于 循 环

日常生活中,人们经常会在自动售货机上购买商品。

【例 5-1】 编写一个程序,实现自动售货机的自动售卖。

分析:

① 输出商品和价格列表;

② 顾客输入商品序号和数量;

③ 根据商品序号确定商品单价;

④ 计算总价 = 单价×数量;

⑤ 输出购买商品的总价,程序终止。

程序代码:

```c
#include <stdio.h>
int main(void)
{
    int order;          //商品序号
    int Qty;            //数量
    float price;        //商品单价
    float total;        //商品总价
    printf("本自动售货机共有如下5种商品:\n");
    printf("1--冰红茶(3.0元)\n");
    printf("2--可  乐(2.5元)\n");
    printf("3--雪  碧(2.5元)\n");
    printf("4--橙  汁(3.0元)\n");
    printf("5--矿泉水(2.0元)\n");
```

```
printf("请输入您选择的商品序号:\n");
scanf("%d",&order);
printf("请输入您购买该商品的数量 :\n");
scanf("%d",&Qty );
switch(order)
{
    case 1:price=3.0;break;
    case 2:price=2.5;break;
    case 3:price=2.5;break;
    case 4:price=3.0;break;
    case 5:price=2.0;break;
    default:printf("输入序号有误\n");price=0;
}
total=price*Qty;
printf("您需要付款:%.2f 元\n",total);
return 0;
}
```

程序运行结果如图 5.1 所示。

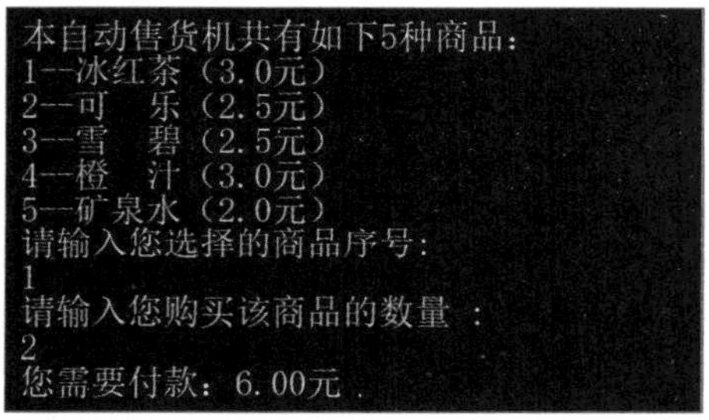

图 5.1 自动售货机程序运行结果

程序能实现一个顾客购买一种商品。如果一个顾客一次购买多种商品,程序该如何处理呢?

一种方法是:每购买一种商品就执行一次程序,购买多种商品就需要多次执行程序,这办法太烦琐,而且不能计算总价。

另一种方法是:只运行一次程序,但运行时让第②~④步重复多次执行,来看下面的例子。

【例 5-2】 续例 5-1,实现一次可以购买多种商品。

分析:

① 输出商品和价格列表;

② 顾客输入商品序号和数量;

③ 根据商品序号确定商品单价;

④ 计算单价×数量,并计入总价中:新总价=上次总价+单价×数量;

⑤ 顾客选择是否继续购买:如果继续,重复②~④;如果不继续,进入⑥;

⑥ 输出购买商品总价,程序终止。

程序代码：

```
#include <stdio.h>
int main(void)
{
    int order;
    int Qty;
    float price;
    float total=0;              //商品总价,还未购买时总价为0
    int choice=1;               //是否继续购买,初始时默认继续购买
    printf("本自动售货机共有如下 5 种商品:\n");
    printf("1--冰红茶(3.0 元)\n");
    printf("2--可　乐(2.5 元)\n");
    printf("3--雪　碧(2.5 元)\n");
    printf("4--橙　汁(3.0 元)\n");
    printf("5--矿泉水(2.0 元)\n");
    printf("0--退　出 \n");
    while(choice!=0)            //choice 不等于 0 时认为是选择继续购买
    {
        printf("请输入您选择的商品序号:\n");
        scanf("%d",&order);
        printf("请输入您购买该商品的数量 :\n");
        scanf("%d",&Qty );
        switch(order)
        {
            case 1:price=3.0;break;
            case 2:price=2.5;break;
            case 3:price=2.5;break;
            case 4:price=3.0;break;
            case 5:price=2.0;break;
            default:printf("输入序号有误 \n");price=0;
        }
        total=total+price*Qty;      //将每次购买的价格计入总价
        printf("按【0】结束购买,其他键继续购买:");
        scanf("%d",&choice);
    }
    printf("您需要付款:%.2f 元 \n",total);
    return 0;
}
```

程序运行结果如图 5.2 所示。

程序中语句 while(choice!=0)表示的意思是当 choice 不为 0 时,重复执行 while 语句之后大括号内的程序段,直到 choice 为 0,程序终止运行。这就是本章介绍的循环结构。

循环是计算机解题的一个重要方法。由于计算机运算速度快,适宜做重复性的工作。当进行程序设计时,可以把复杂的不易理解的求解过程转换为容易理解的多次重复的操作,降低问题的复杂度,同时也减少程序书写及输入的工作量。下面将阐述基本的循环结构和常见应用。

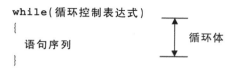

图 5.2   改进的自动售货机程序运行结果

5.2   三种循环结构

循环结构是重复执行某段程序,直到某个条件不满足为止的一种程序结构。从前述可以看到运用循环思路解决问题时,通常包含 3 个组成部分:初始化状态、构成循环的条件部分、重复执行的循环体部分。C 语言提供了 3 种基本的循环语句:

(1) while 语句;

(2) do-while 语句;

(3) for 语句。

5.2.1   while 语句

while 语句属于当型循环,从例 5-2 可以看出,其一般形式如下:

```
while(循环控制表达式)
{
    语句序列              循环体
}
```

其中"循环控制表达式"称为"循环条件",可以是任何类型的表达式,常用的是关系型或逻辑型表达式;"语句序列"称为"循环体",可以是多条语句,也可以是空语句。

while 语句功能是当循环条件成立,也即表达式的值为"真"(非 0)时,执行循环体语句;反复执行上述操作,直到表达式值为"假"(0)时为止。

while 语句执行过程如下:

① 计算循环控制表达式的值。

② 如果表达式的值为"真",则执行循环体,并返回①。

③ 如果表达式的值为"假",则结束循环,执行循环体后面的语句。

while 语句的流程如图 5.3 所示。

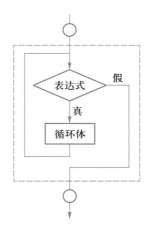

图 5.3　while 语句的流程图

采用 while 语句编程时需要注意如下几点:

① while 语句的特点是先计算表达式的值,然后再根据表达式的值决定是否执行循环体中的语句。因此,如果表达式的值一开始就为"假",那么循环体一次也不执行。

② 当循环体由多条语句组成时,必须用 {} 括起来,形成复合语句。

③ 在循环体中应该包含改变循环条件表达式值的语句,例如例 5-2 中的"scanf("%d",&choice);"语句,当输入的 choice 值为 0 时,while 循环的执行条件 choice!=0 不成立,循环才能结束。即循环中应有使循环趋于结束的语句,以避免造成无限循环("死循环")的发生。

【例 5-3】　利用 while 语句编写程序计算 100! 的值并输出结果。

方法 1:直接写出算式。因 $n! = 1×2×3×4×5×\cdots×n$,故 $100! = 1×2×3×4×5×\cdots×100$。这样计算很好理解,但是书写却非常麻烦。

方法 2:考虑到 $1×2×3×\cdots×100$ 可以改写为 $(((1×2)×3)×\cdots×100)$,故引入

step0: T1 = 1

step1: T2 = T1×1

step2: T3 = T2×2

…

step99: T100 = T99×100

结果在 T100 里。

此方法很麻烦,要写 100 步,使用 100 个变量,不是最好的方法,但是可以从本方法看出一个规律。即每一步都是两个数相乘,乘数总是比上一步乘数增加 1,然后再参与本次乘法运算,被乘数总是上一步乘法运算的乘积。所以可以考虑用一个变量 i 存放乘数,另一个变量 T 存放上一步的乘积。那么每一步都可以写成 T×i,然后让 T×i 的积存入 T,即每一步都是 T=T×i。也就是说,T 既代表被乘数,又代表乘积。这样可

以得到下面的方法,执行完步骤 step99 后,结果在 T 中。

方法 3:

step0:T = 1,i = 1

step1:T = T×i,i = i+1

step2:T = T×i,i = i+1

…

step99:T = T×i,i = i+1

方法 3 表面上看与方法 2 差不多,同样要写 99 步。但是从方法 3 可以看出, step1 ~ step99 的操作实际上是一样的,即同样的操作重复做了 99 次。计算机对同样的 操作可以利用循环来完成。下面的方法 4 就是在方法 3 的基础上采用循环来实现的。

方法 4:

step0: T = 1,i = 1(循环初值)

step1: T = T×i,i = i+1(循环体)

step2:如果 i 小于或等于 100,则返回重复执行 step1 和 step2;否则结束循环

循环结束后 T 中的值就是 1×2×3×…×100 的值。

从方法 4 可以看出这是一个典型的循环结构程序,累乘过程就是一个循环过程, 可以利用 while 语句实现,其流程图如图 5.4 所示。

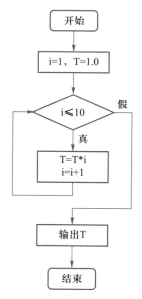

图 5.4   用 while 语句求 100! 的流程图

程序代码:

```c
#include <stdio.h>
int main(void)
{
    int i=1;        //循环变量赋初值
```

```
    double T=1.0;   // 累乘变量赋初值
    while (i<=100)
    {
        T=T*i;
        i++;
    }
    printf("100!=%e\n",T);
    return 0;
}
```

程序运行结果如图 5.5 所示。

```
100!=9.332622e+157
```

图 5.5　求 100! 的运行结果

说明：

① 程序中的累乘变量 T 称为累乘器。

② 语句"i++;"是 i 自增语句,这里的++后置,意思是先使用 i 的值,然后再使 i 的值加 1。例如,"j=i++;"相当于"j=i;i=i+1;"。类似的还有 i 自减语句"i--;",表示先使用 i 的值,然后再使 i 的值减 1。

③ 自增(减)运算符常用于循环语句中使循环变量自动加 1 或者自动减 1。

常见错误：

① 循环变量忘记赋初值。一般对于累加器常常设置为 0,累乘器常常设置为 1。本程序中,如果没有给变量 i 或 T 赋初值,循环开始前,变量 T 和变量 i 的值将不能确定,程序运行结果也不能确定。

② 赋初值的语句位置不正确,常常被错误地写成：

```
int i;
while(i<=100)
{   i=0;
    ...
    i++;
}
```

这样每次循环 i 都被赋值 0,那么循环变量 i 的值永远不可能达到 100,循环永远不会结束。

③ 在 while (i<=100)后面直接加分号,循环变成：

```
while (i<=100);
{   T=T*i;
    i++;
}
```

这样就表明循环体是分号之前的内容,相当于循环体变成了空语句,表示循环体内什么都不做,而"T=T*i;i++;"变成了循环结束后才执行的语句,程序实际执

行变成如下语句段:

```
while (i<=100);
T=T*i;
i++;
```

④ 循环体中的复合语句忘记用{ }括起来,循环变成:

```
while (i<=100)
    T=T*i;
    i++;
```

这样循环体只有 T=T*i 一条语句,而 i++ 成为循环结束后才执行的语句。

⑤ 循环体中缺少改变循环条件的语句,如果缺少语句 i++,那么 i 的值不会改变,循环条件 i<=100 将永远成立,循环永远不会结束,这种情况称为"死循环"。

【例 5-4】 求圆周率,通过公式 $\pi = 4 \times \left(1 - \frac{1}{3} + \frac{1}{5} - \frac{1}{7} + \cdots\right)$ 求解 π 的近似值,直到最后一项的绝对值小于 1e-6 为止。

魏晋时期,我国数学家刘徽用"割圆术"计算圆周率,他先从圆内接正六边形计算,逐次分割一直算到圆内接正 192 边形,并说明"割之弥细,所失弥少,割之又割,以至于不可割,则与圆周合体而无所失矣"。刘徽给出 π 为 3.141 024 的近似值。刘徽在得到圆周率为 3.14 之后,发现 3.14 这个数值还是偏小。于是继续割圆到 1 536 边形,求出 3 072 边形的面积,得到令自己满意的圆周率 3.141 6。南北朝时期的数学家祖冲之进一步得出精确到小数点后 7 位的结果,其方法也是不断地重复割圆,步步趋近。当时求解到小数点后 7 位的结果几乎耗尽了祖冲之毕生的时光。现如今,通过计算机可以快速求解。

分析:基本思路是将问题的求解转为有规律的重复运算。本例中,只要计算得到 $1 - \frac{1}{3} + \frac{1}{5} - \frac{1}{7} + \cdots$ 的值,π 的值也就可以得到了。

假设 $s = 1 - \frac{1}{3} + \frac{1}{5} - \frac{1}{7} + \cdots$,在公式中,每一项的规律如下:分子均是 1,分母是奇数,用 n 表示,公式中的每一项用 t 来表示。每一项前面的符号是正负号交替,后一项的分母是前一项分母加 2,因此,可以得到这样的表达式:$s=s\pm t, t=1/n, n=n+2$。

那么,如何实现每一项的正负号的改变呢?一般是设置一个符号变量 sign,初始值 sign=1,每次循环时,执行 sign=-sign,sign 的值就会 1、-1、1、-1 交替改变。表达式可以改写为:$s=s+t, t=sign*(1/n), n=n+2$。

题目要求计算直到最后一项的绝对值小于 1e-6 为止,也即最后一项的绝对值大于或等于 1e-6 时,就一直循环。为此,循环的条件就是 fabs(t)>=1e-6。

程序代码:

```
#include <stdio.h>
#include <math.h>
```

```
int main(void)
{   int sign=1;
    float n=1.0,t=1,pi,s=0;//用变量 pi 表示圆周率,t 表示每一项,n 是分母
    while(fabs(t)>=1e-6)
    {   s=s+t;
        n=n+2;
        sign=-sign;                    //通过变量 sign 控制每一项前面的正负号交替出现
        t=sign*(1/n);
    }
    pi=s*4;
    printf("pi=%f\n",pi);
    return 0;
}
```

程序运行结果如图 5.6 所示。

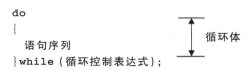

图 5.6 求 π 程序的运行结果

> 思考:
> 　　程序中变量 n 也可以定义为 int 类型。如果 n 定义为 int 类型,当 n>1 时,t=1/n 的值将为 0,因为两个整数相除的结果为整数。那么,如何改写语句 t=1/n,才能保证在 n 为整数时 t 的结果不为 0 呢?

5.2.2 do-while 语句

do-while 语句属于直到型循环,其一般形式如下:

do
{
　语句序列　　　　　　　　　　　　　　　　循环体
}**while**(循环控制表达式);

do-while 语句的功能是:先执行循环体语句一次,再判别循环控制表达式的值,若其值为真(非 0),则返回 do 继续循环;否则退出循环。

do-while 语句的执行过程如下:

① 执行 do 后面的语句序列。

② 计算 while 后面的循环控制表达式的值。

③ 如果值为"真"(非 0),则返回①,继续执行循环体;如果值为"假"(0),则退出循环结构,执行循环体后面的语句。

do-while 语句的流程如图 5.7 所示。

采用 do-while 语句编程时需要注意如下几点:

① do-while 语句总是先执行一次循环体,然后再计算表达式的值,因此,无论表

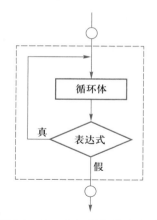

图 5.7　do-while 语句的流程图

达式的值是否为"真",循环体至少执行一次。

② 在 if 语句、while 语句中,表达式后面都不能加分号,而在 do-while 语句的表达式后面则必须加分号。

③ do-while 语句与 while 语句十分相似,它们的主要区别是:while 语句先判断循环条件再执行循环体,所以循环体可能一次也不执行;do-while 语句先执行循环体,再判断循环条件,所以循环体至少执行一次。

④ 在 do 和 while 之间的语句序列由多条语句组成时,也必须用｛｝括起来组成一个复合语句,避免"死循环"。

【例 5-5】　利用 do-while 语句编程实现计算 100! 的值并输出结果。

程序代码:

```c
#include <stdio.h>
int main(void)
{
    int i=1;
    double T=1.0;
    do {
        T=T*i;
        i++;
    }while(i<=100);    //此处的分号不可少
    printf("100!=%e\n",T);
    return 0;
}
```

【例 5-6】　编写程序,从键盘输入一个自然数,若为偶数,则除以 2;若为奇数,则乘 3 加 1,得到一个新的自然数后按照上面的法则继续计算,若干次后得到的结果为 1。请输出每次计算的结果。

分析:这是一个数学上目前尚未证明的猜想问题(角谷猜想)。根据题意,需要经过若干次才得到结果,也即需要重复执行计算;而且重复的次数未知,直到最后得到的结果为 1 时,才结束重复的动作,为此,可以采用直到型循环语句。

程序代码：

```c
#include <stdio.h>
int main(void)
{   int n,count = 0;
    printf("请输入一个自然数:");
    scanf("%d",&n);               //输入任意一个自然数
    do{
        if(n%2!=0)
        {   n = n*3+1;            //若为奇数,乘3加1
            printf("[%d]:%d*3+1=%d\n",++count,(n-1)/3,n);
        }
        else
        {   n = n/2;             //若为偶数,除以2
            printf("[%d]: %d/2=%d\n",++count,2*n,n);
        }
    }while(n!=1);                //n不等于1则重复执行
    return 0;
}
```

程序代码:
例5-6

程序运行结果如图 5.8 所示。

图 5.8 角谷猜想程序的运行结果

前面学习了 while 语句和 do-while 语句,下面通过一个示例来看它们的主要区别。

【例 5-7】 分别用 while 和 do-while 语句编程:由键盘输入一个整数,将各位数字逆置后输出。如输入 1234,逆置后输出为 4321。

分析:将一个整数逆置输出,即先输出个位,然后再输出十位、百位……可以采用不断除以 10 取余数的方法,直到商等于 0 为止。显然,这是一个循环的过程,需要使用循环语句。另外,由于无论整数是几,至少要输出一个个位数(即使是 0),因此可以使用 do-while 语句,先执行循环体,后判断循环控制条件。

程序代码:

```c
#include <stdio.h>
int main(void)
{
    int n,digit;
    printf("Enter the number:");
    scanf("%d",&n);
```

```
        printf("The number in reverse order is:");
        do {
           digit=n%10;
           printf("%d",digit);
           n=n/10;
        }while(n!=0);
printf("\n");
return 0;
}
```

程序运行结果如图 5.9 所示。

```
Enter the number:1234
The number in reverse order is:4321
```

```
Enter the number:0
The number in reverse order is:0
```

图 5.9　整数逆置输出的运行结果

程序改成用 while 语句：

```
#include <stdio.h>
int main(void)
{
    int n,digit;
    printf("Enter the number:");
    scanf("%d",&n);
    printf("The number in reverse order is:");
    while(n!=0)
    {
       digit=n%10;
       printf("%d",digit);
       n=n/10;
    }
    printf("\n");
    return 0;
}
```

程序的运行结果如图 5.10 所示。

```
Enter the number:1234
The number in reverse order is:4321
```

```
Enter the number:0
The number in reverse order is:
```

图 5.10　改为 while 语句的运行结果

从运行结果看，当输入非 0 的数据时，这两个程序的运行结果是一致的。但当输入 0 时，由于 do-while 语句至少执行一次，所以循环体中的 printf( )语句至少执行一次,而 while 语句中的 printf( )语句一次都不执行,所以无输出结果。

5.2.3 for 语句

for 语句是 C 语言提供的使用更广泛、更灵活的一种循环语句,既可用于循环次数确定的情况,也可用于循环次数未知的情况。其一般形式如下:

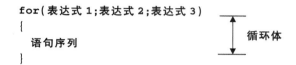

for(表达式 1 ;表达式 2 ;表达式 3)
{
 语句序列
}

其中 3 个表达式可以是任何类型的表达式,各个表达式之间用";"分隔。3 个表达式都可以是逗号表达式,即每个表达式都可由多个表达式组成。3 个表达式都是任选项,都可以省略。

3 个表达式的说明如下:

① 表达式 1:循环初始表达式,用于进入循环体前对循环变量赋初值,通常由算术表达式、赋值表达式、逻辑表达式和逗号表达式构成。允许在 for 语句外给循环变量赋初值,此时可以省略表达式 1。注意:表达式 1 后面有分号。

② 表达式 2:循环控制表达式,用于控制循环体语句的执行次数,一般是关系表达式或逻辑表达式,也可以是数值表达式或字符表达式。当表达式 2 省略时,相当于该表达式的值永远为"真"(非 0),这种情况下循环体内应有控制循环结束的语句,避免出现"死循环"。注意:表达式 2 后面也有分号。

③ 表达式 3:修改循环变量表达式,常由算术表达式、赋值表达式、逻辑表达式或逗号表达式构成。通常可用来修改循环变量的值,以便使得某次循环后,表达式 2 的值为"假"(0),从而退出循环。注意:表达式 3 后面没有分号。

for 语句的执行过程如下:

① 计算表达式 1 的值。

② 计算表达式 2 的值,若值为"真",则转③执行循环体语句序列;若值为"假",则转⑤结束循环。

③ 执行循环体语句序列。

④ 计算表达式 3 的值,然后转②判断循环条件是否成立。

⑤ 结束循环,执行 for 语句之后的语句。

for 语句的流程如图 5.11 所示。

使用 for 语句的注意事项:

① for 后面的括号( )不能省。表达式 1、表达式 2 和表达式 3 都是任选项,可以省略其中的一个、两个或全部,但其用于间隔的分号是一个也不能省的。

② 表达式 2 如果为空,则相当于表达式 2 的值是真。

由于 for 语句中的 3 个表达式都可以省略,for 语句写成如下形式都是正确的:

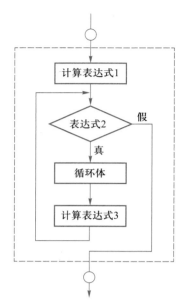

图 5.11   for 语句的流程图

表达式 1；
for(;表达式 2;表达式 3)
{
    语句序列
}
	表达式 1；
	for(;表达式 2;)
	{
	    语句序列
	    表达式 3；
	}
		表达式 1；
		for(; ;)
		{ if（表达式 2 不成立）循环结束
		    语句序列
		    表达式 3；
		}

【例 5-8】   利用 for 语句编程实现计算 100！的值并输出结果。

分析：循环变量 i = 1 表示给循环变量赋初值。i < = 100 是循环控制表达式，用于控制循环体语句的执行次数。i++自增表达式用于修改循环变量的值，避免"死循环"。

程序代码：

```
#include <stdio.h>
int  main(void)
{
    int i;              //循环变量
    double T = 1.0;     //累乘变量赋初值
    for(i=1;i<=100;i++)
        T=T*i;
    printf("100!=%e\n",T);
}
```

常见错误：
    for 语句后直接加分号，例如：

```
for(i=1;i<=n;i++);
T=T*i;
```

这是一个空循环,即没有循环体的循环,"T=T*i;"这个语句是循环结束后执行的语句,只被执行1次。

【例5-9】 从键盘输入一行字符,统计其中大写字符的个数。

分析:

① 设置变量存放从键盘输入的字符;

② 通过选择语句判断该字符是否是大写字符;

③ 如果是大写字符则计数;

④ 重复②和③,直到字符结尾。在这个程序中,用换行字符作为一行字符的结束标志。

程序代码:

```
#include <stdio.h>
int main(void)
{
    int count=0;
    char ch;
    printf("please input characters:");
    for( ;(ch=getchar())!='\n';)
    {
        if(ch>='A' && ch<='Z') count++;
    }
    printf("count=%d\n",count);
}
```

程序运行结果如图5.12所示。

```
please input characters:abcDEFgh
count=3
```

图5.12 统计大写字符个数的运行结果

for语句可以用while语句来等价实现,可以把while语句看成是for语句的一种简化形式,即省略表达式1"变量赋初值"和表达式3"循环变量增值"。为此,与for语句等价的while语句实现形式如下:

```
表达式1;
while(表达式2)
{
    语句序列
    表达式3;
}
```

【例5-10】 请用while语句改写例5-9。

程序代码：

```c
#include <stdio.h>
int main(void)
{
    int count = 0;
    char ch;
    printf("please input characters:");
    ch=getchar();
    while(ch!='\n')
    {
        if(ch>='A' && ch<='Z')  count++;
        ch=getchar();
    }
    printf("count=%d\n",count);
}
```

编程经验：

从上述示例可以看出，for 语句使用灵活，可以把循环体及一些和循环控制无关的操作都作为表达式出现，从而使程序简洁短小。但是，如果过分使用这个特点会使 for 语句显得杂乱，降低程序的可读性。建议不要把与循环控制无关的内容都放在 for 语句的 3 个表达式中，这是程序设计的良好风格。

5.2.4　三种循环语句的比较

从前面的循环结构示例中可以看出循环结构主要由以下 3 个部分组成：

① 循环变量的初始化；

② 循环条件的判断，以决定是否再次进行循环；

③ 循环变量、条件的更新，使循环趋向结束。

经过比较发现，3 种循环语句的相同点如下：

① 当循环控制条件为"真"时，执行循环体语句；否则终止循环。

② 循环体语句可以是任何语句：简单语句、复合语句、空语句均可。

③ 在循环体内或循环条件中必须有使循环趋于结束的语句，否则会出现"死循环"等异常情况。

3 种循环语句的不同点如下：

① 循环变量初始化：在 while 和 do-while 语句中，循环变量初始化应该在 while 和 do-while 语句之前完成；在 for 语句中，循环变量的初始化在表达式 1 中完成。

② 循环条件：while 和 do-while 语句只在 while 后面指定循环条件；for 语句在表达式 2 中指定循环条件。

③ 循环变量修改使循环趋向结束：while 和 do-while 语句要在循环体内包含使循环趋于结束的操作；for 语句在表达式 3 中完成。

④ for 语句可以省略循环体语句,将部分操作放到表达式 2、表达式 3 中。for 语句功能强大,也最为灵活,不仅可用于循环次数已知的情况,也可用于循环次数虽不确定,但给出了循环继续条件的情况。

⑤ while 和 for 语句先判断循环控制条件,do-while 语句后判断循环控制条件。所以,while 和 for 语句的循环体可能一次也不执行,而 do-while 语句的循环体至少要执行一次。

⑥ 在 if 语句、while 语句中,表达式后面都不能加分号,而在 do-while 语句的表达式后面则必须加分号。

【例 5-11】 输出 100~500 中既能被 3 整除也能被 7 整除的数,每行输出 5 个。请分别用 3 种循环语句实现。

(1)用 do-while 语句实现

```
#include <stdio.h>
int  main(void)
{  int n=0,i=100;
   do
   {  if(i%3==0 && i%7==0){
         printf("%6d",i);
         n=n+1;
         if(n%5==0) printf("\n");
      }
      i++;
   } while(i<=500);
   return  0;
}
```

(2)用 while 语句实现

```
#include <stdio.h>
int  main(void)
{  int n=0,i=100;
   while(i<=500)
   {  if(i%3==0 && i%7==0) {
         printf("%5d",i);
         n=n+1;
         if(n%5==0) printf("\n");
      }
      i++;
   }
   return  0;
}
```

(3)用 for 语句实现

```
#include <stdio.h>
int  main(void)
{  int n=0,i;
   for(i=100;i<=500;i++)
```

```
        if(i%3 == 0 && i%7 == 0)
        {  printf("%5d",i);
            n = n+1;
            if(n%5 == 0) printf("\n");
        }
        return  0;
    }
```

程序运行结果如图 5.13 所示。

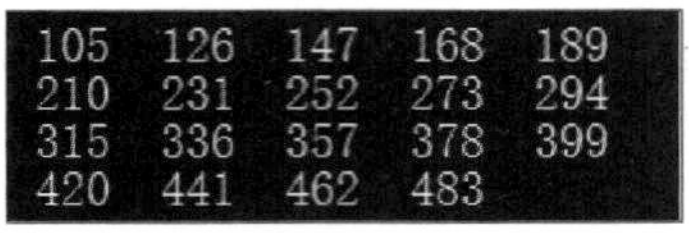

图 5.13   能被 3 和 7 整除的运行结果

编程经验：

在 C 语言中,以上的示例展示了实现循环的 3 种方式:do-while 语句、while 语句、for 语句。遇到循环问题,应该使用 3 种循环语句的哪一种呢？通常情况下,这 3 种语句是通用的,但使用时注意如下技巧:

① 如果可以确定循环次数,首选 for 语句,它看起来最清晰,循环的 3 个组成部分一目了然。

② 如果循环次数不明确,需要通过其他条件控制循环,可以选用 while 语句或者 do-while 语句。

③ 如果必须先进入循环,经循环体运算得到循环控制条件后,再判断是否进行下一次循环,使用 do-while 语句最合适。因为 do-while 语句的特点是先执行循环体语句组,然后再判断循环条件。do-while 语句比较适用于不论条件是否成立,先执行 1 次循环体语句组的情况。除此之外,do-while 语句能实现的,for 语句也能实现,而且更简洁。

微视频:
循环的嵌套和辅助控制语句

5.3   循环的嵌套

一个循环的循环体中套有另一个完整的循环结构称为循环的嵌套。这种嵌套过程可以一直重复下去。一个循环外面包含一层循环称为双重循环。一个循环外面包含多于两层循环称为多重循环。外面的循环语句称为"外层循环",外层循环的循环体中的循环称为"内层循环"。原则上,循环嵌套的层数是任意的。设计多重循环结构时,要注意内层循环语句必须完整地包含在外层循环的循环体中,不得出现内外层循环体交叉的现象,但是允许在外层循环体中包含多个并列的循环语句。设计和分析多重循环结构时,一定要注意认清每个循环的语句。当循环体是单条语句时,比较简单;若循环体是由多条语句组成的复合语句时,需要仔细确认。

do-while、while、for 语句都可以互相嵌套组成多重循环,例如,以下形式都是合法的嵌套:

```
for(;; )
{ ...
   for(;; )
   {
      ...
   }
   ...
}
```

```
for(;; )
{ ...
   while(…)
   {
      ...
   }
   ...
}
```

```
do {
   ...
   for( ;; )
   {
      ...
   }
   ...
} while(…);
```

```
while()
{ ...
   for(;; )
   {
      ...
   }
   ...
}
```

【例 5-12】 若一个口袋中有 9 个球,其中有 3 个红色球、4 个白色球和 2 个蓝色球,从中任取 6 个球,编写程序求解一共有多少种不同的颜色搭配方案。

分析:设每次取红色球的个数为 i,取白色球的个数为 j,取蓝色球个数则为 $6-i-j$。根据题意,红色球的取值范围是 0~3,白色球的取值范围是 0~4,当红色球和白色球各取 i 个和 j 个时,蓝色球的取值应为 $6-i-j \leqslant 2$。设置变量 count 统计搭配的方案次数,通过一个双重循环实现。

程序代码:

```
#include <stdio.h>
void main(void)
{  int i,j,count = 0;
   printf("     红球  白球  蓝球 \n");
   printf(".....................................\n");
   for(i = 0;i <= 3;i++)                    //外循环,循环变量 i 取红色球个数 0-3
        for(j = 0;j <= 4;j++)               //内循环,循环变量 j 取白色球个数 0-4
            if((6-i-j) <= 2 && (6-i-j) >= 0)   //取蓝色球的个数 0-2
            {   count = count +1;
                printf("方案%d:%5d%5d%5d \n",count,i,j,6-i-j);
            }
}
```

程序运行结果如图 5.14 所示。

图 5.14 取球程序运行结果

【例 5-13】　编程序验证结论:任何一个自然数 N 的立方都等于 N 个连续奇数之和。例如 $1×1×1=1,2×2×2=3+5,3×3×3=7+9+11$。要求程序对每个输入的自然数计算并输出相应的连续奇数。

程序代码:

```c
#include <stdio.h>
int main(void)
{
    int i,j,k,m,n;
    printf("please input a number:");
    scanf("%d",&n);
    j=1;                          //每次都从奇数 1 开始检查
    do
    {
        k=j;                      //让 k 等于起始的奇数 j
        m=0;                      //将记录 n 个奇数和的变量初始化
        for(i=1;i<=n;i++)
        {
            m=m+k;
            k=k+2;
        }                         //该循环是计算从 k 开始的连续 n 个奇数
        if(m==n*n*n)
            break;                //找到满足条件的 n 个奇数退出 do 循环
        else
            j=j+2;                //找不到则修改 j 为下个奇数继续循环
    }while(1);
    for(i=1;i<=n;i++)             //该循环是输出从 j 开始的 n 个连续奇数
    {
        printf("%d",j);
        j+=2;
        printf("\n");
    }

}
```

程序运行结果如图 5.15 所示。

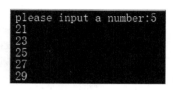

图 5.15　验证程序运行结果

【例 5-14】　彩色的流水灯闪烁可以看成是有规律的重复,为此用计算机编程可以呈现彩色流水闪烁灯的效果。编写程序,输出彩色闪烁小灯图形。

程序运行结果如图 5.16 所示。

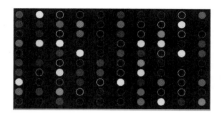

图 5.16 彩色闪烁小灯图形运行结果

程序文件
colorlib.h

程序代码：

```c
#include <stdio.h>
#include <time.h>
#include <stdlib.h>
#include <conio.h>
#include <windows.h>
#include "colorlib.h"
int main(void)
{  int i,a,b,n=0;
   char ch='4';
   srand((unsigned)time(NULL));
   cls();
   while(1) {
     a=kbhit();
     if(a!=0)
        b=getch()%256;
     else
        b=0;
     switch(b){
        case 0:
        for(i=1;i<=10;i++){
        if(rand()%2)
           colored_printf(rand()&(RED|GREEN|BLUE)|BRIGHT,BLACK,"○");
        else
           colored_printf(rand()&(RED|GREEN|BLUE)|BRIGHT,BLACK,"●");
        }break;
        case 49:
        for(i=1;i<=10;i++){
          if(i%2)
             colored_printf(rand()&(RED|GREEN|BLUE)|BRIGHT,BLACK,"○");
          else
             colored_printf(rand()&(RED|GREEN|BLUE)|BRIGHT,BLACK,"●");
        }break;
        case 50:
        for(i=1+n;i<=10+n;i++){
           if(i%2)
              colored_printf(rand()&(RED|GREEN|BLUE)|BRIGHT,BLACK,"○");
           else
```

```
                    colored_printf(rand()&(RED |GREEN |BLUE) |BRIGHT,BLACK,"●");
                }
            n++;break;
        }
        Sleep(100);
        set_coord(0,rand()%10);
    }
    return 0;
}
```

程序使用了 while 语句、for 语句、选择语句,还使用了前面学过的头文件的知识。

> 思考:
> 　程序代码中的 while 语句是否可以用 for 语句代替?本例中使用了辅助控制语句 break,下面将详细介绍。

5.4   辅助控制语句

当运用循环结构求解问题时,有时想在某种条件出现时终止循环,而不需要等到循环条件结束时才终止,此时可以运用辅助控制语句 break 和 continue 来达到目的。

5.4.1   break 语句

前面介绍的 3 种循环结构,都是在执行循环体之前或之后通过对一个表达式的判断来决定是否终止循环体的执行。在循环体中可以通过 break 语句立即终止循环的执行,而转到循环结构的下一条语句处执行。break 语句在循环结构中的使用形式如下:

```
do
{
    …
    if(表达式2) break;
    …
}while(表达式1);
```

```
while(表达式1)
{
    …
    if(表达式2) break;
    …
}
```

```
for( ;表达式1; )
{
    …
    if(表达式2) break;
    …
}
```

几种形式中的表达式 1 是循环条件表达式,决定是否继续执行循环;表达式 2 决定是否执行 break 语句。

说明:

① break 语句用在循环语句的循环体或 switch 语句中。在循环体中,break 常常和 if 语句一起使用,表示当条件满足时,终止循环,跳出相应的循环结构。

② 在循环体中单独使用 break 语句是无意义的。

③ 当 break 语句处于嵌套结构中时,它将使 break 语句所处层及其内各层结构循环中止,即 break 语句只能跳出其所在层的循环,而对外层结构无影响。要实现跳出外层循环,可以设置一个标志变量,控制逐层跳出,相关语句如下:

```
...
flag = 0;
for(…)
{
    for(…)
    {
        ...
        if(…) {flag == 1;break;}  //通过 break 语句跳出内层 for 循环
        ...
    }
    if(flag == 1)  break;         //通过 break 语句跳出外层 for 循环
}
...
```

【例 5-15】 从键盘连续输入字符,并统计其中大写字母的个数,直到输入"换行"字符时结束。

分析:在例 5-9 中,运用 for 循环实现了这个程序。在此将用 while 语句、if 语句和 break 语句实现。通过 if 语句来判断每读入的一个字符是否为"\n"(换行符),从而决定循环是否终止。若当前字符为"\n",则执行 break 语句结束循环。

程序代码:

```
#include <stdio.h>
int  main(void)
{
    char ch;
    int count = 0;
    printf("please input characters:");
    while(1)
    {
        ch = getchar();
        if(ch == '\n') break;
        if(ch >= 'A'&&ch <= 'Z') count++;
    }
    printf("count = %d\n",count);
}
```

【例 5-16】 猜数游戏:由计算机"想"一个 10 以内的数字请用户猜,用户在键盘上输入所猜想的数字,猜对了,程序提示"恭喜你猜对了!";猜错了,程序提示"你输入的数值太大"或"你输入的数值太小",然后继续猜,直到猜对为止,程序结束。

分析:运用 do-while 语句和 break 语句完成此程序。

程序代码:

```
#include <stdio.h>
#include <stdlib.h>
```

```
#include <time.h>
int  main(void)
{  int  magic;                  //计算机"想"的数
   int  guess;
   srand(time(NULL));          //为函数 rand()设置随机数种子
   magic = 1+(rand()%10);      //获得一个 10 以内的随机数
   printf("猜数字的小游戏,电脑将随机产生一个 10 以内的随机数。\n");
   do
   {  printf("请输入你心中所想的数:");
      scanf("%d",&guess);
      if(magic == guess)
      {  printf("恭喜你猜对了!\n");
         break;
      }
      if(guess>magic)
         printf("你输入的数值太大。\n");
      if(guess < magic)
         printf("你输入的数值太小。\n");
   }while(1);
   return  0;
}
```

说明:这个程序中循环条件是 while(1),也就是循环条件永远成立,因此循环体内一定有 break 语句,当满足条件时用 break 语句结束循环。

程序运行结果如图 5.17 所示。

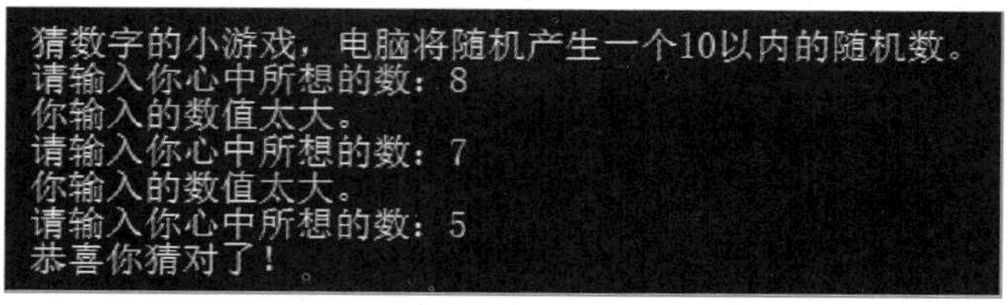

图 5.17 猜数游戏的运行结果

思考:
① 如果希望记录用户猜了几次才猜对,该如何改进这个程序?
② 如果设置最多只能猜 5 次,该如何改进程序?

5.4.2 continue 语句

continue 语句只能出现在 3 种循环语句的循环体中,用于结束本次循环。当在循环体中遇到 continue 语句时,程序将跳过其后面尚未执行的语句,开始下一次循环。continue 语句在循环结构中的使用形式如下:

```
do                          while(表达式 1)              for(;表达式 1;表达式 3)
{                           {                           {
    …                           …                           …
    if(表达式 2) continue;        if(表达式 2) continue;        if(表达式 2) continue;
    …                           …                           …
} while(表达式 1);            }                           }
```

几种形式中的表达式 1 是循环条件表达式,决定是否继续执行循环;表达式 2 决定是否执行 continue 语句。

说明:

① continue 语句通常是和 if 语句配合使用。

② continue 语句只是结束本次循环,即跳过循环体中尚未执行的语句,接着进行下一次是否执行循环的判定,而不是结束整个循环。

③ 在 while 和 do-while 语句中,continue 语句使流程直接跳到循环控制条件的判断部分,然后判断循环是否继续执行。在 for 语句中,遇到 continue 语句后,跳过循环体中余下的语句,而去对 for 语句中的表达式 3 求值,然后进行表达式 2 的条件判断,最后决定 for 循环是否执行。

break 和 continue 语句的主要区别:continue 语句只终止本次循环的执行,而不是终止整个循环的执行;break 语句是终止本层循环,不再进行本层循环条件的判断。break 语句用于强制中断循环;continue 语句用于强制继续循环。break 语句还可以用在 switch 语句中。break 和 continue 语句在流程控制上的区别可从图 5.18 及图 5.19 的对比中略见一斑。

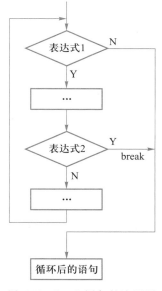

图 5.18　break 语句的流程图

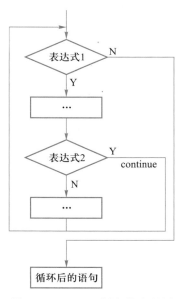

图 5.19　continue 语句的流程图

【例 5-17】 从键盘上输入不多于 10 个实数,求这些数的总和及其中正数的总和。若不足 10 个数,则以 0 作为结束标记。

　　分析:若输入的实数不足 10 个,可用 break 语句来提前结束循环;若输入的实数为负数,可用 continue 语句来控制该实数不累加到正数的总和中,从而结束本次循环。

　　程序代码:

```
#include <stdio.h>
#define M 10
int main(void)
{
    float sum1,sum2,num;
    int i;
    printf("请输入实数: ");
    for(sum1 = sum2 = 0.0,i = 0;i<M;i++)
    {
        scanf("%f",&num);
        if(num == 0)  break;        //结束本层循环
        sum1 += num;
        if(num<0) continue;         //终止本次循环
        sum2 += num;
    }
    printf("总和 = %.2f \n",sum1);
    printf("正数总和 = %.2f \n",sum2);
}
```

5.5　应 用 举 例

微视频:
循环应用
举例

　　循环语句是程序设计的基本结构之一。在运用循环求解问题时,会涉及一些常见的算法。算法是指用系统的方法描述解决问题的策略,下面通过一些应用举例说明在穷举法、迭代法、累加累乘法、打印有规律的图形等综合应用中如何使用循环语句。在实际的应用中,这些方法没有严格的界限,常常互相融合,需要根据具体的问题而灵活使用。

5.5.1　穷举法

　　穷举法也称为枚举法,即将可能出现的每一种情况一一测试,判断是否满足条件,常常采用循环来实现。这种方法的特点是算法简单,容易理解,但运算量大。通常可以解决"有几种组合""是否存在""求解不定方程"等类型的问题。下面以密码破译和求素数示例说明。

　　使用穷举法解题的基本思路如下:

　　① 确定穷举对象、穷举范围和判定条件。

　　② 使可能的解的范围降至最小,以便提高解决问题的效率。

③ 逐一列举可能的解。

④ 验证每个可能的解。

密码破译可以通过穷举法来完成,简单来说,就是将密码进行逐个推算直到找出真正的密码。比如,一个 4 位并且全部由数字组成的密码共有 10 000 种组合,也就是说,最多需要尝试 9 999 次就能找到真正的密码。运用计算机进行逐个推算,破解任何一个密码只是时间问题。

运用穷举法进行密码破译的基本思想:首先根据问题的部分条件预估答案的范围,然后在此范围内对所有可能的情况进行逐一验证,直到全部情况都经过验证为止。若某个情况使验证符合题目的全部条件,则该情况为本题的一个答案;若全部情况验证结果均不符合题目的全部条件,则说明无答案。

【例 5-18】 如果一个箱子的密码为 3 位数字,假设密码为 789,密码存放在文件 password.txt 中,编写程序进行密码破译。

分析:从 0~999 对所有满足条件的 3 位数进行逐一验证。

程序代码:

```c
#include <stdio.h>
int main(void)
{
    int x,i;
    FILE   * fp = fopen("password.txt","r");
    if (NULL == fp)
    {
        printf("当前目录没有 password 文件! \n");
        return -1;
    }
    fscanf(fp,"%d",&x);
    for (i = 0;i<999;i++)
    { if (i == x)
        {printf("密码破译! \n");
         printf("密码为:%d\n",i);
        }
    }
    fclose(fp);
    return 0;
}
```

程序运行结果如图 5.20 所示。

```
密码破译!
密码为: 789
```

图 5.20 破译密码程序的运行结果

这个程序用了 for 循环,也可以用 while 循环或者 do-while 循环,即前述的 3 种循环结构均可以使用,根据问题求解的需要而选择搭配使用。

【例 5-19】 编程实现输出 100~200 的全部素数。

分析：素数又称质数，即只能被 1 和自身整除的大于 1 的自然数（1 不是素数，2 是素数）。判断素数的算法是依据其数学定义，即判断一个数 m 是否为素数，需要检查该数是否能被 1 和自身以外的其他自然数整除，即判断 m 是否能被 $2 \sim m-1$ 的整数整除。

设 i 取值 $[2, m-1]$，如果 m 不能被该区间内的任何一个数整除，即对每个 i，$m\%i$ 都不为 0，则 m 是素数；但是只要 m 能被该区间内的某个数整除，即只要找到一个 i，使 $m\%i$ 为 0，则 m 肯定不是素数。

由于 m 不可能被大于 $m/2$ 的数整除，所以 i 的取值区间可缩小为 $[2, m/2]$，数学上能证明，该区间还可以是 $[2, \sqrt{m}]$。

程序代码：

程序代码：
例5-19

```c
#include <stdio.h>
#include <math.h>
void main(void)
{   int m,k,i,n=0;                  //变量 m 代表素数
    printf("100~200 之间的全部素数是:\n");
    for(m=101;m<=199;m=m+2)
    {   k=(int)sqrt(m);
        for(i=2;i<=k;i++)
            if(m%i==0) break;
        if(i==k+1)  printf("%d  ",m);
    }
}
```

程序运行结果如图 5.21 所示。

```
100~200之间的全部素数是:
101  103  107  109  113  127  131  137  139  149  151  157  163  167  173  179
181  191  193  197  199  Press any key to continue
```

图 5.21 求素数程序的运行结果

5.5.2 迭代法

迭代法也称辗转法，其基本思想是把一个复杂的计算过程转为简单过程的多次重复。每次重复都从旧值的基础上递推出新值，并由新值代替旧值，这是一种不断用变量的旧值递推新值的过程。

迭代法利用计算机运算速度快、适合做重复性操作的特点，让计算机对一组指令（或一定步骤）进行重复执行，在每次执行这组指令（或这些步骤）时，都从变量的原值推出它的一个新值。下面通过斐波那契（Fibonacci）数列展示迭代法的应用。

斐波那契数列又称黄金分割数列，是以兔子繁殖为例而引入的，故又称为兔子数列，指的是这样一个数列：1、1、2、3、5、8、13、21、34……在数学上，斐波那契数列以如下

的方法定义:

$F(0)=1(n=0)$

$F(1)=1(n=1)$

$F(n)=F(n-1)+F(n-2)(n\geqslant2,n\in N)$

该问题的原型是:从前有一对长寿兔子,从出生后第 3 个月起每个月都生一对兔子。新生的小兔子长到第 3 个月后每个月又生一对兔子,这样一代一代生下去,假设所有兔子都不死,求兔子增长数量的数列(即每个月兔子总对数)。

【例 5-20】 求斐波那契数列的前 20 项。该数列的生成方法为: $F_0=1,F_1=1$, $F_2=2,F_n=F_{n-1}+F_{n-2}(n\geqslant2)$,即从第 3 个数开始,每个数等于其前两个相邻数之和。

分析:解题的关键是利用规律,从第 3 个数开始,每个数等于其前两个相邻数之和。

程序代码:

```
#include <stdio.h>
int main(void)
{   int f0=1,f1=1,fn;                //定义并初始化数列的第 1 项、第 2 项
    int i=1;                         //定义并初始化循环控制变量 i
    printf("%6d%6d",f0,f1);          //输出前 2 项
    for(i=2;i<20;i++)
    {    if(i%5==0) printf("\n");    //输出 5 个数,换行
         fn=f0+f1;                   //计算下 1 个数
         printf("%6d",fn);
         f0=f1;
         f1=fn;}
    printf("\n");
}
```

程序运行结果如图 5.22 所示。

图 5.22   斐波那契数列程序的运行结果

5.5.3 累加累乘法

累加累乘法的关键语句有"s=s+a"或者"s=s*a"的形式,此形式必须出现在循环中才能被反复执行,从而实现累加累乘的功能。其中 a 通常是有规律变化的表达式,s 在进入循环前必须获得合适的初值,通常为 0 或者 1。

累加累乘法的关键是"描述出通项式",通项式的描述方法有两种:利用项次直接写出通项式,如例 5-4;利用前一个(或多个)通项写出后一个通项,如例 5-21。

【例 5-21】 计算前 20 项的和:1+1/2+2/3+3/5+5/8+8/13+…。

分析:通过观察发现规律,即后一项的分子是前一项的分母,后一项的分母是前一项分子与分母之和。

程序代码:

```
#include <stdio.h>
int main(void)
{   float s,x,y,t,k;
    int i;                  //i 为循环变量
    s=1;                    //定义并初始化变量 s 存放求和的结果
    x=1;                    //x 是分子
    y=2;                    //y 是分母
    t=x/y;                  //t 表示每一项
    for(i=2;i<=20;i++)
    {   s=s+t;              //累加
        k=x;
        x=y;
        y=k+y;              //后一项的分母是前一项分子与分母之和
        t=x/y;
    }
    printf("前 20 项的和:1+1/2+2/3+...=%f\n",s);
    return 0;
}
```

程序运行结果如图 5.23 所示。

```
前20项的和：1+1/2+2/3+...=12.660262
```

图 5.23　求前 20 项之和程序的运行结果

5.5.4　打印有规律的图形

日常生活中,人们可以看到很多有规律的图形和花纹,尤其是在现代的艺术设计中,也蕴含了很多重复的图案。下面通过实例讲解利用程序输出这些有规律的图案。

【例 5-22】　编写程序打印如下的图形。

```
   *
  ***
 *****
*******
```

分析:经过观察发现该图形有一定的规律,第 1 行有 1 颗星星,前面 3 个空格;第 2 行有 3 颗星星,前面 2 个空格;第 3 行有 5 颗星星,前面 1 个空格;第 4 行有 7 颗星星,前面 0 个空格。星星的个数是奇数系列,为此,可以得到行数 n 和星星的个数 m 之间的关系 $m=2n-1$。每一行前面的空格的个数为 $4-n$。

程序代码:

```
#include <stdio.h>
```

```
void main(void)
{   int m,n;
    for(n=1;n<=4;n++)
    {   for(m=1;m<=4-n;m++)
            printf(" ");
        for(m=1;m<=2*n-1;m++)
            printf("*");
        printf("\n");
    }
}
```

程序运行结果如图 5.24 所示。

图 5.24　打印有规律图形程序的运行结果

5.6　综 合 案 例

【例 5-23】　编写一个练习加减运算的小程序,要求:

① 系统随机生成 5 道 20 以内的加法或者减法运算题,系统自动从加法、减法中任意混合出题,并把题目显示在屏幕上,由用户输入答案。

② 程序判断用户输入的答案是否正确,统计答题的正确率。运行结束时,询问是否继续练习,如果回答"N"则退出练习,如果回答其他字符则继续进行练习。

③ 把每次所做的题目和答题的正确率输出在屏幕上,同时也把每次的运行结果保存到 result.txt 文本文件中。

程序代码:

```
#include <stdio.h>
#include <time.h>
#include <math.h>
int main(void)
{   int x,y,a,c;
    char b;
    FILE * fp;
    int cor;
    fp=fopen("result.txt","a");
    srand((unsigned int)time(NULL));
    printf("计算小练习 \n 电脑随机生成 5 道 20 以内加法或者减法运算题,请答题:\n");
    while(1)
    {
```

```
for(int i = 0;i<5;i++)
{   x = rand()%20+1;
    y = rand()%20+1;
    a = rand()%2+1;
    if(a == 1)
    {   printf("%d+%d = ",x,y);
        scanf("%d",&c);
        if(c == x+y)
            cor+ = 20;
        fprintf(fp,"%d+%d = %d \n",x,y,c);
    }
    else if(a == 2)
    {   printf("%d-%d = ",x,y);
        scanf("%d",&c);
        if(c == x-y)
            cor+ = 20;
        fprintf(fp,"%d-%d = %d \n",x,y,c);
    }
}
printf("正确率为%d%%\n",cor);
fprintf(fp,"正确率为%d%%\n",cor);
printf("是否继续练习? 输入 N 则不继续,输入其他字符则继续 \n");
fflush(stdin);
scanf("%c",&b);
if(b =='N')
    break;
cor = 0;
}
fclose(fp);
}
```

程序运行结果如图 5.25 所示。

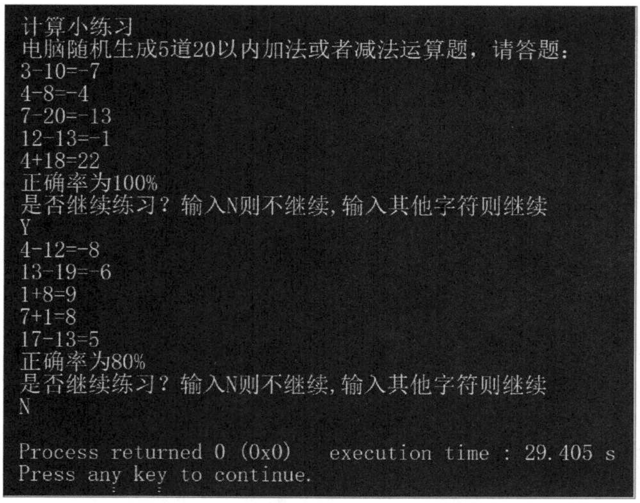

图 5.25   练习加减运算程序的运行结果

【例 5-24】 社团成员管理中多次使用菜单。扩展例 4-17 程序功能,利用循环实现菜单反复多次使用的选择。

分析:在学习循环结构的基础上,可以实现菜单功能的多次选择。此外,也能实现社团成员信息的批量处理。例如,可以利用循环实现成员的统计(代码中的 my.h 头文件见例 2-4)。

程序代码:

程序代码:
例 5-24

```c
#include <stdio.h>
#include "my.h"
int main(void)
{
    int id,choice,count = 0; //计数器
    FILE * fp;
    menu();
    while(1)
    {
        printf("请输入您的选择(1-6),其他自动退出系统:");
        scanf("%d",&choice);
        switch(choice)
        {
            case 1:add();break;
            case 2:modify();break;
            case 5:
                fp = fopen("member.txt","r");
                if ( fp != NULL)
                {
                    count = 0;
                    while(fscanf(fp,"%d",&id)!=-1)
                            count++;
                    printf("社团总人数为:%d\n",count);
                    fclose(fp);
                }
                else
                {
                    printf("文件读取出错。");
                    exit(0);
                }
                break;
            case 3:
            case 4:
            case 6:printf("功能待增加...\n");break;
            default:printf("您的输入有误,自动退出系统\n");exit(0);
        }
    }
}
```

程序运行结果如图 5.26 所示。

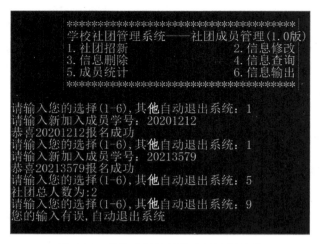

图 5.26   菜单反复使用程序的运行结果

【例 5-25】   利用智慧寝室系统控制板编程实现实时报警监控功能。

应用背景：

智慧寝室系统安全防范需求日趋紧迫,传统的安防产品往往只具有现场报警、监控位置固定、监测参量单一、需综合布线等特点,无法实现多参量集中监测、自由布防、远距离报警、现场画面实时采集以及远程控制的功能。随着无线传感网络技术应用的不断推广,可以将安防区域内各种状态信息进行多点采集、无线连接、集中处理。在此基础上进一步将无线传感网络、移动通信网络和互联网相结合,就可以实现安防区域状态信息的远程、多点、实时智能监控。

问题分析：

利用智慧寝室系统控制板结合 while 语句监测功能,每两秒检测一次环境,当检测到有人时,打开蜂鸣器,发出警报声;当检测到无人时,关闭蜂鸣器。具体实施为:

① 每两秒取一次人体感应传感器的数据。

② 根据返回的数据判断蜂鸣器开启或关闭,开启时 LCD 屏幕显示报警信息。

功能描述：

① 定义变量(Flag),进行通信初始化。

② 在 while 语句中向智慧寝室系统控制板发送所采集的人体红外传感器实时状态。

③ 结合人体红外传感器的数据进行判断,有人、无人时分别向智慧寝室系统控制板发送打开或关闭蜂鸣器的命令,有人时 LCD 屏幕显示报警信息命令。

④ 关闭通信资源。

运行结果如图 5.27~图 5.29 所示。

思考：

    如何实现蜂鸣器声音的变化?

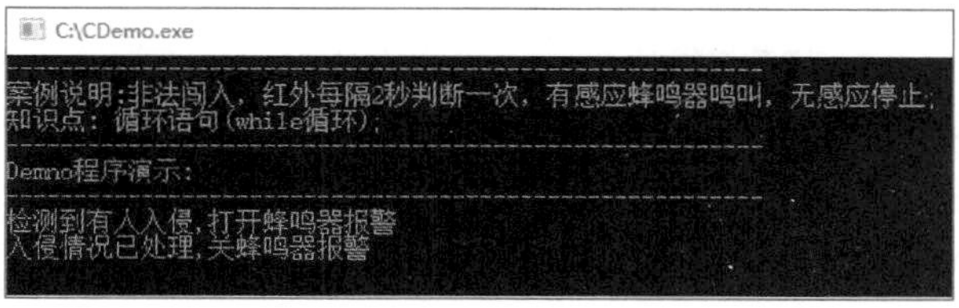

C:\CDemo.exe
案例说明:非法闯入，红外每隔2秒判断一次，有感应蜂鸣器鸣叫，无感应停止;
知识点：循环语句(while循环);
Demo程序演示:
检测到有人入侵,打开蜂鸣器报警
入侵情况已处理,关蜂鸣器报警

图 5.27　在命令窗口下的执行效果

人体红外
LCD
光照度
蜂鸣器
有人入侵，请及时查看
发生报警
数字虚拟教学仿真硬件平台
LED灯
红色
黄色
绿色

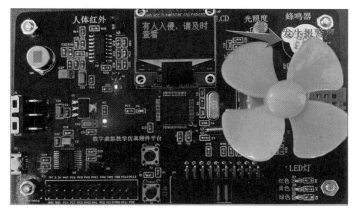

图 5.28　智慧寝室系统控制板的执行效果——有人入侵

人体红外
LCD
光照度
蜂鸣器
状态正常，无报警信息
数字虚拟教学仿真硬件平台
LED灯
红色
黄色
绿色

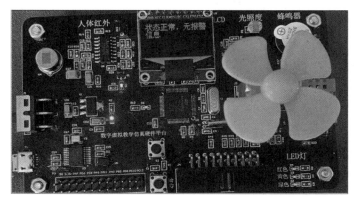

图 5.29　智慧寝室系统控制板的执行效果——状态正常

小　　结

循环结构是结构化程序设计的基本结构之一，其特点是在给定条件成立时，反复执行某程序段，直到条件不成立时为止。在程序设计中，如果需要重复执行某些操作，就要用到循环结构。循环结构实现的要点如下：

① 归纳出哪些操作需要反复执行——循环体；

② 这些操作在什么情况下重复执行——循环控制条件；

③ 一旦确定了循环体和循环控制条件，循环结构也就基本确定了，再选用 3 种循环语句（for、while、do-while）实现循环。

3 种循环结构都可以用来处理同一个问题，但在使用时存在一些细微的差别，一般情况下可以互相代替。不能说哪种更加优越，具体使用哪一种结构依赖具体问题的分析和程序设计者个人程序设计的风格。在实际应用中，选用的一般原则是：如果循环次数在执行循环体之前就已确定，则用 for 语句；如果循环次数是根据循环体的执行情况确定的，则用 do-while 语句或者 while 语句。

使用循环结构时，需要有良好的程序书写习惯——增加注释，放在循环条件判断语句的后面，说明循环条件的含义。程序代码写成锯齿状，以便增加可读性。

第 5 章知识结构如图 5.30 所示。

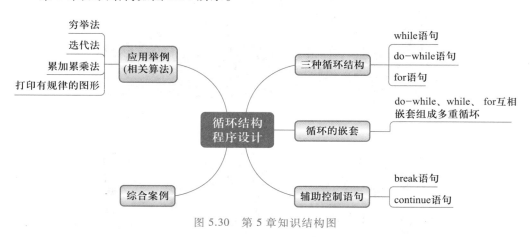

图 5.30　第 5 章知识结构图

<h1 style="text-align:center">习　题　5</h1>

一、选择题

1. 以下程序段（　　　）。

```
x=-1;
do
{  x=x*x;
} while(! x);
```

A. 是死循环　　　B. 循环执行两次　　　C. 循环执行一次　　　D.有语法错误

2. 以下 while 语句执行（　　　）次。

```
int k=2;
while(k=0)
{  printf("k=%d",k),k--;}
printf("Final K=%d\n",k);
```

A. 无限   B. 0   C. 1   D. 2

3. 以下程序的输出是(   )。

```
#include <stdio.h>
int main(void)
{  int y=10;
   while(y--);
     printf("y=%d\n",y);
   return  0;
}
```

A. y=0   B. while 构成死循环 C. y=1   D. y=-1

4. 若 i 为整型变量,则以下循环执行的次数是(   )。

```
for (int i=2;i!=0;)
    {printf("i=%d\n",i--);}
```

A. 无限次   B. 0 次   C. 1 次   D. 2 次

5. 在 C 语言中,while 语句和 do-while 语句的主要区别是(   )。

A. do-while 语句的循环体至少执行 1 次

B. while 语句的循环控制条件比 do-while 语句的循环控制条件严格

C. do-while 语句的循环体不能是复合语句

D. while 语句的循环体至少执行 1 次

6. 语句 while(!E)中的表达式!E 等价于(   )。

A. E==0   B. E!=1   C. E!=0   D. E==1

7. 下面程序段的运行结果是(   )。

```
a=1;b=2;c=2;
while(a<b<c)
{t=a;a=b;b=t;c--;}
printf("%d,%d,%d",a,b,c);
```

A. 1,2,0   B. 2,1,0   C. 1,2,1   D. 2,1,1

8. 以下程序段的运行结果是(   )。

```
for(i=0;i<5;i++)
{
    for(j=1;j<10;j++)
        if(j==5)  break;
    if(i<2)  continue;
    if(i>2)  break;
    printf("%d,",j);
}
```

```
printf("%d\n",i);
```

A. 10,3　　　　B. 5,2　　　　　　C. 5,3　　　　　　D.10,2

9. 以下程序段运行后,x 的值是(　　　)。

```
int x=-2;
while(!x)
{
    x=x*x;
}
```

A. 死循环,没有输出结果　　　　　B. 2

C. -2　　　　　　　　　　　　　　D. 4

10. 以下程序段运行后,x 的值是(　　　)。

```
int i=0,x=0,j=10;
for(   ;i<=j;i++,j--)
    x+=3;
```

A. 21　　　　　　B.15　　　　　　C.18　　　　　　D.12

二、编程题

1. 求 $s=\dfrac{3}{2\times2}-\dfrac{5}{4\times4}+\dfrac{7}{6\times6}-\cdots+(-1)^{n-1}\dfrac{2n+1}{2n\times2n}$ 的和,直到 $\left|\dfrac{2n+1}{2n\times2n}\right|\leqslant10^{-3}$ 为止。

2. 求 $1+\dfrac{1}{1+2}+\dfrac{1}{1+2+3}+\cdots+\dfrac{1}{1+2+3+\cdots+50}$ 的值。

3. 求 $s=1+(1+20.5)+(1+20.5+30.5)+\cdots+(1+20.5+30.5+\cdots+n0.5)$,当 $n=20$ 时的值。

4. 编程输出 3～300 的素数。

5. 小张有 6 本新书,要借给 A、B、C 三位小朋友,若每人每次只能借一本,求可以有多少种不同的借法。

6. 显示 500～600 能同时被 5 和 7 整除的数。

7. 求 1 000 以内的所有完全数。

说明:一个数如果恰好等于它的因子之和(除自身外),则称该数为完全数,例如:6=1+2+3,6 为完全数。

8. 用二分法求方程 $2x^3-4x^2+3x-6=0$ 在区间 $(-10,10)$ 的根。

9. 有一个乘法算式:1A2×3B=C75D,该算式在 4 个字母所在处缺 4 个数,请用穷举法列举 A、B、C、D 各是多少。

6 数组

电子教案

数组是 C 语言中一种非常重要的数据类型,它的应用十分广泛。利用数组可以描述矩阵、文本等信息,数组和循环结构配合使用可以实现数据的批量处理,使程序编码高效简洁。

6.1 成员积分统计问题

通过前 5 章的学习,理解了基本的数据类型和组成算法的 3 种结构,但是,针对需要处理大批量相同数据类型的数据时,如果还用前面所学的基本数据类型来处理,则会非常麻烦。例如,在社团管理系统中,需要同时在内存中存放多名学生的学号、姓名、积分等信息时,就会比较困难。本章将学习使用数组进行批量数据的存储和处理。例如,利用一维整型数组存放多位学生的学号,利用二维字符数组存放多位学生的姓名等。

【例 6-1】 社团管理系统中的成员积分统计。社团管理系统除了前 5 章完成的成员信息增加、删除、修改、查找外,还可以拓展出多项功能。以成员积分统计为例:已知某社团 10 名成员的积分情况,统计该社团成员的平均积分,并输出高于平均积分的成员人数。

分析:计算总积分(total)、平均积分(avg)公式分别为:total $= s_1 + s_2 + \cdots + s_{10}$, avg $=$ total/10,统计高于平均积分人数需要将平均积分依次与每位成员积分进行比较,因此需要在内存中同时存储 10 名成员的积分,可以通过定义一个长度为 10 的一组数组来实现。

下面具体讲解一维数组的定义与访问。

6.2 一 维 数 组

数组是一种数据序列,由具有同一数据类型的数据组成。按照下标个数来区分,数组可以分为一维数组和多维数组(如二维数组、三维数组等)。

6.2.1   一维数组的定义及访问

一维数组可以用来存放一批整型数据、浮点型数据或字符型数据。与变量的定义类似,在使用数组之前也需要先定义数组。

一维数组的定义格式如下:

数据类型   数组名[整型常量表达式];

例如,"float s[10];"定义了一个存放包含 10 名成员积分的数组,系统会在内存中分配一段连续的存储空间,数组名 s 代表了这段内存空间的首地址,10 代表数组的长度(即数据元素个数)。数组中包含的 10 个元素用不同的下标区分,下标取值从 0 开始,可使用的最大下标是 9(数组长度减 1),假设系统将地址为 61fda0 开始的一段连续内存分配给数组 s,则 s 在内存中的存储示意如图 6.1 所示。其中,数组名 s 是一个地址常量,它的值为 61fda0,数组元素的值这里用××表示。

s[0]	s[1]	s[2]	s[3]	s[4]	s[5]	s[6]	s[7]	s[8]	s[9]
××	××	××	××	××	××	××	××	××	××
s=61fda0	61fda4	61fda8	61fdac	61fdb0	61fdb4	61fdb8	61fdbc	61fdc0	61fdc4

图 6.1   数组在内存中的存储示意

声明数组时,除了可以使用值常量外,也可以使用符号常量定义数组的长度。

例如,存放 10 名成员积分的数组还可以表示如下:

```
#define N 10
float s[N];
```

注意:N 是一个符号常量,数组定义时不能使用变量。

访问数组元素时,一般情况下,程序只能操作数组元素,而不能直接操作整个数组。

访问数组元素的格式如下:

数组名[下标]

其中下标必须是该数组的合法下标。每个数组元素相当于一个该类型的普通变量,能参与这种类型变量允许的一切操作,可以通过循环来遍历数组中的全部元素。

通过对例 6-1 的分析,需要定义一个长度为 10 的数组,通过循环依次输入每名社团成员的积分并存入数组元素中,计算并输出平均值,再使用循环统计高于平均分的人数。

程序代码:

```
#include <stdio.h>
#define N 10
int main(void)
{
    float s[N],total=0,avg;
    int i,count=0;
```

```
for(i=0;i<N;i++)
{   printf("请输入第%d个成员积分:",i+1);
    scanf("%f",&s[i]);
    total=total+s[i];
}
avg=total/N;   //计算平均值
for(i=0;i<N;i++)
    if(s[i]>avg)
        count++;
printf("社团成员平均积分为%.1f\n",avg);
printf("高于平均积分成员有%d人\n",count);
return 0;
}
```

程序运行结果如图 6.2 所示。

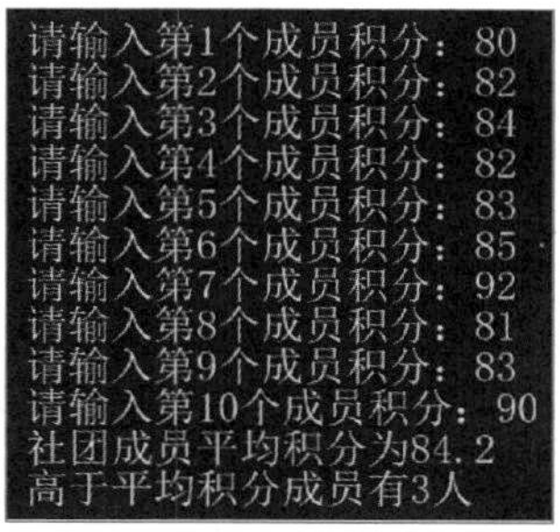

图 6.2　成员积分统计程序运行结果

常见错误:

　　① 使用变量声明数组的长度,如"int n=5,x[n];",即使变量已被初始化,也不能用于声明数组长度,因为数组的元素数量要求是编译阶段确定的常量。

　　② 数组元素下标引用错误,如"printf("%f",x[10]);",数组元素的下标为 0~9,不存在 x[10]这个元素。

思考:

　　如何从文件中读取所有成员积分,计算平均积分及高于平均积分的成员人数,并将计算结果存入文件中?

6.2.2　一维数组的初始化

　　与普通变量类似,如果数组没有被赋初值,则数组中所有元素的值均为随机数。如何为数组元素预设初值,数组的初始化在实际中又有哪些应用呢?

【例6-2】　社团管理系统——选票统计。已知5位候选成员1001、1003、1008、1010、1011的得票数分别为2票、15票、7票、10票、5票,编写程序打印每位学生学号、票数和票数图形,以及最高得票情况。

分析:在本例中,可以在数组定义时将5位成员选票直接存入整型数组中,实现数组的初始化。先假设第1个元素最大,将其赋予代表最大值的变量max。然后将max与后面的所有元素逐一比较,若遇到比其大的元素,max便被该元素取代。

C语言允许在定义的同时为数组的全部或部分元素赋初值,一般初值按顺序存储在花括号中,初值间用“,”分隔。例如:

```
int id[5]={1001,1002,1003,1004,1005};
char name[5]={'M','i','k','e','\0'};//'\0'为结束标记
float data[4]={37.5,39.0,78.2,26.6};
```

① 全部元素赋初值时,数组长度可省略。例如:

```
float data[]={37.5,39.0,78.2,26.6,88.5,77.6};
```

这些值依次赋值给 data[0]~data[5]的元素。

② 部分元素赋初值时,未被赋值元素默认为0或“\0”。例如:

```
int id[10]={1001,1002,1003,1004,1005};
```

其中,id[5]~id[9]的元素皆为0。

通过以上分析可知,存放5位学生学号和得票数的数组可以定义如下:

```
int id[5]={1001,1003,1008,1010,1011};
int vote[5]={2,15,7,10,5};
```

程序代码:

程序代码:
例6-2

```
#include <stdio.h>
#define N 5
int main(void)
{
    int id[N]={1001,1003,1008,1010,1011};
    int vote[N]={2,15,7,10,5};
    int i,j,max,code;
    printf("5位候选成员得票信息如下:\n");
    for(i=0;i<N;i++)
    {
        printf("%d %d ",id[i],vote[i]);
        for(j=0;j<vote[i];j++)
            printf("*");
        printf("\n");
    }
    max=vote[0];//假设第一个为最高得票数,通过循环与后续逐一比较
    for(i=1;i<N;i++)
    {   if(max<vote[i])
        {
            max=vote[i];
            code=id[i];
```

```
        }
    }
    printf("\n最高得票人的信息如下:\n");
    printf("学号:%d,票数:%d\n",code,max);
    return 0;
}
```

程序运行结果如图 6.3 所示。

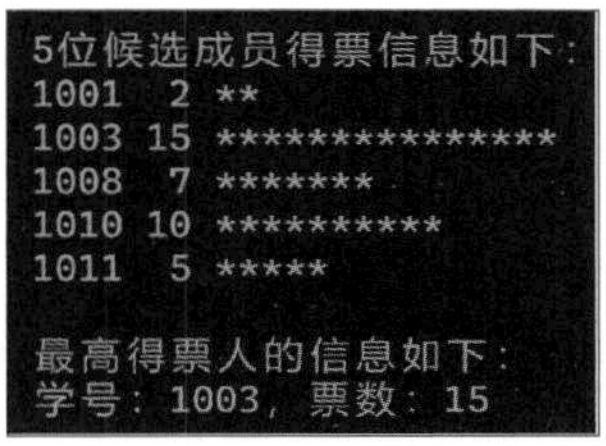

5位候选成员得票信息如下:
1001 2 **
1003 15 ***************
1008 7 *******
1010 10 **********
1011 5 *****
最高得票人的信息如下:
学号: 1003, 票数: 15

图 6.3 得票统计运行结果

6.2.3 排序问题

排序是数组的一种常见操作,其目的是将一组无序的记录按某字段值的升序或降序重新组织,形成按此字段值有序的记录序列。例如,按照学生学号进行升序排序、将学生成绩从高到低排序等。排序的方法很多,这里只介绍选择法排序和冒泡法排序。

【例 6-3】 选择法排序的应用。从文本文件 member.txt(如图 6.4 所示)中读取社团成员学号信息,存放于一个数组中,按学号由小到大进行排序,并输出排序后的结果。

member.t
文件 编辑 查看
1003
1005
1002
1001
1004
行1, 列1 100% Windows (CRLF) UTF-8

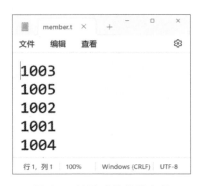

图 6.4 社团成员学号文件

分析:这里暂且先不看文件读取部分,而是首先了解排序的过程和方法。选择法排序的基本思路如下:

① 从 N 个数的序列中选出最小的数,与第 1 个数交换位置。

② 除第 1 个数外,其余 $N-1$ 个数再按①的方法选出次小的数,与第 2 个数交换位置。

③ 重复上述过程共 $N-1$ 遍,最后构成递增序列。

为便于理解,将上述相对复杂的算法进行分解,从简单问题入手,递进展开算法。

问题 1:如何求 N 个学号中的最小学号?

与例 6-2 方法类似,将第 1 个元素的值赋予代表最小值的变量 min,min 与后面的所有元素逐一比较,若遇到比其小的元素,min 便被该元素取代。假设将 N 个学号的值存入一个 int 类型的数组 id[N]中,则

```
min=id[0];               //假设第一个元素最小
for(j=1;j<N;i++)
    if(id[j]< min)
        min=id[j];       //用更小的元素取代当前最小值
```

问题 2:若想求最小学号是第几个,则关键语句如何修改?

```
imin=0;                  //假设 imin 代表最小元素下标
for(j=1;j<N;j++)
    if(id[j]<id[imin])   //比较元素并记录最小元素的下标
        imin=j;
```

问题 3:如何将最小学号放在第 1 位?

在问题 2 的基础上,交换 id[0]与 id[imin]:

```
temp=id[0];
id[0]=id[imin];
id[imin]=temp;
```

问题 4:如何将次小学号放在整个区间的第 2 位?

将问题 3 的程序段对 id[2]~id[N-1]重复执行一遍,即

```
imin=1;
for(j=2;j<N;j++)
    if(id[j]<id[imin])
        imin=j;
if(imin!=1)//若最小元素不在区间起点位置,则交换这两个元素
{
    temp=id[1];
    id[1]=id[imin];
    id[imin]=temp;
}
```

问题 5:如何将学号完全排序?

前面程序段在不断缩小的区间中重复执行 $N-1$ 遍,即区间起点随循环次数增加逐一后移,待找到该区间的最小元素所在位置后,交换该区间起点与最小元素。

以上 5 个问题即为选择法排序流程,结合题目要求从文件中读取数据到数组并实现排序。

程序代码：

```c
#include <stdio.h>
#define N 5
int main(void)
{
    int id[N];
    int i,j,n,temp,imin;
    FILE * fp;
    fp = fopen("member.txt","r");
    if(fp == NULL)
    {
        printf("文件打开失败\n");
        exit(0);
    }
    i = 0;
    printf("原始学号依次如下:\n");
    while(! feof(fp))
    {
        fscanf(fp,"%d",&id[i]);
        printf("%d",id[i]);
        i++;
    }
    n = i;
    for(i = 0;i<n-1;i++)
    {
        imin = i;
        for(j = i+1;j<n;j++)
            if(id[imin]>id[j])
                imin = j;
        if(imin! = i)
        {
            temp = id[imin];
            id[imin] = id[i];
            id[i] = temp;
        }
    }
    printf("\n由小到大排序结果:\n");
    for(i = 0;i<n;i++)
        printf("%d",id[i]);
    return 0;
}
```

程序运行结果如图 6.5 所示。

```
原始学号依次如下:
1003 1005 1002 1001 1004
由小到大排序结果:
1001 1002 1003 1004 1005
```

图 6.5　选择法排序运行结果

┌──┐
常见错误:

　　① 区分不清最小元素与最小元素下标所代表的意义,使对象交换发生错误。若上述代码将求最小元素下标的变量 imin 理解为最小元素,会造成逻辑错误。

　　② 内外循环体界定不清。若将交换最小元素和区间起点元素的语句写在内循环中,会造成逻辑错误。选择法排序中内循环的作用是找区间内最小或最大元素的位置,只有遍历完整个区间,imin 才是整个区间的最小元素的下标。
└──┘

　　同一个问题可以用不同的算法解决,评价算法的主要指标有时间复杂度和空间复杂度,即执行算法所需要的计算工作量和算法需要消耗的内存空间。这里只需对这个概念有个简单的认识,而不对这两个指标展开具体介绍。下面再介绍一种较为简单又常见的排序算法——冒泡法排序。

【例 6-4】 冒泡法排序的应用。使用冒泡法将社团管理系统中的 N 个学生学号由小到大排序。

分析:

冒泡法排序的基本思路如下:

① 从 id[0]开始,对两两相邻的元素进行 N-1 次比较,若前面的元素大于后面的元素,则交换这对元素。一次遍历后最大的数存放在 id[N-1]中。

② 对 id[0]~id[N-2]的 N-1 个数进行①的操作,次大数放入 id[N-2]元素内,完成第二趟排序。

③ 依此类推,进行 N-1 趟排序后,所有数均有序。

首先,通过相邻元素的两两比较将学号数组 id[0]~id[N-1]的最大元素放到排序区间的 id[N-1]中的程序代码如下:

程序代码:
例6-4

```
for(j=0;j<N-1;j++)
    if(id[j]>id[j+1])
        {
            temp=id[j];
            id[j]=id[j+1];
            id[j+1]=temp;
        }
```

　　若实现完全排序,则上面程序段需重复 N-1 次,其中待排序区间终点随排序次数增加逐一递减,即

```
for(i=0;i<N-1;i++)
    for(j=0;j<N-1-i;j++)//外循环每增加一次,内循环终点便前移一位
        if(id[j]>id[j+1])
            {
                temp=id[j];
                id[j]=id[j+1];
                id[j+1]=temp;
            }
```

以上即为冒泡法排序的实现过程,完整程序请扫码查看。

6.2.4　插入与删除问题

在数组中,经常要对数组中的元素进行插入或删除操作。例如,社团管理系统中有学生转入时要插入元素,有学生转出时要删除元素。由于数组在内存中是连续顺序存储的,因此有元素增、删时都要移动一部分元素。如何移动这些元素,是插入与删除操作的关键问题。

【**例 6-5**】　数组元素的插入。在递增排列的学号数组 id 中插入一个新学号 num,使得插入该学号后数组仍保持有序。

分析:

在数组中某特定位置插入一个新数据的过程分为如下 3 步:

① 查找待插入数据在数组中应插入的位置 k。

② 从最后一个元素开始向前直到下标为 k 的元素依次往后移动一个位置。

③ 将欲插入的数据 num 插入到第 k 个元素的位置,同时元素个数增加 1。

其中对第②步后移一位插入点后面的所有元素的操作来说,移动顺序是关键。

为避免数据被覆盖,移动顺序一定是从最后一个元素开始移动,如图 6.6 所示。

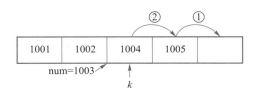

图 6.6　插入元素过程示意

移动元素代码如下:

```
for(i=N-2;i>=k;i--)
    id[i+1]=id[i];
```

程序代码:

```
#include <stdio.h>
#define N 5
int main(void)
{
    int id[N]={1001,1002,1004,1005},num,i,k;
    printf("插入前的学生学号数据:\n");
    for(i=0;i<N-1;i++)
      printf("%d ",id[i]);
    printf("\n输入要插入的学号数据:\n");
    scanf("%d",&num);
    for(i=0;i<N-1;i++)
        if(num<id[i])
            break;
```

```
    k=i;      //记录插入位置
    for(i=N-2;i>=k;i--)
        id[i+1]=id[i];
    id[k]=num;
    printf("插入后的学生学号数据:\n");
    for(i=0;i<N;i++)
        printf("%d ",id[i]);
    return 0;
}
```

程序运行结果如图 6.7 所示。注意:数组容量要足够大才能插入新的元素。

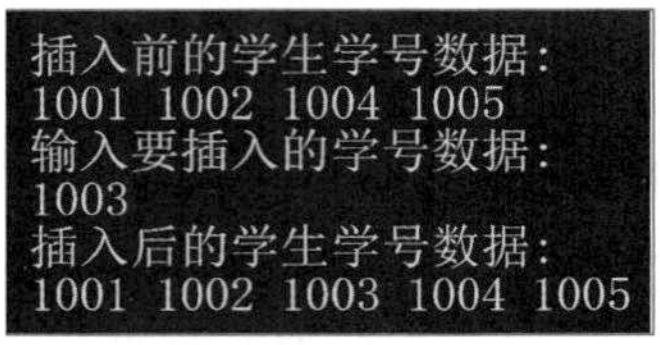

插入前的学生学号数据:
1001 1002 1004 1005
输入要插入的学号数据:
1003
插入后的学生学号数据:
1001 1002 1003 1004 1005

图 6.7 插入学生学号运行结果

常见错误:

将插入点后面的元素均向后移动一位时,若从插入位置 k 开始向后移动,则后面的数据将被覆盖。

【例 6-6】 数组元素的删除。查找某学号 num 是否存在于学号数组 id 中,若存在,删除第一次出现的该学号;否则提示"未找到"。

分析:

在数组中删除某特定数据的基本思路如下:

① 查找待删除元素的位置 k。

② 若找到要删除的数据,则从第 $k+1$ 个元素开始到最后一个元素依次前移一位,同时元素个数减少 1。

删除的关键仍是若干元素的移动问题,与插入不同,删除时需将被删除的元素覆盖,故需前移元素,移动的顺序恰好与插入时后移的顺序相反(如图 6.8 所示)。

移动元素代码如下:

```
for(i=k;i<n-1;i++)
    id[i]=id[i+1];
```

①
②
③
1001
1002
1003
1004
1005
k

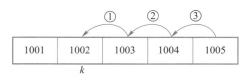

图 6.8 删除元素过程示意

程序代码：

```c
#include <stdio.h>
#define N 5
int main(void)
{
    int id[N]={1001,1002,1003,1004,1005},num,i,k;
    printf("删除前的学生学号数据:\n");
    for(i=0;i<N;i++)
        printf("%d ",id[i]);
    printf("\n 输入要删除的学号数据:\n");
    scanf("%d",&num);
    for(i=0;i<N;i++)
        if(num==id[i])
            break;
    k=i;//记录下删除位置
    if(k>N-1)
    {
        printf("未找到\n");
        exit(0);
    }
    for(i=k;i<N;i++)
        id[i]=id[i+1];
    printf("删除后的学生学号数据:\n");
    for(i=0;i<N-1;i++)
        printf("%d ",id[i]);
    return 0;
}
```

程序运行结果如图 6.9 所示。

```
删除前的学生学号数据:
1001 1002 1003 1004 1005
输入要删除的学号数据:
1002
删除后的学生学号数据:
1001 1003 1004 1005
```

图 6.9　删除学号运行结果

常见错误：

　　查找待删除数据的条件判断 if(num==id[i])中的关系等号误写成赋值等号，即 if(num=id[i])，虽然不会出现语法错误，但会在运行时产生逻辑错误，因为这样将始终删除第一个元素。

6.2.5   查找问题

在数组中,经常要查找某个给定的值是否为数组中的元素,这个过程便是查找。查找的算法有很多种,例如,顺序查找、二分法查找、分块查找等。本节主要介绍前两种查找。

【例 6-7】   顺序查找的应用。在长度为 N 的学号数组 id 中查找学号 num。若找到则输出该学号所在的位置;否则输出"未找到"的提示。

分析:顺序查找是指从数组中的第一个元素开始查找指定数据,直到找到所需要的数据或者搜索完数组均未找到。

具体思路如下:首先输入学号 num,然后启动循环,从数组 id 的第一个元素 id[0] 开始逐个与 num 匹配,若数组中某个元素 id[i] 的值与 num 相等,则表示查找成功,中断循环;如果所有的数组元素均与 num 的值不相等,则表示查找失败。

程序代码:

```
#include <stdio.h>
#define N 5
int main(void)
{
    int id[N]={1001,1002,1003,1004,1005},num,i;
    printf("学生学号数据如下:\n");
    for(i=0;i<N;i++)
        printf("%d ",id[i]);
    printf("\n输入要查找的学号:\n");
    scanf("%d",&num);
    for(i=0;i<N;i++)
        if(num==id[i])//找到终止查找过程
            break;
    if(i==N)
        printf("未找到\n");
    else
        printf("查找学号下标为:%d ",i);
    return 0;
}
```

程序运行结果如图 6.10 所示。

```
学生学号数据如下:
1001 1002 1003 1004 1005
输入要查找的学号:
1004
查找学号下标为: 3
```

图 6.10   顺序查找运行结果

顺序查找算法简单,但是查找效率低,下面再介绍一种高效的查找算法——二分法查找。

【例 6-8】 二分法查找的应用。在长度为 N 按递增顺序排列的学号数组 id 中用二分法查找学号 num。若找到则输出该学号所在的位置;否则输出"未找到"的提示。

分析:二分法查找是基于在有序数组中高效查找的一种常见算法,其思想是通过与查找区间中间元素的比较而将继续查找的区间缩小为原来的一半,直至找到或查找区间已无元素为止。

具体思路如下:

① 假设 low 和 high 是查找区间的起点和终点下标,则初始状态下 low = 0,high = N-1。

② 求待查区间中间元素的下标 mid = (low+high)/2,然后通过 id[mid]和 num 比较的结果决定后续查找范围。

③ 若 num = id[mid],则查找完毕,结束查找过程。若 num >id[mid],则只需再查找 id[mid]后面的元素,修改区间下界 low = mid+1。若 num<id[mid],则只需再查找 id[mid]前面的元素,修改区间上界 high = mid-1。

④ 重复②③两步直到找到元素,或再无查找区域(low>high)。

从以上描述中看出,终止循环查找过程有以下两种情况:

① 在某次查找过程中找到了要查找的数据,此时满足条件 num = id[mid]。

② 查找完毕整个区间仍未找到,此时满足条件 low>high。

程序代码:

```c
#include <stdio.h>
#define N 5
int main(void)
{
    int id[N]={1001,1002,1003,1004,1005},num,i,mid,low=0,high=N-1;
    printf("学生学号数据如下:\n");
    for(i=0;i<N;i++)
        printf("%d ",id[i]);
    printf("\n输入要查找的学号:\n");
    scanf("%d",&num);
    while(low<=high)
    {
        mid=(low+high)/2;
        if(num==id[mid])              //找到终止查找过程
            break;
        else if(num>id[mid])          //继续查找后半个区间
            low=mid+1;
        else                          //继续查找前半个区间
            high=mid-1;
    }
    if(low>high)
        printf("未找到\n");
    else
        printf("查找学号下标为:%d\n",mid);
```

程序代码:
例6-8

```
    return 0;
}
```

程序运行结果如图 6.11 所示。

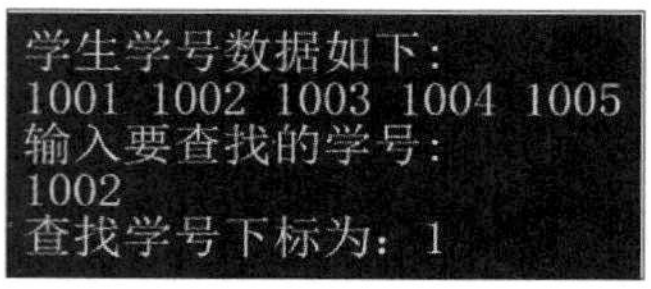

学生学号数据如下:
1001 1002 1003 1004 1005
输入要查找的学号:
1002
查找学号下标为: 1

图 6.11　二分法查找运行结果

常见错误:

① 忽视算法的适用条件,运行程序时输入了无序数组,则无法得到正确结果。

② 查找时的循环条件"low<=high"误写成"low<high",会有遗漏元素未参与比较,查找的元素位于某些特定位置时,虽然元素存在于序列中,但结果仍为"未找到"。

6.3　二维数组

6.3.1　二维数组的定义及访问

在日常生活和科学计算中,经常要处理表格类型的数据,比如存放 30 名学生 8 门课程成绩、计算矩阵的转置等。若用一维数组存储此类型数据,操作时要对访问的元素下标进行较复杂的计算。这种形式上有行有列的数据结构更适合用二维数组来描述。

二维数组的定义格式如下:

数据类型 数组名[常量表达式 1][常量表达式 2];

例如:float s[30][8];

说明:

① 常量表达式 1 代表行,常量表达式 2 代表列。

② 元素的个数为行、列长度的乘积。

③ 同一维数组一样,其行、列下标皆从 0 开始。

④ 二维数组在内存中"按行"存放,即一行元素存储完毕之后再存储下一行元素。

例如,若有定义"int data[2][3];",则该数组是一个 2 行 3 列的二维数组,数组元素如图 6.12(a)所示。假设系统在内存中为其分配的首地址为 001EFCD0,则数组各元素在内存中的存储如图 6.12(b)所示。

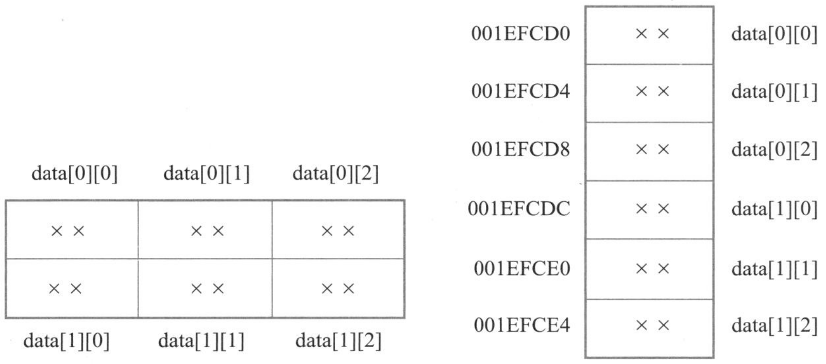

	001EFCD0	× ×	data[0][0]
	001EFCD4	× ×	data[0][1]
	001EFCD8	× ×	data[0][2]
	001EFCDC	× ×	data[1][0]
	001EFCE0	× ×	data[1][1]
	001EFCE4	× ×	data[1][2]

data[0][0]	data[0][1]	data[0][2]
× ×	× ×	× ×
× ×	× ×	× ×
data[1][0]	data[1][1]	data[1][2]

(a) 二维数组元素　　　　　　　　(b) 二维数组的存储

图 6.12　二维数组元素及其存储示意

二维数组的初始化主要有以下两种方法：

（1）分行初始化

例如，一个 3 行 3 列的对角矩阵可以用二维数组 diag 定义如下：

```
int diag[3][3]={{1,0,0},{0,3,0},{0,0,5}};
```

说明：{1,0,0}为第一行数据，diag[0][0]的值为 1，diag[0][1]的值为 0，依此类推。

（2）逐个初始化

例如，一个 3 行 3 列的单位矩阵可以用二维数组 identity 定义如下：

```
int identity[3][3]={1,0,0,0,1,0,0,0,1};
```

说明：按照元素在内存中顺序赋值，identity[0][0]的值为 1，identity[0][1]的值为 0，依此类推。

以上方法也适用数组元素部分初始化，部分初始化中未被赋初值的数组元素初值为 0。

例如，一个 3 行 3 列的对角矩阵可以用二维数组 diag 定义如下：

```
int diag[3][3]={{1},{0,3},{0,0,5}};
```

说明：第一行中 diag[0][0]的值为 1，diag[0][1]及 diag[0][2]的值为 0。

例如，一个 3 行 3 列的全 0 矩阵可以用二维数组 zero 定义如下：

```
int zero[3][3]={0};
```

说明：数组 zero 中的值均为 0。

二维数组的引用格式如下：

数组名[行下标][列下标]

因为二维数组含双下标，所以批量处理时需双重循环控制下标的变化。又因为二维数组按行存储的特点，所以往往外循环控制行下标，内循环控制列下标。例如，以矩阵形式打印数组 identity 的全部元素通常使用如下循环方式，结果如图 6.13 所示。

```
for(i=0;i<3;i++)
{
```

```
        for(j=0;j<3;j++)
            printf("%d ",identity[i][j]);
        printf("\n");
    }
```

图 6.13   单位矩阵输出结果

【例 6-9】   矩阵转置问题。矩阵的应用非常广泛,如生物学、经济学、计算机科学等领域。掌握矩阵的各类运算非常重要,比如矩阵乘法、矩阵转置等,编写程序打印如图 6.14 所示的矩阵转置。

图 6.14   矩阵转置运行结果

分析:将矩阵元素存放在二维数组中,然后通过双重循环实现数组元素的行列互换即可。

程序代码:

```c
#include "stdio.h"
#define M 2
#define N 3
int main(void)
{
    int before[M][N]={{1,3,5},{0,0,0}},after[N][M],i,j;
    printf("\n转置前数据:\n");
    for(i=0;i<M;i++)
    {
        for(j=0;j<N;j++)
        {
            printf("%3d",before[i][j]);
            after[j][i]=before[i][j];
        }
        printf("\n");
    }
    printf("\n转置后数据:\n");
    for(i=0;i<N;i++)
    {    for(j=0;j<M;j++)
```

```
            printf("%4d",after[i][j]);
        printf("\n");
    }
    return 0;
}
```

6.3.2　二维数组应用案例

【例 6-10】　社团管理系统——歌唱比赛打分。某社团进行唱歌比赛,共有 4 名选手进入决赛,评委有 5 名,编写程序计算每位选手的总分,输出每位选手的得分及总分情况。

　　分析:定义二维数组存放选手的得分和总分,因为有 4 位选手、5 位评委,再加上要保存每位选手总得分,因此二维数组定义为 score[4][6],通过循环输入每位选手得分,计算出总得分并存入本行最后一个数组元素中。

　　程序代码:

程序代码:
例6-10

```
#include "stdio.h"
int main(void)
{   int score[4][6],total;
    int i,j;
    for(i=0;i<4;i++)
    {   printf("请输入 5 位评委对第%d 位选手打分:\n",i+1);
        total=0;
        for(j=0;j<5;j++)
        {
            scanf("%d",&score[i][j]);
            total+=score[i][j];
        }
        score[i][5]=total;
    }
    printf("各位选手得分情况如下:\n");
    for(i=0;i<4;i++)
    {   printf("选手%d:",i+1);
        for(j=0;j<6;j++)
            printf("%4d",score[i][j]);
```

```
            printf("\n");
        }
        return 0;
}
```

程序运行结果如图 6.15 所示。

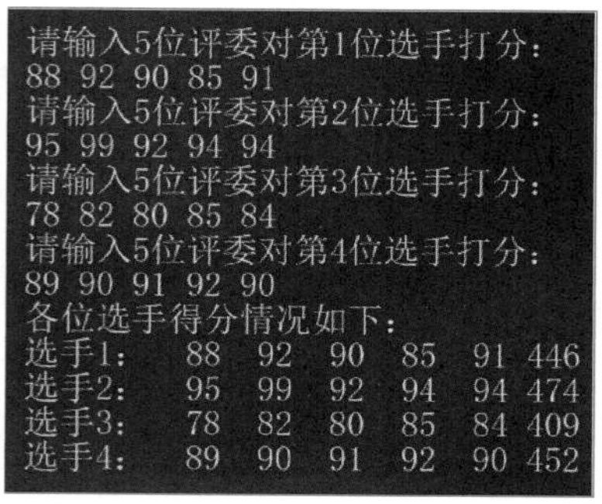

```
请输入5位评委对第1位选手打分:
88 92 90 85 91
请输入5位评委对第2位选手打分:
95 99 92 94 94
请输入5位评委对第3位选手打分:
78 82 80 85 84
请输入5位评委对第4位选手打分:
89 90 91 92 90
各位选手得分情况如下:
选手1:    88   92   90   85   91 446
选手2:    95   99   92   94   94 474
选手3:    78   82   80   85   84 409
选手4:    89   90   91   92   90 452
```

图 6.15　歌唱比赛得分运行结果

> 思考:
> 　如果希望实现按照选手总分降序排序,应该如何实现?

【例 6-11】　输出杨辉三角形。杨辉三角形由南宋数学家杨辉提出,它是中国古代数学的杰出研究成果之一,实现了二项式系数在三角形中的一种几何排列。

分析:杨辉三角形的特点是首列及主对角线元素均为 1,除此之外的第 i 行第 j 列元素的值应为其上一行的当前列与前一列两个元素的和。

问题 1:如何为首列和主对角线元素赋值?

首列元素的列下标为 0,主对角线元素的行、列下标相等,所以为这些元素赋值只需一个单循环语句即可,即

```
for(i=0;i<n;i++)
    a[i][0]=a[i][i]=1;
```

问题 2:如何为其他元素赋值?

其他元素需用双重循环来控制行、列下标的变化,外循环控制行变化,内循环控制列变化,即

```
for(i=2;i<n;i++)
    for(j=1;j<i;j++)
        a[i][j]=a[i-1][j-1]+a[i-1][j];
        //上一行前一列元素加上上一行同列元素
```

程序代码:

```
#include <stdio.h>
#define N 10
int main(void)
```

```
{
    int i,j,n,a[N][N];
    printf("请输入杨辉三角形的行数:");
    scanf("%d",&n);
    for(i=0;i<n;i++)
        a[i][0]=a[i][i]=1;
    for(i=2;i<n;i++)
        for(j=1;j<i;j++)
            a[i][j]=a[i-1][j-1]+a[i-1][j];
    for(i=0;i<n;i++)
    {
        for(j=0;j<=i;j++)
            printf("%d",a[i][j]);
        printf("\n");
    }
    return 0;
}
```

程序代码:
例6-11

程序运行结果如图 6.16 所示。

图 6.16 杨辉三角形的运行结果

思考:

在例 5-22 中学习过三角图形的打印,若希望输出如图 6.17 所示的杨辉三角形,程序应该如何修改?

图 6.17 格式化的杨辉三角形

6.4 字符数组及字符串处理

信息时代除了要处理数值型数据外,还经常需要处理文本数据。例如,为了保护隐私,手机号码和身份证号经常需要进行加密。字符数组可以用于处理文本数据,与数值数组相比,字符数组在输入输出及处理方面有一些特殊的方法。

6.4.1 文本数据处理

【例6-12】 凯撒密码的加密和解密问题。

凯撒密码据传是古罗马凯撒大帝用来保护重要军情的加密系统。它通过将字母表中的字母向后移动一定位置而实现加密,其中26个字母循环使用,z的后面可以看成是a。例如,当密钥为3时,即向后移动3位。若明文为"Go ahead!",则密文为"Jr dkhdg!"。

分析:

① 该问题处理的是文本数据,可通过字符数组描述。

② 该问题的特点是每次处理的文本长度可能都在变化,对此该如何输入?

③ 对每次要处理的文本事先确定长度,再像一般数值数组一样通过长度控制输入个数显然不合适,实际操作时是将文本以字符串形式处理的。那么字符数组处理字符串有何不同于一般数组的策略呢?

6.4.2 字符数组处理字符串的方法

问题1:凯撒密码的明文和密文如何表达?

C语言中的文本数据通常通过字符串来处理。为此,首先了解字符串的概念。

字符串常量是用双引号引起的一串字符。如"Go ahead!",在内存中存储时系统会自动在最后一个字符"!"的末尾加一个字符"\0",该字符被称为字符串结束符,标志字符串的结束。

那么,怎样描述可变的字符串呢? C语言中虽然没有定义过字符串变量,但可以通过字符数组处理字符串。在处理过程中,初始化、输入、处理、输出方式皆不同于一般数组的处理。

(1)初始化

```
char s[20]={"Go ahead!"};
```

或

```
char s[20]="Go ahead!";
```

其中s代表字符串在内存中存放的首地址,系统会自动在末尾添加"\0"。如果像数值数组那样逐个元素初始化,需要手动在末尾添加"\0"。

(2)输入

假设有定义"char s[20];",则可以通过如下两个函数输入字符串:

```
scanf("%s",s);
```

或

```
gets(s);
```

其中采用scanf()函数输入时,不能提取s中空白符后面的内容。如从键盘输入"Go

ahead!",则存入 s 中的字符串实际上只有"Go",而不是"Go ahead!"。故在输入包含空格、制表符等空白符在内的字符串时,宜采用 gets()函数。

（3）输出

字符串的输出也不同于一般数组,可以整体输出,方法有如下两种:

```
printf("%s",s);
```

或

```
puts(s);
```

输入字符串的函数 gets()和输出字符串的函数 puts()的原型说明在 stdio.h 中。

问题 2:如何对凯撒密码的明文进行加密处理?

字符数组处理字符串时,虽然要求初始化和输入输出整体操作,但对字符串中的字符进行处理时,则需逐元素循环进行。但因字符串的长度随着处理文本的不同始终在变化,故循环条件不应由数组长度控制,而应由字符串结束符"\0"决定。形式如下:

```
for(i=0;s[i]!='\0';i++)
{
    …//对 s[i]进行具体加密处理
}
```

问题 3:凯撒密码的加密规则是什么?

凯撒密码加密时是将字母用其在字母表中后面的第 k 个字母来替换(注意字母表需循环使用,即将字母 a 当作字母 z 后面的字母来处理),而其他字符则保持不变,所以对明文中的某一个字符 s[i]加密的方法如下:

```
if(s[i]>='a'&&s[i]<='z')
    c[i]=(s[i]+k)>'z'? s[i]+k-26:s[i]+k;
else if(s[i]>='A'&&s[i]<='Z')
    c[i]=(s[i]+k)>'Z'? s[i]+k-26:s[i]+k;
else
    c[i]=s[i];
```

其中 k 代表密钥,s[i]代表明文字符,c[i]代表对应的密文字符。

程序代码:

程序代码:
例6-12

```
#include <stdio.h>
int main(void)
{
    char s[100];                    //定义明文长度
    char c[100];                    //定义密文长度
    int k,i;
    printf("请输入明文:\n");         //输入明文
    gets(s);                        //接受明文
    printf("请输入密钥:\n");
    scanf("%d",&k);                 //接受密钥
    for(i=0;s[i]!='\0';i++)
    {
```

```
            if(s[i]>='a'&&s[i]<='z')          //小写字母
                c[i]=(s[i]+k)>'z'? s[i]+k-26:s[i]+k;
            else if(s[i]>='A'&&s[i]<='Z')    //大写字母
                c[i]=(s[i]+k)>'Z'? s[i]+k-26:s[i]+k;
            else c[i]=s[i];                    //非字母字符保持不变
        }
        c[i]='\0';
        printf("请输出密文:\n%s\n",c);        //输出密文
        return 0;
    }
```

程序运行结果如图 6.18 所示。

图 6.18　凯撒密码加密运行结果

常见错误:

① 退出循环后,输出密文前漏写语句"c[i]='\0';",则密文输出乱码。这是因为密文字符串 c 是新构造的字符串,但在代码处理过程中,并未将明文末尾的"\0"复制过来,那么没有"\0"的字符数组就不是字符串,不是字符串便不能以字符串形式输出。

② 输入明文时未使用 gets( )函数,而采用 scanf( )函数,虽未出现语法错误,但运行时密文的内容会有所丢失。因为 scanf( )函数在输入字符串时不能提取空白符(包括空格符、制表符和换行符)。

编程经验:

在进行密文转明文的循环中,循环条件写成 s[i]!='\0'比写成 i<100 效率更高,因为通过字符串实际长度控制循环更合理。

【例 6-13】　手机号码加密。要求从文件"info.txt"中读入若干手机号码,实现手机号码加密,并将加密后的信息写入另一个磁盘文件中。原始文件内容如图 6.19 所示。

分析:读、写文件函数可以选择 fgets( )和 fputs( )函数。

(1) fgets( )函数

函数格式如下:

```
char *fgets(char *str,int n,FILE *fp);
```

从指定的文件读取一行,并把它存储在 str 所指向的字符串内。当读取 n-1 个字符时,或者读取到换行符时,或者到达文件末尾时停止。

图 6.19　原始文件内容

（2）fputs（）函数

函数格式如下：

int fputs(const char ∗ str,FILE ∗ fp);

向指定文件写入一个字符串（不包括字符串结束标记符"\0"）。成功写入字符串后，文件的位置指针会自动后移,函数返回值为非负整数;否则返回 EOF(符号常量,其值为-1)。

程序代码：

```
#include <stdio.h>
#include <stdlib.h>
#define N 20
int main(void)
{
    FILE * fp1, * fp2;int i,j,k;
    char phone[N],p_new[N];
    //文件打开失败问题可参照例6-3解决方案
    fp1 = fopen("D:\\info.txt","r");
    fp2 = fopen("D:\\result.txt","w");
    while(!feof(fp1))
    {
        fgets(phone,N,fp1);
        for(i = 0,j = 0;i<3;i++,j++)        //手机前 3 位保留原样
            p_new[j] = phone[i];
        for(;j<7;j++)                       //手机中间 4 位加密
            p_new[j] = '*';
        for(i = 7;i<11;i++,j++)             //手机后 4 位保留原样
            p_new[j] = phone[i];
        p_new[j] = '\0';
        fputs(p_new,fp2);
        fputc('\n',fp2);                    //每个手机号码后加上回车符
    }
    fclose(fp1);
    fclose(fp2);
    return 0;
```

程序代码:
例6-13

程序文件:
info.txt

﹀

程序运行结果如图 6.20 所示。

图 6.20　加密后的手机号码显示情况

常见错误:

①　缺少语句"p_new[j]='\0';"会造成目标串中出现乱码。

②　手机号码中的 4~7 位需要加密信息,忽略数组下标从 0 开始的初学者常常会在提取手机号码的循环中将循环变量的初值取为 4,终值取为 7,会带来错误的结果。

6.4.3　常用字符串处理函数

为处理方便,系统提供了包括字符串连接、复制、比较等功能在内的一系列字符串处理函数。在实际编程过程中,可以根据需要使用。这些常用函数如下:

(1) 求字符串长度函数 strlen( )

int strlen(char * str);

功能:求字符串 str 的长度,不包括"\0"在内。

例如:语句"printf("%d",strlen("Array"));"的结果为 5。

(2) 字母转换函数 strlwr( )

char * strlwr(char * str);

功能:将字符串 str 中的大写字母转换成小写字母。

例如:若"char s[10]="Array";",则"printf("%s",strlwr(s));"的结果为"array"。

(3) 字母转换函数 strupr( )

char * strupr(char * str);

功能:将字符串 str 中的小写字母转换成大写字母。

例如:若"char s[10]="Array";",则"printf("%s",strupr(s));"的结果为"ARRAY"。

（4）字符串复制函数 strcpy( )

char ∗ strcpy(char ∗ str1,char ∗ str2);

功能:将字符串 str2 的内容复制到字符串 str1 中。

例如:若"char t[10],s[10] ="Array";strcpy(t,s);",则"printf("%s",t);"的结果为"Array"。

（5）字符串连接函数 strcat( )

char ∗ strcat(char ∗ str1,char ∗ str2);

功能:将字符串 str2 的内容连接到字符串 str1 内容的后面。

例如:若"char t[10] ="C",s[] ="Array";strcat(t,s);",则"printf("%s",t);"的结果为"CArray"。

（6）字符串比较函数 strcmp( )

int strcmp(char ∗ str1,char ∗ str2);

功能:比较字符串 str1 和 str2 的大小。从左至右逐字符比较 ASCII 码值,直到出现不相同字符或遇到"\0"为止。

① str1 小于 str2,返回−1。

② str1 等于 str2,返回 0。

③ str1 大于 str2,返回 1。

例如:"char t[] ="array",s[] ="Array";printf("%d",strcmp(t,s));"的结果为 1。

以上这些函数的原型说明在头文件 string.h 中。此外,除 strcpy( )和 strcat( )两个函数中第一个参数不能取字符串常量外,其他参数都可以是字符数组、字符指针变量或字符串常量。

【例 6-14】 社团管理系统——按照姓名排序。社团管理系统中多名学生按照姓名的拼音字母顺序排序。

分析:多名学生的姓名可以存入二维字符数组中。该问题的关键有两点:一是字符串的比较,可以使用 strcmp( )函数;二是字符串的复制,可以使用 strcpy( )函数而不是直接赋值。程序采用冒泡方法进行比较,当然也可以使用其他排序算法。

程序代码:

```
#include <string.h>
#include <stdio.h>
#define N 5
int main(void)
{  char temp[20],name[N][20];
   int i,j;
   printf("请输入 5 名学生姓名:\n");
   for(i=0;i<N;i++)
       gets(name[i]);
   for(i=0;i<N-1;i++)
       for(j=0;j<N-1-i;j++)
           if(strcmp(name[j],name[j+1])>0)
           {  strcpy(temp,name[j]);
              strcpy(name[j],name[j+1]);
```

```
                strcpy(name[j+1],temp);
            }
    printf("学生姓名排序结果:\n");
    for(i=0;i<N;i++)
        puts(name[i]);
    return 0;
}
```

程序运行结果如图 6.21 所示。

图 6.21   按姓名拼音字母顺序排序的运行结果

> 常见错误:
>   初学者在使用 strcmp( )函数功能时,常出现以下两种错误:
>   ① 对其返回值认识不清。认为在两个字符串相等的情况下返回 1 是正确的,
> 事实上相等时该函数返回值为 0。
>   ② 将单个字符作为字符串处理会导致运行错误。例如,比较两个字符串的大
> 小时,使用循环语句调用该函数逐字符进行比较是错误的,因为函数对参数的要求
> 是代表两个字符串首地址的变量或字符串常量,而不是字符变量。

6.5   指针与数组

在变量的存储中,存储变量地址的变量是指针,本章开始已经介绍了,一个数组在
内存中占有一片连续的存储区域,数组名就是这块存储区域的首地址。通过指向数组
的指针变量可以更直接、高效地访问数组元素。

要理解通过指针变量访问数组元素的方法,需要先了解指针的相关基本运算。除
了取地址运算、取值运算及指针的赋值运算外,指针还可进行如下的算术运算。

6.5.1　指针的算术运算

（1）自增和自减运算

指针允许进行自增或者自减运算,它表示让指针变量从当前所指向的数据改为指向当前数据的后一个数据或者前一个数据。需要注意的是:对指针变量进行自增或者自减运算,并不表示其存放的地址值加 1 或者减 1,该地址值的增加值或减少值取决于指针变量所指对象占用的字节数。

例如,若有语句:

```
int a, * p = &a;
```

假设变量 a 的地址为 61fda0,当执行 p++后,p 指向变量 a 后面的那个 int 类型的数,因为 a 在内存中占 4 B,a 后面那个整型数所在的地址为

```
61fda0+sizeof(int) = 61fda4
```

所以当执行 p++后,p 的值为 61fda4。

（2）p+n 和 p−n 运算(p 为指针变量,n 为整数)

一个指针变量可以加或减一个整数,p+n 或者 p−n 指向当前所指的那个变量的后面(或前面)第 n 个数据。

例如,若有语句:

```
int f, * p = &f;
```

假设 f 的地址为 61fda0,则 p 的值为 61fda0,那么 p+2 的值为 p 后面第 2 个数所在的地址,即

```
61fda0+2×sizeof(int) = 61fda0+2×4 = 61fda8
```

（3）指针变量相减

两个相同类型的指针变量可以相减,相减的含义并不是两个指针变量所存放的地址值直接相减,而是这两个地址差之间能存放的这种类型的数的个数。

例如,若有语句:

```
int * p1, * p2;
```

假设 p1 指向 61fda0,p2 指向 61fdac,则 p2−p1 的值为

```
(61fdac-61fda0) /sizeof(int) = 3
```

注意:只有两个指针变量类型相同且指向同一个数组时,两个指针相减才有意义。此外,要注意两个指针变量相加、相乘、相除均无意义。

除了上述算术运算外,指针变量还可以进行相等与否的关系判断,以及大小比较的关系运算。

6.5.2　数组元素的指针表示法

在上述有关指针运算的基础上,下面讨论数组元素的指针表示法。例如,有如下变量定义:

```
int a[5] = {10,20,30,40,50}, * p;
```

当执行了"p=a;"或"p=&a[0];"语句后,指针变量 p 指向了数组 a 的首地址(假设 a 的首地址为 61fda0),则 p 与数组 a 的关系如图 6.22 所示。

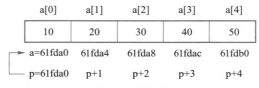

图 6.22   指针变量与数组的关系

数组名 a 是数组的首地址,即元素 a[0] 的地址——&a[0],当 p 指向数组 a,即代表 p 的值为 &a[0]。从指针的算术运算规则得知,p+i 即代表元素 a[i] 的地址——&a[i],指针的这个算术运算规则也适用于同为地址的数组名 a,即 a+i 也代表 &a[i]。由此可得到如下的等价关系:

```
① p+i 等价于 a+i 或 &a[i]         //表示第 i+1 个数组元素的地址
② *(p+i)等价于 *(a+i)或 a[i]       //表示第 i+1 个数组元素
```

进而,可以得到数组元素的如下 3 种访问方式:
① 下标方式:数组名[下标]
② 地址方式:*(地址)
③ 指针方式:*指针

【例 6-15】   用指针变量引用法实现从身份证号码中提取生日信息。为简单起见及重点关注数组的指针表示,此处身份证号码从键盘输入,提取出来的生日信息写入另一个字符串,该程序不涉及文件操作。

分析:设立两个指针变量 p、q,初始时 p 指向身份证号码字符串的首地址,q 指向生日字符串串首。利用 p 与整数的相加运算让其指向身份证的 7~14 位,将提取出的字符逐一复制到 q 所指向的生日字符串。

程序代码:

```c
#include <stdio.h>
#define N 20
int main(void)
{
    int i;
    char cer[N],bir[N],*p,*q;
    gets(cer);
    p=cer;
    q=bir;
    for(i=6;i<14;i++)      //身份证中的 7~14 位为出生日期
    {
        *q=*(p+i);
        q++;
    }
    *q='\0';
```

```
        puts(bir);
        return 0;
}
```

程序运行结果如图 6.23 所示。

```
3101042008067212
20080606
```

图 6.23   提取生日信息的运行结果

常见错误:

① 误将数组名当作普通变量名使用。如让 p 指向身份证字符串的串首时,将 "p=cer;"误写为"p=&cer;",则会出现语法错误,因为"&cer;"代表的是二级指针,与 p 不匹配。

② 初学者使用指针时,常常区分不清何时取内容,何时取地址。如将复制字符的语句"*q=*(p+i);"写成"q=(p+i);",将后移指针语句"q++;"写成"*q++;"都是不正确的。

6.5.3   动态内存分配与动态数组

前面介绍的数组都需要先定义再使用,适用于数组的大小已经固定的情况。但在实际使用时,会出现无法预先确定数组所需内存空间的问题。因此,需要采用动态内存分配来解决这个问题。

(1)申请内存空间函数 malloc( )

void *malloc(unsigned int size);

malloc( )是最常用到的动态内存分配函数,该函数向内存(堆区)申请一块连续可用空间(size 个字节),并返回这块空间的地址。如果内存开辟成功,则该函数返回指向此块空间的指针;如果内存开辟失败,则返回空指针(NULL)。

(2)释放内存空间函数 free( )

void free(void *p);

内存空间不再使用后,调用 free( )函数释放指针变量 p 所指向的动态空间。

说明:要使用以上两个函数对内存进行操作,必须在 main( )函数前加#include <stdlib.h>或者#include<malloc.h>。

(3)动态数组

动态数组是指数组的大小在程序运行过程中根据需要动态分配。例如,若要动态分配 n 块长度为 int 型连续内存空间,动态数组可以定义如下:

```
int n,* p;
scanf("%d",&n);
p=(int *)malloc(n*sizeof(int));
```

【**例 6-16**】 社团管理系统——平均年龄统计。输入某社团成员人数,统计该社团成员的平均年龄。

分析:由于社团不定,所以社团有多少成员也无法确定,因此需要动态分配内存空间。

程序代码:

```c
#include <stdio.h>
#include <stdlib.h>
int main(void)
{
    int i, * p,num,total = 0;
    printf("请输入社团成员人数:\n");
    scanf("%d",&num);
    printf("请输入每位成员年龄:\n");
    p =( int  * )malloc( num * sizeof(int));
    for(i = 0;i<num;i++)
    {
        scanf("%d",p+i);
        total+=p[i];
    }
    printf("社团成员的平均年龄:\n%d\n",(int)(total/num+0.5));
    return 0;
}
```

程序运行结果如图 6.24 所示。

图 6.24   计算社团成员平均年龄的运行结果

6.6   综 合 案 例

【**例 6-17**】 课堂随机点名程序。

文本文件"student.csv"中存放了若干名学生的学号和姓名(CSV 文件是以英文逗号分隔数据的文本文件),如图 6.25 所示,从该文件中读取信息分别存放到数组中,输入随机点名人数,然后进行随机点名。

分析:根据题意,该程序对一个文件进行了读操作,将学生学号信息存入一维数组中,将学生姓名信息存入二维数组中,然后用户输入随机点名人数,通过算法产生不重复的随机下标,实现随机点名。

图 6.25 student.csv 文件

程序代码:

```
#include <stdio.h>
#include <stdlib.h>
#include <time.h>
#define N 10
int main(void)
{
    char name[N][8];
    int i,j,flag,number,id[N],sub[N];
    FILE * fp;
    fp = fopen("D:\\student.csv","r");
    if(fp == NULL)
    {
        puts("不能打开 student.csv 文件\n");
        exit(0);
    }
    srand((int)time(0));
    i = 0;
    while(!feof(fp))
    {
        fscanf(fp,"%d,%s\n",&id[i],name[i]);
        i++;
    }
    printf("本次随机点名人数:");
    scanf("%d",&number);
    for(i = 0;i < number;i++)
    {   flag = 0;                       //设置是否有重复标记
        sub[i] = rand()%N;              //产生随机下标
        for(j = 0;j < i;j++)
            if(sub[j] == sub[i])        //循环判断下标是否重复
            {
                i--;
                flag = 1;
                break;
            }
        if(flag == 1)                   //下标重复不输出
```

程序代码:
例6-17

```
                continue;
            else
                printf("%s 请举手示意！\n",name[sub[i]]);
        }
        fclose(fp);
        return 0;
    }
```

程序运行结果如图 6.26 所示。

图 6.26   随机点名程序的运行结果

常见错误：
① 随机生成下标时分不清楚下标与元素的区别。
② 重复下标的判断及处理时忘记通过"i--;"语句实现去除重复下标。

程序代码：
例6-18

【例 6-18】   社团管理系统——应用数组处理批量数据。在学习数组知识的基础上，实现高校社团成员真实信息（学号、姓名）的批量存储与管理，系统部分运行结果如图 6.27 和图 6.28 所示。

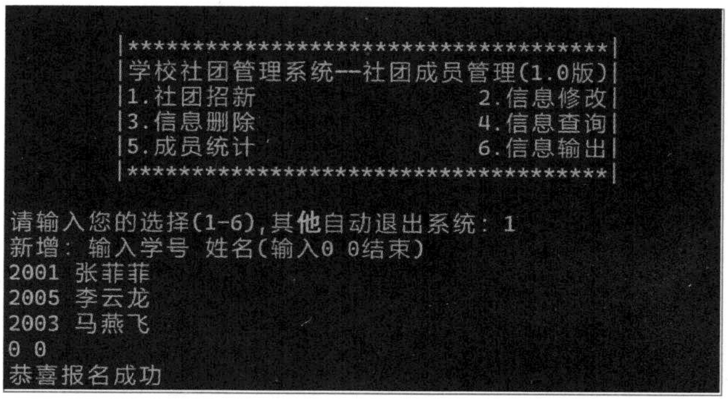

图 6.27   社团招新模块运行结果

分析：
（1）功能模块 1 实现批量输入成员信息存入数组中，再一并存入文件中。
（2）功能模块 2 实现成员信息修改，可以修改一条信息或者多条信息。
（3）功能模块 3 实现成员信息删除，可以删除一条信息或者多条信息。
（4）功能模块 4 实现成员信息查询，可以按照学号查询或按姓名查询。
（5）功能模块 5 实现成员人数统计，可以统计全部信息或统计部分信息。
（6）功能模块 6 实现成员信息打印，可以按照学号或按姓名排序后输出结果。

```
请输入您的选择(1-6),其他自动退出系统: 6
排序并输出: 实现报名情况排序并输出结果
请选择排序方式(1:按学号，2:按姓名):
1
2001 张菲菲
2003 马燕飞
2005 李云龙
请输入您的选择(1-6),其他自动退出系统: 6
排序并输出: 实现报名情况排序并输出结果
请选择排序方式(1:按学号，2:按姓名):
2
2005 李云龙
2003 马燕飞
2001 张菲菲
请输入您的选择(1-6),其他自动退出系统: 0
您的输入有误,自动退出系统
```

图 6.28　信息输出模块运行结果

【例 6-19】　利用智慧寝室系统控制板编程实现智慧寝室系统中的寝室学习氛围分析。

微视频:
寝室学习
氛围分析
功能的
实施

应用背景:

寝室是校园学习和生活的场所,智慧寝室系统通过温度实时数值、湿度实时数值、光照实时数值、LED 实时状态有效进行寝室学习氛围分析,为营造良好的寝室学习氛围服务。

本案例通过输入多个寝室号实时采集温度、湿度、光照、LED 状态,通过智慧寝室系统控制板 LED 灯闪烁的频率,反馈寝室学习状态(假设频率越高,表示学习态度越好)。

问题分析:

① 采集温度、湿度、光照、LED 实时数据。

② 将采集的数据存入数组并显示。

③ 采用交互方式输入寝室号,智慧寝室系统控制板 LED 灯闪烁的频率直观反馈了寝室的学习状态。

功能描述:

① 定义 4 个一维数组、1 个二维数组用于存放数据,进行通信初始化。

② 依次向智慧寝室系统控制板发送取温度、湿度、光照、LED 实时状态数据。

③ 将收到的传感器数值存入数组中。

④ 显示上述 5 个数组中的数据。

⑤ 通过键盘输入宿舍号,观察智慧寝室系统控制板右下角 LED 闪烁频率。

⑥ 关闭通信资源。

运行结果如图 6.29~图 6.31 所示。

> 思考:
> 数据存在一维数组中使用和存在二维数组中使用有什么区别?

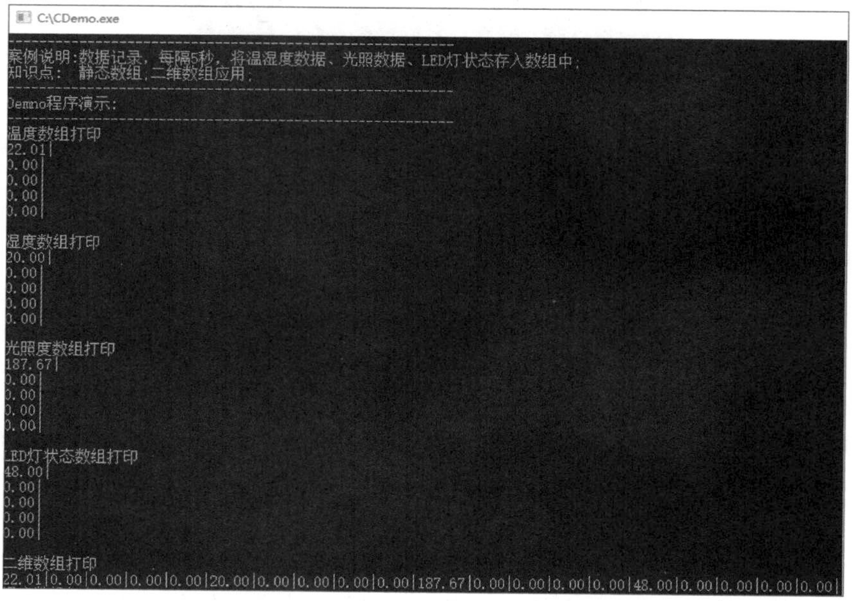

图 6.29 在命令窗口下执行实时采集的效果

图 6.30 在命令窗口下执行交互模式输入寝室号效果

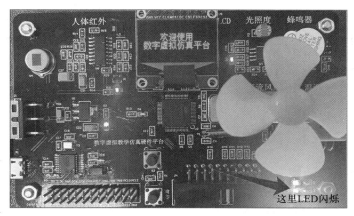

图 6.31　智慧寝室系统控制板下显示寝室学习状态效果图

小　　结

数组是一组相同性质、相同数据类型的数据序列,在内存中连续顺序存储。数组中的所有数据共用一个数组名,不同数据通过下标区分。下标从 0 开始,连续递增变化,最大下标比数组的长度小 1。

数组按其元素类型不同有数值数组和字符数组之分(后续章节中还会学习结构数组)。可利用字符数组处理字符串,但字符数组处理字符串输入输出时的处理方法与数值数组处理方法不同。

指针是存放变量地址的特殊变量,其与数组关系密切。当指针指向数组中的某个元素后,就可利用其特殊运算来对数组进行操作。

数组的操作与循环有着密切关系,通过循环控制变量控制数组下标的变化,可以实现对数组中连续顺序存储的数组元素进行批量处理。通常一维数组通过一个单循环控制,而二维数组则需要双重循环的控制。一维数组的常见操作包括对数组中的数据进行插入、删除、查找、排序等操作。由于数组在内存中是连续存储的,因此其插入、删除时都会伴随多个元素的移动,这个移动过程会影响时间效率。通过对社团管理系统的处理可以发现:在排序过程中,所有学生信息字段皆要相应进行对调,以上实现过程的缺点是烦琐、代码书写效率低。产生这个问题的原因是:多个相互有关联的数据独立定义,无法体现相互联系。第 8 章将会介绍借助结构数组解决该问题的更简洁的处理方式。

第 6 章知识结构如图 6.32 所示。

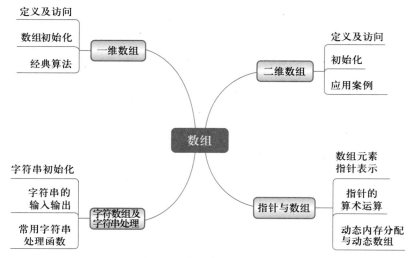

图 6.32   第 6 章知识结构图

习 题 6

一、选择题

1. 如下数组定义语句,正确的是(   )。

A. int a[3,4];　　　　　　　　　　B. int n=3,m=4,int a[n][m];

C. int a[3][4];　　　　　　　　　　D. int a(3)(4);

2. 假设有定义"int k=3,s[2];",则执行下面的程序段后,k 中的值为(   )。

```
s[0]=k;k=s[1]*10;
```

A. 不定值　　　　B. 33　　　　　　C. 30　　　　　　D. 10

3. 以下不能对二维数组 a 初始化的语句是(   )。

A. int a[ ][3]={{1},{2}};　　　　　　B. int a[2][3]={1,2,3,4,5,6};

C. int a[2][3]={1};　　　　　　　　　D. int a[2][ ]={3,4,5,6,7,8};

4. 假设有定义"int k,a[3][3]={9,8,7,6,5,4,3,2,1};",则下面语句的输出结果是(   )。

```
for(k=0;k<3;k++)
    printf("%d",a[k][k]);
```

A. 7 5 3　　　　　B. 9 5 1　　　　　C. 9 6 3　　　　　D. 7 1 5

5. 若有说明"int a[6]={1,2,3,4,5,6}, *p=a+1;",则 *(p+2)的值是(   )。

A. 3　　　　　　　B. 4　　　　　　　C. 5　　　　　　D. 不合法

6. 假定 int 类型变量占用 2 B,若有定义"int x[10]={0,2,4};",则 x 在内存中所占字节数是(   )。

A. 3　　　　　　B. 6　　　　　　C.10　　　　　　D. 20

7. 若有定义语句"int aa[ ][3]={12,23,34,4,5,6,78,89,45};",则 45 在数组 aa 中的行、列坐标为(　　　)。

A. 3,2　　　　　B. 3,1　　　　　C. 2,2　　　　　D. 2,1

8. 要使字符数组 str 具有初值"Lucky",正确的定义语句是(　　　)。

A. char str[ ]={'L','u','c','k','y'};

B. char str[5]={'L','u','c','k','y'};

C. char str[ ]={"Lucky"};

D. char str[5]={"Lucky"};

9. 设有数组定义"char array[ ]="China";",则 array 所占的内存空间为(　　　)。

A. 4 B　　　　　B. 5 B　　　　　C. 6 B　　　　　D. 7 B

10. 已知"char a[15],b[15]={"I love China"};",则在程序中能将字符串"I love China"赋给数组 a 的正确语句是(　　　)。

A. a="I love China";　　　　　B. strcpy(b,a);

C. a=b;　　　　　　　　　　　D. strcpy(a,b);

二、编程题

1. 输入 20 个学生某门课的分数,要求计算这组学生的平均分和标准差。标准差公式为

$$标准差 = \sqrt{\frac{\sum_{i=1}^{n}(x_i - 均值)^2}{n}}$$

2. 输入 10 个整数,并存入一个数组中,要求将其中最小数与最大数进行交换并输出交换后的数组内容。若最大数和最小数出现不止一次,则只交换最先出现的那个数即可。

3. 随机产生 N 个 100 以内的正整数,并存入一个一维数组中,要求统计并输出值和下标都为奇数的元素个数。

4. 随机产生 50 个两位正整数,要求将其中高于平均值且含有数字 5 的数存放到一个数组中,并将该数组中的元素由大到小排序后输出。

5. 输入 n(n<20) 个数,要求在屏幕上输出这 n 个数中互不相同的数(提示:将输入的数中新出现的数写入另一个数组中)。

6. 某次选举活动中有 5 位候选人,其代号分别用 1~5 表示。假设有若干选民,每个选民只能选一位候选人,即每张选票上出现的数字只能是 1~5 的某一个数字。每张选票上所投候选人的代号由键盘输入,当输入完所有选票后用−1 作为终止数据输入的标志。要求统计输出每位候选人的得票数。

7. 输入一个 N 阶方阵,判断该方阵是否对称(即判断是否所有的 a[i][j] 等于 a[j][i])。

8. 输入一个正整数 n,再输入 n 个数,生成一个 n×n 的矩阵。矩阵第 1 行是输入的 n 个数,以后每一行的内容都是上一行循环左移一位构成的。假设 n=5,输入的 5 个数为 2、5、8、4、9,则形成的矩阵为

25849

58492

84925

49258

92584

9. 输入一串字符(长度不超过 80),要求将其中的数字字符复制到另一个字符串中,并用字符数组和字符指针两种方式实现。

10. 输入一串字符(长度不超过 80),要求不开辟其他数组而将该字符串逆序存放,并输出逆序后的字符串。

7 函数

随着计算机技术应用越来越广泛,程序完成的功能也越来越强大。一个复杂的程序有时会有几千甚至上百万行代码,在编写一个复杂程序时,通常把大的程序分割成一些相对独立且便于管理和阅读的子程序(C 语言表示为函数)。随着任务的分解,每个子程序越来越简单清晰,这就是自顶向下、逐步细化的结构化程序设计方法。本章主要讲解 C 语言程序中函数的应用。

7.1 社团管理问题

当前高校大学生社团丰富多样,各类社团活动的健康开展有利于增强大学生的文化自信,促进大学生的身心健康,提高大学生的综合实践能力。从用户的角度而言,社团管理系统应具备"录入成员信息、增加成员、删除成员、查询成员信息、统计社团人数"等基本功能。

【例 7-1】 假设有 N 个已报名某社团的学生信息,现在需要把学生信息录入系统,并按学号由小到大顺序排序。

程序代码:

```c
#include <stdio.h>
#include <string.h>
#define N 5
void input(int a[],char name[N][20],int n) ;
void sort(int a[],char name[N][20],int n);
void input(int a[],char name[N][20],int n)
{
    int i;
    for(i=0;i<n;i++)
    {
        printf("输入第%d 个人的学号和姓名:",i+1);
        scanf("%d",&a[i]);
        gets(name[i]);
    }
}
```

```c
void sort(int a[],char name[N][20],int n)
{
    int i,j,k,t;
    char ch[20];
    for(i=0;i<n-1;i++)
    {
        k=i;
        for(j=i+1;j<=n-1;j++)
            if(a[k]>a[j]) k=j;
        if(i!=k)
        {
            strcpy(ch,name[i]);
            strcpy(name[i],name[k]);
            strcpy(name[k],ch);
            t=a[i];
            a[i]=a[k];
            a[k]=t;
        }
    }
}
int main(void)
{
    int no[N];
    int i,m,t;
    char name[N][20];
    input(no,name,N);
    printf("输入学号和姓名是:\n");
    for(i=0;i<N;i++)
        printf("%10d%20s\n",no[i],name[i]);
    sort(no,name,N);
    printf("排序后学号和姓名是:\n");
    for(i=0;i<N;i++)
        printf("%10d%20s\n",no[i],name[i]);
    return 0;
}
```

说明:

① 本程序中 input( )函数输入学生信息,sort( )函数完成按学号排序功能。

② 如果程序设计时某个语句序列需要被重复多次使用,可以将它们单独设计成一个函数模块。

③ 一个 C 程序以 main( )函数作为程序的主函数,程序运行时从它开始执行。

7.2 函数的概念

函数是 C 语言程序的重要组成元素。在 C 语言中,把由相关的语句组织在一起、有自己的名称、实现独立功能、能在程序中被调用的这种程序块称为函数。

7.2.1　两类函数

C 语言中函数分为两大类,分别是标准函数(库函数)和自定义函数。

（1）标准函数

标准函数是 C 语言系统为方便用户而预先编写好的函数,如输入函数 scanf( )、输出函数 printf( )。C 语言提供了大量的标准函数(库函数),例如,输入输出库函数、数学库函数、字符处理库函数、字符串处理库函数、动态存储分配库函数等。每类库函数都定义了自己专用的常量、符号、数据类型、函数接口和宏等,这些信息都在它们专用的头文件中被定义。使用相应库函数的程序都要在使用之前写上包含其头文件的预处理命令。如例 7-1 中使用字符串函数 strcpy( )完成字符串的复制时,在程序开始就写上包含其头文件的预处理命令,即#include <string.h>。

以下是一些常用的头文件:

① stdio.h:输入输出库函数。

② math.h:数学库函数。

③ time.h:时间库函数。

④ ctype.h:字符处理库函数。

⑤ string.h:字符串处理库函数。

⑥ malloc.h:动态存储分配库函数。

⑦ stdlib.h:系统库函数。

（2）自定义函数

标准函数不可能满足程序设计的各种需求,那么就需要用户自己编写函数来完成,这类函数称为自定义函数,本章着重介绍自定义函数的使用方法。

7.2.2　函数的定义

函数定义的格式如下:

```
<函数类型>　函数名(<形参列表>)
{
    函数体
}
```

微视频:
函数的定义

说明:

① 函数定义由函数首部和函数体两部分组成,函数首部由函数类型、函数名和形参列表组成。函数体包括函数说明部分和函数执行部分,并且函数说明部分需写在函数执行部分前面。

② "函数类型"是该函数的类型,即为该函数返回值的类型。"函数名"是函数的标识,函数的调用就是通过函数名来实现的。函数名的命名规则和变量的命名规则相同。

③ "形参列表"用于接收从函数外部传递来的数据。函数在定义时参数的值并不能确定,但它规定了参数的个数、次序和每个参数的类型,所以函数定义的参数称为形式参数,简称为形参。形式参数可以有一个或多个,参数之间用逗号分隔。如例 7-1 中,sort(int a[ ],char name[N][20],int n)中 a、name 和 n 就是形参。在 main( )函数中调用 sort(no,name,N)时的参数称为实际参数,简称实参,程序执行时分别把 no、name 和 N 的值赋给 a、name 和 n。

④ 根据函数有没有参数,用户自定义函数又可分为无参函数和有参函数两种。

⑤ 函数体由一对大括号括起来,它是完成数据处理语句的集合。一个函数可以有零条、一条或多条语句。当函数体是由零个语句组成时,称该函数为空函数。函数体无论语句多少,大括号是不能省的,例如,下面的 nosome( )函数就是一个空函数。

```
void nosome( )
{
}
```

空函数作为一种什么都不执行的函数也是有意义的。当系统被划分为多个子程序时,可以把空函数作为未来真实函数的代表,参加整个程序的编译和运行。

⑥ C 语言中所有函数都是平行的,一个函数并不从属于另一个函数,即 C 语言中不允许函数嵌套。

常见错误:

① 函数定义不允许嵌套,即在函数定义中再定义一个函数是非法的。例如,下面在主函数中嵌套了一个 menu( )函数是不允许的。

```
int main(void)
{
    int menu()
    {
        ...
    }
    return 0;
}
```

应该定义为:

```
int  menu()
{
    ...
}
int main(void)
{
    menu();
}
```

② 在函数定义时,漏掉了形参列表中的某些形参的类型声明。例如:

```
void total(int m,n)
{
```

```
    ...
}
```

应该定义为：

```
void total( int m,int n)
{
    ...
}
```

7.2.3　函数的声明

C 语言中函数声明又被称为函数原型。标准函数的函数原型都在头文件中提供，程序可以用#include 指令包含这些原型文件。对于自定义函数，程序员应该在源代码中说明函数原型。

函数声明是一条程序语句，它由函数首部和分号组成，一般格式如下：

<函数类型>　函数名(<形参列表>)；

说明：

① 函数声明和函数首部两者的函数名、函数类型完全相同，且两者的形参的数量、次序、类型完全相同。

② 函数声明中的形参可以省略名称只声明形参类型，而函数首部不行。

③ 函数声明是语句，而函数首部不是。

④ 当函数定义在调用它的函数前时，函数声明不是必需的；否则，必须在调用它之前进行函数声明。如将例 7-1 中 main( ) 函数放到程序开始，则函数的声明语句是必需的。

程序代码：

```
#include <stdio.h>
#include <string.h>
#define N 5
void input( int a[],char name[N][20],int n);   // 函数声明语句
void sort( int a[],char name[N][20],int n);      // 函数声明语句
int main(void)
{
    int no[N];
    int i,m,t;
    char name[N][20];
    input(no,name,N);
    printf( "输入学号和姓名是:\n");
    for(i = 0;i<N;i++)
```

```
            printf("%10d%20s\n",no[i],name[i]);
        sort(no,name,N);
        printf("排序后学号和姓名是:\n");
        for(i=0;i<N;i++)
            printf("%10d%20s\n",no[i],name[i]);
        return 0;
    }
    void input(int a[],char name[N][20],int n)
    {
        ...
    }
    void sort(int a[],char name[N][20],int n)
    {
        ...
    }
```

常见错误:
　　① 被调用函数的定义位于调用函数后面,且被调用函数在调用之前没有函数声明语句。
　　② 函数声明语句结束没有写分号。

编程经验:
　　虽然函数声明有时可以省略,但在一个包含多个函数的程序中,为方便阅读,一般 main( )在自定义函数最前面,其他被调函数则需要有函数声明语句。由于程序中函数间的调用顺序有时是不可预见的,因此如果没有函数声明,则程序员必须提前考虑函数定义的顺序。

7.3　函数调用和返回语句

一个函数可以被其他函数调用,返回相应的结果。

微视频:
函数的调用

7.3.1　函数的调用

一个函数被定义后,程序中的其他函数就可以使用这个函数,这个过程称为函数调用。

函数调用的一般格式如下:

函数名(<实参列表>);

说明:

① "实参列表"中的参数称为实际实参(简称实参),实参可以是常数、变量或表达式,各实参之间用逗号分隔。

② 实参的个数、次序和类型必须和形参完全一致,无参函数调用时无实际参数列表。

③ 调用一个已经定义的函数意味着在程序的调用处完成了该函数的功能。函数调用有两种形式:函数表达式和函数语句。

a. 函数表达式:函数调用出现在一个表达式中,这种表达式称为函数表达式。

b. 函数语句:把函数调用作为一条语句,例如例7-1中的语句

```
printf("%10d%20s\n",no[i],name[i]);
```

是以函数语句的方式调用函数。

【例7-2】 利用函数求3个整数中的最大数。

分析:编写一个求两数最大值函数 maxu( ),调用此函数先求前两数中的较大者赋值给变量 max,再调用此函数求 max 和第3个数的最大值,即可以求出3个数中的最大数。函数的形参是准备求最大值的两个整数,函数的类型是整型。

程序代码:

```
#include <stdio.h>
int maxu(int x,int y)           //求两数最大值函数
{
    int max1;
    if (x>y) max1=x;
    else max1=y;
    return max1;
}
int main(void)
{
    int a,b,c,max;
    printf("请输入三个整数:");
    scanf("%d %d %d",&a,&b,&c);
    max=maxu(a,b);              //调用求两数最大值函数语句
    max=maxu(max,c);           //调用求两数最大值函数语句
    printf("三个数的最大值是:%d\n",max);
    return 0;
}
```

说明:

① 调用函数 maxu(a,b)时,a、b 是实参,对应函数形参 x、y,即 a 的值传递给 x,b 的值传递给 y。函数 maxu( )把 x 和 y 中较大的数返回给 max,也就是 a 和 b 中大者传递给 max。

例如,"max=maxu(a,b);"要求函数返回一个确定的值,maxu 的返回值赋给变量 max。

② 本例中语句"max=maxu(a,b);max=maxu(max,c);"可以写成一条语句

```
max=maxu(maxu(a,b),c);
```

其中 maxu(a,b)是一次函数调用,它的值作为 maxu 另一次调用的实参,但必须保证有返回值。

常见错误：

　　① 调用函数时在实参前面带有实参类型。如 max = maxu (int a , int b) 是错误的,正确写法是 max = maxu (a , b)。

　　② 如果是调用无参函数,则实参列表可以没有,但函数名后的一对括号"（ ）"不能省略。如假设已有一个菜单函数 menu ( ) 的定义,调用时写成"menu；"是错误的,正确的写法是"menu ( ) ；"。

7.3.2　函数的返回值

　　函数调用的目的通常是为了得到一个计算结果（即函数值）或执行某一特定操作。需要返回值的函数可以用 return 将计算结果（返回值）返回给调用程序。return 语句的一般格式如下：

return (<表达式>) ； 或　**return <表达式> ；**

说明：

　　① 如果函数无返回值:return 语句可以省略或者写成"return；"。

　　② 一个函数如果有一条以上的 return 语句,当执行到某一条 return 语句时,函数返回确定的值并退出函数,其他语句不被执行。

　　③ 如果 return 语句中表达式的值和函数的值类型不一致,则以函数类型为准。

　　④ 如果函数不需要返回值,则函数类型可以用 void（空类型）表示。

【例 7-3】　输入一个正整数,判断是几位数并输出。

分析:函数 judge ( ) 利用循环判断正整数的位数,并通过 return 返回位数。

程序代码:

```
#include <stdio.h>
int f(long n);          //函数声明
int main(void)
{
    long n;
    int digits;
    scanf("%ld",&n);
    digits = judge(n);
    printf("%ld has %d numbers\n",n,digits);
    return 0;
}
int judge(long n)       //n 代表需验证的正整数
{
    int c = 0;
    do
    {
        c++;
        n = n/10;
    }
```

```
        while(n);
        return c;
}
```

程序运行结果如图 7.1 所示。

```
20221015
20221015 has 8 numbers
```

图 7.1　判断位数的运行结果

7.4　函数的参数传递

前面介绍了函数的定义和调用,定义函数时主调函数和被调用函数之间经常有数据传递关系。主调函数将实参值传递给被调用函数中的形参,那么实参和形参之间怎样传递值呢?

在 C 语言中,函数参数之间的传递有两种方法,分别是值传递(传值)和地址传递(传地址)。

7.4.1　值传递

值传递的实现是系统将实参复制一个副本传递给形参。在被调用函数中,形参可以被改变,但这只影响副本中的形参值,而不影响调用函数的实参值。所以这类函数有对原始数据保护的作用。

【例 7-4】　计算排列数 $P(n,m)$。

分析:因为排列数计算公式为 $P(n,m)=n! / (n-m)!$,设计一个求阶乘函数 fac(),分别调用此函数计算 n 的阶乘和 $n-m$ 的阶乘,然后求它们的商即可得到排列数 $P(n,m)$ 的值。

程序代码:

```
#include <stdio.h>
long fac(int);                    //求阶乘函数的声明语句
int main(void)
{
    int n,m,t;
    do
    {
        printf("请输入排列数 n(<=10)和 m(<=10)正整数: ");
        scanf("%d %d",&n,&m);
    }
    while(n<1||m<1||n>10||m>10); //判断输入数不合法重新输入
    if(n<m)                       //如果 n 小于 m,交换两变量值
```

微视频:
值传递

```
        }
            t = n;
            n = m;
            m = t;
        }
        printf("排列数 p(%d,%d)值为:%d\n",n,m,fac(n)/fac(n-m));
        return 0;
    }
    long fac(int k)                          //求阶乘函数
    {
        long p = 1;
        while(k >= 1)                        //p = k * (k-1) * (k-2) * …*3 * 2 * 1
        {
            p = p * k;
            k = k-1;
        }
        return p;
    }
```

程序运行结果如图 7.2 所示。

图 7.2　计算排列数的运行结果

说明:

① 程序分别将实参 n、n-m 的值传给形参 k,然后通过函数 fac( )求出 n 和 n-m 的阶乘。这种实参和形参之间的传递称为值传递。

② 实参可以是常量、变量、表达式,如 fac(n-m),但是要求它们必须有确定的值。在调用时将实参赋给形参。

③ 实参和形参的类型应相同或赋值兼容。

【例 7-5】　分析下面程序的运行结果。

```
#include <stdio.h>
int test(int a,int b)                    /* 函数定义 */
{
    int c;
    a = a+2;
    b = a+b;
    c = a+b;
    return c;
}
int main(void)
{
    int x = 2,y = 3,z;
    z = test(x,y);                       /* 函数调用 */
    printf("x = %d,y = %d,z = %d\n",x,y,z);
```

```
    return 0;
}
```

说明：当函数调用时，系统给形参 a 和 b 分配存储空间，实参 x 和 y 将数值分别传递给形参 a 和 b，然后进入函数体进行运算。函数调用结束时，a、b 的值已发生改变，但由于此时是单向的值传递，a、b 的值不能回传给 x、y，所以 x、y 的值并没有改变。c 的值则是通过 return 语句带回到主函数中的，函数调用结束后，形参释放空间，值也随之消失。

编程经验：

　　在编程中，如果一段程序反复使用，则可独立出来用一个函数实现，这样可以减少代码的重复。如例 7-4 中因为排列数的值需要计算阶乘两次，所以将计算阶乘独立出来用一个函数实现。

7.4.2　地址传递

形参定义为指针类型或数组时，函数参数按地址传递。调用时主调函数将实参的地址传递给形参，实参和形参共享同一个或一组存储地址。在被调用函数中，形参值的改变导致实参值的改变。

【例 7-6】　从键盘输入两个数，利用函数将输入的两个数交换。

分析：根据题意，先设计一个交换两数的函数 swap()，在此函数内将两数交换后，返回到主调函数，这样实参和形参不能用传值方式，应该用传地址方式，即形参为指针。

程序代码：

```
#include <stdio.h>
void swap(int * a,int * b);            //交换两数声明语句
int  main(void)
{
    int n=10,m=20;
    printf("主函数调用 swap 函数前输出数据 \n");
    printf("n=%d\tm=%d\n",n,m);
    swap(&n,&m);
    printf("主函数调用 swap 函数后输出数据 \n");
    printf("n=%d\tm=%d\n",n,m);
    return 0;
}
void swap(int * a,int * b)             //交换两数函数,形参为指针类型
{
    int c;
    c= * a;
    * a= * b;
    * b=c;
}
```

微视频：
地址传递

程序运行结果如图 7.3 所示。

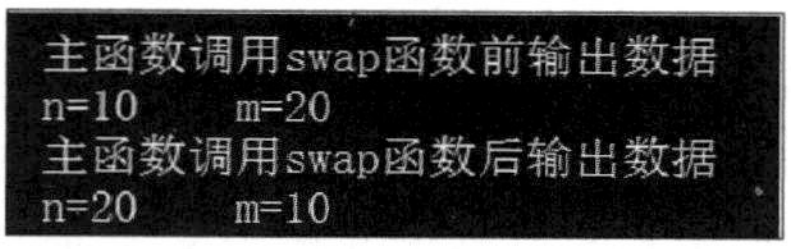

```
主函数调用swap函数前输出数据
n=10      m=20
主函数调用swap函数后输出数据
n=20      m=10
```

图 7.3　两数交换的运行结果

说明：

① 程序中调用函数 swap(&n,&m)，将 n 和 m 地址传给指针变量 a 和 b。因此变量 a 和 n 具有同一地址，它们共占同一存储单元。同样，变量 b 和 m 也共占同一存储单元。这种实参和形参之间的传递称为地址传递。

② 通过函数调用语句，被调用函数只能向主调函数返回一个值，地址传递方式则可以让被调用函数向主调函数传递多个值。

编程经验：

在地址传递中，传递的是实参的地址，所以实参必须是变量地址或数组名，不能是表达式或常量。

7.4.3　数组作为函数参数

数组元素和数组名也可以作为函数的参数。数组元素作为函数的参数与变量作为参数一样，是值传递。而数组名作函数的参数，因为数组名是地址，所以是传地址，形参和实参共享一组存储地址。

【例 7-7】　编写一个程序，接受用户输入的一行字符（不超过 80 个），将其中出现的小写字母转成大写字母，其他字符不变。

方法 1：

分析：根据问题要求设计一个函数 transform1( )，完成字母转换功能，该函数形参是字符，主调函数 main( )实参是数组元素，每次传递一个数组元素值给形参，这种传递方式是值传递，因为不能把形参的值返回给实参，所以只能在函数 transform1( )内，判断接收字符如果是小写则转成大写输出，如果是其他字符则直接输出。

程序代码：

```c
#include <stdio.h>
void transform1(char ch);              //小写字母转换为大写字母函数声明
int main(void)
{
    int i = 0;
    char st[80];
    printf("请输入一行字符串：");
    gets(st);
    printf("转换后字符串为：");
    while(st[i]! ='\0')
```

```
        transform1(st[i]);              //调用小写字母转换成大写字母函数
        i=i+1;
    }
    printf("\n");
    return 0;
}
void transform1(char ch)                //字符转换函数
{
    if(ch>='a'&& ch<='z')
        ch=ch-'a'+'A';                  //小写字母转换成大写字母
    printf("%c",ch);
}
```

程序运行结果如图 7.4 所示。

请输入一行字符串: This is a C program.
转换后字符串为：THIS IS A C PROGRAM.

图 7.4　字符转换方法 1 的运行结果

方法 2：

分析：根据问题要求设计一个函数完成字母转换功能,该函数使用数组参数,接受字符串的起始地址(第一个字符地址)。转换函数 transform() 的功能如下：

① 取字符串的起始字符。

② 如果字符是小写字母,则转换成对应的大写字母。

③ 取下一个字符。

④ 如果当前字符不是字符串结束符,转步骤②;否则函数返回。

程序代码：

```
#include <stdio.h>
void transform(char ptr[]);              //小写字母转换为大写字母的函数声明
int main(void)
{
    char ch;
    char st[80];
    while(1)
    {
        printf("请输入一行字符串：");
        gets(st);
        transform(st);                   //实参是数组名
        printf("转换后字符串为：\n%s\n",st);
        printf("是否继续处理下一个字符串(Y--是,N--否)请选择：");
        ch=getchar();
        getchar();                       //读回车键
        if(ch=='N'||ch=='n') break;
    }
    return 0;
}
```

程序代码
例7-7
方法2

```
        }
    void transform(char ptr[])                    //字符转换函数,形参是数组
    {
        int i = 0;
        while(ptr[i]! ='\0')
        {
            if(ptr[i]>='a'&&ptr[i]<='z')
                ptr[i]=ptr[i]-'a'+'A';    //小写字母转换成大写字母
            i=i+1;
        }
    }
```

程序运行结果如图 7.5 所示。

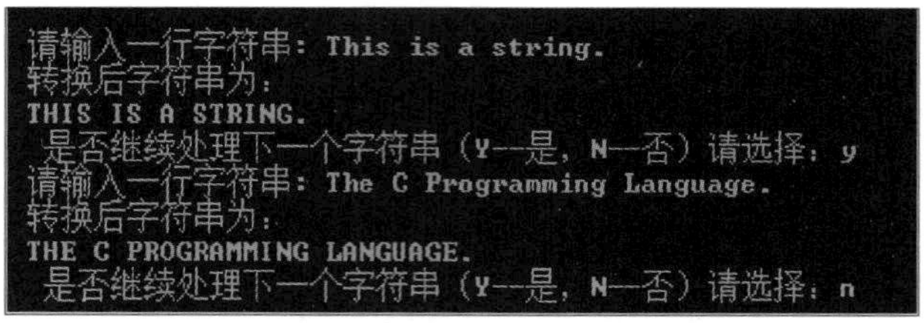

图 7.5　字符转换方法 2 的运行结果

说明：

① 实参数组和形参数组大小可以不一致,其中形参数组也可以不指定大小。C 语言的编译器对数组的大小不做检查,只将实参数组的首地址传递给形参数组。所以函数 transform(char ptr[ ])中,没有指定形参数组 ptr 的规模。

② 数组名作为函数的参数,传递的是数组的起始地址。将实参数组的起始地址赋给形参数组,这样两个数组就共用同一段存储单元。例如本例中,st 和 ptr 共用同一段存储空间,st[0]与 ptr[0]同占一个存储单元(st 和 ptr 数据类型相同)。

③ 对二维形参数组可以省略第一维的大小,但是第二维大小必须指定。如 void change(int arr[3][3])可以定义为 void change(int arr[ ][3])。

编程经验：

　　数组名作为函数的参数时,形参数组中元素的改变将会使实参数组中元素的值也改变。利用数组名作为参数可以改变主调函数数组元素值的特性,可以解决很多问题。

在例 7-7 方法 2 中的 getchar( )语句作用很重要,当需要处理下一个字符时,输入 Y,如果没有 getchar( )语句,语句 gets(st)中 st 将会读到回车键字符。

思考：

　　在例 7-7 中将函数中数组形参改为指针变量(void transform(char ＊ ptr))是否可行? 如果可行怎样修改程序? 在调用函数 transform(st)时,实参是否可以用指针变量?

【例 7-8】　编程实现：从键盘输入长度不超过 20 的字符串，加密后保存到文件中。加密方法是用字母表中该字符后的第 3 个字符加密。

　程序代码：

```c
#include <stdio.h>
#include <string.h>
#include <stdlib.h>
void jm(char str1[])
{
    char str2[20];
    int i;
    FILE * fp;
    fp=fopen("a.txt","w");
    if (fp==NULL)
    {
        printf("cannot open file");
        exit(0);
    }
    for(i=0;i<strlen(str1);i++)
    {
        str2[i]=str1[i]+3;
    }
    str2[i]='\0';
    printf("\n write to file...");
    fprintf(fp,"%s",str2);
}
int main(void)
{
    char pw[20];
    printf("input password: ");
    gets(pw);
    jm(pw);
    return 0;
}
```

编程经验：

　　当函数形参是数组时，没有指定规模，如 void jm(char str1[ ])，调用时必须注意不能出现数组越界。

7.5　函数的嵌套与递归调用

函数的调用还有两种特殊的调用形式：嵌套调用和递归调用。

7.5.1 函数的嵌套调用

C 语言不能嵌套定义函数,但可以嵌套调用函数,即在调用一个函数的过程中,又调用另一个函数。

【**例 7-9**】 计算 $s = 2^2! + 3^2!$。

分析:本题可编写两个函数,一个用来计算平方的函数 Square(),另一个用来计算阶乘的函数 Fac()。主函数先调用函数 Square()计算出平方值,再在 Square()中以平方值为实参,调用函数 Fac()计算阶乘值,最后返回主函数,在循环程序中计算累加和。

程序代码:

```c
#include <stdio.h>
long Square(int p);
long Fac(int q);
int main(void)
{
    int i;
    long s = 0;
    for (i = 2; i <= 3; i++)
        s = s+Square(i);
    printf("\ns = %ld\n",s);
    return 0;
}
long Square(int p)
{
    int k;
    long r;
    long Fac(int);
    k = p * p;
    r = Fac(k);
    return r;
}
long Fac(int q)
{
    long c = 1;
    int i;
    for(i = 1; i <= q; i++)
        c = c * i;
    return c;
}
```

程序运行结果如图 7.6 所示。

在程序中,函数 Square()和 Fac()均为长整型,都在主函数之后定义,因此在主函数前需要进行函数声明。在主程序中,执行循环程序依次把 i 值作为实参,调用函数 Square()求值。在 Square()中又发生对函数 Fac()的调用,这时是把平方的值作为实

s=362904

图 7.6　程序运行结果

参去调用 Fac( )，在 Fac( ) 中完成求阶乘的计算。Fac( ) 执行完毕将值 c 返回给 Square( )，再由 Square( ) 返回主函数实现累加。至此，由函数的嵌套调用实现了题目的要求。

【例 7-10】　验证哥德巴赫猜想。

分析：根据题意在给定区间[n,m]内取一个偶数 i，分别判断 3 和 i-3,5 和 i-5,7 和 i-7……直到找到有一组数都是素数，具体执行步骤如下：

① k = 3，如果 k 和 i-k 都是素数，则输出 i = k+(i-k)，结束。

② 如果不是素数，则 k = k+2，转①。

本程序设置一个判断是否是素数的函数 prime(int n)。如果 n 是素数则返回 1；否则返回 0。

程序代码：

程序代码
例7-10

```c
#include <stdio.h>
#include <math.h>
void Goldbach(int a,int b);          // 寻找偶数是两个素数之和函数的声明语句
int main(void)
{
    int   n,m;
    printf("请输入两个正整数(n<m):");
    scanf("%d%d",&n,&m);              //输入两个正整数
    if(n<m)  Goldbach(n,m);
    else     Goldbach(m,n);
    return 0;
}
int prime(int n)                     // 判断是否是素数
{
    int i,m=sqrt(n);
    for(i=2;i<=m;i++)
        if(n%i==0)  return 0;
    return 1;
}
void Goldbach(int a,int b)           // 寻找偶数是两个素数之和
{
    int i,k;
    for(i=a;i<=b;i++)
    {
        k=3;
        while(k<=i/2)
        {
            if(prime(k)*prime(i-k))  break;
            k=k+2;
```

```
    }
    if(k<=i/2)  printf("%4d=%4d+%4d\n",i,k,i-k);
  }
}
```

程序运行结果如图 7.7 所示。

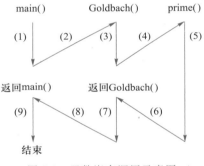

图 7.7　验证哥德巴赫猜想程序的运行结果

说明：如图 7.8 所示，本题执行过程如下：

① 程序从 main( ) 函数开始执行，调用 Goldbach( ) 函数，程序转去 Goldbach( ) 函数。

② 执行 Goldbach( ) 函数，调用 prime( ) 函数，程序转去 prime( ) 函数。

③ 执行 prime( ) 函数，返回 Goldbach( )。

④ 反复执行②和③，当 i>b 时从 Goldbach( ) 返回 main( ) 函数，退出程序。

图 7.8　函数嵌套调用示意图

从上例可以看出，函数嵌套调用时，先执行主调函数中在被调用函数之前的语句，然后执行被调用函数，最后执行主调函数中在被调用函数之后的语句。所以被调用函数总是在主调函数之前执行完毕的。

7.5.2　函数的递归调用

　　C 语言程序中允许函数递归调用。所谓函数的递归调用就是指一个函数在它的函数体内，直接或间接地调用它自身，即函数嵌套调用的是函数本身。

　　说明：

① 在下列函数 fun( ) 中，又调用了 fun( ) 函数，这是直接递归调用，直接递归调用过程如图 7.9 所示。

```
int  fun()
{
    …                   //函数其他部分
    z=fun();            //直接调用自己
    …                   //函数其他部分
}
```

② 间接递归调用可以表现为如下形式：

```
int aa( )
{
    x=bb( );
}
int bb( )
{
    y=aa( );
}
```

函数 aa( )中调用了 bb( )，而 bb( )中又调用了 aa( )，这种调用称为间接递归调用，间接递归调用过程如图 7.10 所示。

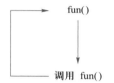

图 7.9　直接递归调用示意图　　　　图 7.10　间接递归调用过程示意图

【例 7-11】　编程计算某个正整数 n 的阶乘。

分析：求阶乘可以用递归的方法来解决，即 $n!=n\times(n-1)!$，而 $(n-1)!=(n-1)\times(n-2)!,\cdots,2!=2\times1!,1!=1$。可以用下面的递归公式表示：

$$f(n)=\begin{cases}1, & n=0,1 \\ n\times f(n-1), & n>1\end{cases}$$

程序代码：

```
#include <stdio.h>
int fac(int n)                 //求阶乘递归函数
{
    int p;
    if (n==1||n==0)  p=1;//结束递归
    else
        p=fac(n-1)*n;    //自己调用自己
    return p;
}
int main(void)
{
    int n;
    printf("please input  a  integer : ");
```

```
    scanf("%d",&n);
    printf("%2d!=%10d\n",n,fac(n));    //调用求阶乘函数 fac()
    return 0;
}
```

程序运行结果如图 7.11 所示。

```
please input  a  integer : 6
  6!=        720
```

图 7.11　求阶乘的运行结果

说明:本例是直接递归调用,函数 fac() 递归结束语句是当 n=0 或 n=1。

常见错误:

　　在递归函数定义中,必须确定无论什么情况下,都能结束递归。例如下列函数无条件调用自己造成无限制递归,终将使栈内存空间溢出。

```
void count(int n)
{
    count(n-1);           //无限制递归
    if (n>1)              //该语句无法到达
      printf("n=%6d\n",n);
}
```

编程经验:

　　递归调用可以使程序简单易读,但同时会增加系统开销。在时间上,执行调用与返回的额外工作要占用 CPU 时间,空间上随着每递归调用一次,栈内存就多占用一部分空间。

　　随着计算机硬件性能不断提高,加上现代程序设计目标主要是可读性好,因此,在应用程序编程时也使用递归设计,如 Hanoi 塔(汉诺塔)问题的求解,见下例。

【例 7-12】　Hanoi 塔问题。相传在古印度圣庙中,有一块黄铜板上插着 3 根宝石针,在其中一根针上从下到上地穿好了由大到小的 64 片金片,不论白天黑夜,总有一个僧侣在按照下面的法则移动这些金片:一次只移动一片,不论在哪根针上,小片必须在大片上面。

　　将 Hanoi 塔转化为如图 7.12 所示模型,有 3 根柱子,编号为 A、B、C,在 A 柱子上有 64 个金盘,要求:将 A 柱上的金盘借助 B 柱全部移动到 C 柱上,每次只能移动一个盘子,且大盘始终在小盘之下。

　　分析:Hanoi 塔问题的解决方法是:先将 63 个盘子从 A 柱移到 B 柱上,再把最大盘子从 A 柱移到 C 柱上,最后把 B 柱上的 63 个盘子移到 C 柱上。在这个过程中,将 A 柱上的 63 个盘子移到 B 柱上和将 B 柱上的 63 个盘子移到 C 柱上,又可以看成是两个有 63 个盘子的 Hanoi 塔问题,所以也可以用上述的方法解决。

　　依此递推,最后可以将 Hanoi 塔问题转变成将一个盘子由一个柱子移动到另一个

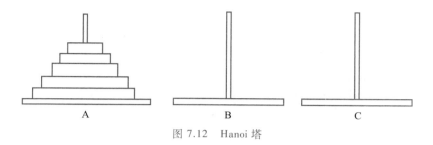

图 7.12　Hanoi 塔

柱子的问题。对于一个盘子移动的问题,可以直接使用 A→B 表示,只要设计一个输出函数就可以。

程序代码:

```
#include <stdio.h>
void move(int k,char x,char z)
{
    printf("%3d: %c---->%c\n",k,x,z);
}
void Hanoi(int n,char x,char y,char z)  //递归函数
{
    if (n==1)  move(1,x,z);              //输出 1 号盘子
    else
    {
        Hanoi(n-1,x,z,y);                //将 1 到 n-1 号盘递归调用从 x 柱移到 y 柱上
        move(n,x,z);                     //最大盘子从 x 柱移到 z 柱
        Hanoi(n-1,y,x,z);                //将 1 到 n-1 号盘递归调用从 y 柱移到 z 柱上
    }
}
int  main(void)
{
    int m;
    printf("please input the number of diskes: ");
    scanf("%d",&m);
    Hanoi(m,'A','B','C');
    return 0;
}
```

程序运行结果如图 7.13 所示。

Hanoi 塔问题求解用递归方法编程简单,程序便于理解和阅读,如果改成非递归程序编写就很烦琐,还不容易理解。

【例 7-13】　有一个数列 $f(1)=1$,$f(2)=4$,当 $n>2$ 时,$f(n)=3\times f(n-1)-f(n-2)$,求 $f(n)$ 项的值,n 由键盘输入。

分析:数列中的各项可以看成数学中的函数值,函数可以表示为

$$f(n)=\begin{cases} 1, & n=1 \\ 4, & n=2 \\ 3\times f(n-1)-f(n-2), & n>2 \end{cases}$$

```
please input the number of diskes: 3
  1:  A----->C
  2:  A----->B
  1:  C----->B
  3:  A----->C
  1:  B----->A
  2:  B----->C
  1:  A----->C
```

图 7.13　Hanoi 塔程序运行结果

从上面的公式可以看出，要想求 $f(n)$，必须先求 $f(n-1)$ 和 $f(n-2)$，然后才能计算出 $f(n)$ 的值。现在定义一个 $f(\ )$ 函数，根据 $f(n-1)$ 的值和 $f(n-2)$ 的值来求 $f(n)$ 的函数，在求 $f(n)$ 的函数中调用了 $f(\ )$ 函数本身来求 $f(n-1)$ 和 $f(n-2)$ 的值，这样就形成了递归调用。

程序代码:例7-13

程序代码：

```
#include <stdio.h>
long f(int n)
{
    if(n<1)
    {
        printf("error!");
        return 0;
    }
    else if(n==1)
        return 1;
    else if(n==2)
        return 4;
    else          /* n>2 时,f(n)的值为 3 * f(n-1)-f(n-2) */
        return 3 * f(n-1)-f(n-2);
        /* 调用函数本身求 f(n-1)和 f(n-2)的值,形成递归调用 */
}
int main(void)
{
    int a;
    printf("Input n: ");
    scanf("%d",&a);
    printf("%ld\n",f(a));      /* 调用 f 函数 */
    return 0;
}
```

程序运行结果如图 7.14 所示。

```
Input n: 10
9349
```

图 7.14　求 $f(n)$ 程序的运行结果

7.6　变量和函数的作用域

C 语言中并不是所有的变量对任何函数都是可见的。一些变量在整个程序或文件中都是可见的,这些变量称为全局变量;一些变量只能在一个函数或模块中可见,这些变量称为局部变量。

变量可见区域的大小和它们的存储区域有关。全局变量存储在全局数据区(也称为静态存储区),它在程序运行时被分配存储空间,当程序结束时释放存储空间。局部变量存储在堆栈数据区,当程序执行到该变量声明的函数(或程序块)时才开辟存储空间,当函数(或程序块)执行完毕时释放存储空间。

7.6.1　全局变量和局部变量

微视频:
全局变量

1. 全局变量

全局变量是定义在函数以外的变量,也称外部变量,全局变量的作用域是从定义变量的位置开始到本程序结束。

说明:

① 全局变量存放在静态存储区中,如果没有赋初值,系统默认数值变量的值是 0,字符变量的初值是'\0'。

② 全局变量可以定义在任何位置,但其作用域从定义的位置开始。全局变量定义在所有函数前面,这样所有的函数就可以使用该全局变量了。但定义在文件中间的全局变量就只能被其下面的函数所使用,全局变量定义之前的函数不会知道该变量。例如:

```
#include <stdio.h>
void fun( );
int main(void)
{
    m=4;                    //不能使用全局变量 m,编译时认为 m 没有定义
    printf("%d\n",m);       //所以本程序不能编译执行
    return 0;
}
int  m;                     //定义全局变量 m
void fun( )
{
    printf("%d\n",m);       //可以使用全局变量 m
}
```

③ 全局变量为函数间数据的传递提供了通道。由于全局变量可以被其定义后的函数使用,所以可以使用全局变量进行函数间数据的传递,而且这种传递数据的方法可以传递多个数据的值(利用指针和引用也可以在函数间传递多个数据)。

④ 其他源程序文件中的函数也可以使用全局变量,但要求在使用该变量的文件中要有对该变量的声明,对于外部变量将在后面介绍。

【例 7-14】 将存放在文件中的 10 个职工的年龄读入一个一维数组中,编写一个函数求职工的最大年龄、最小年龄和平均年龄。

分析:本题要求编写一个函数得到职工的最大年龄、最小年龄和平均年龄 3 个值,但是根据前面关于函数的定义,一个函数只能返回一个值。解决这类问题的方法很多,这里通过全局变量来实现。针对本例编写函数 average( )返回平均年龄,最大年龄和最小年龄通过定义两个全局变量得到。

本程序 10 个职工年龄数据放在文本文件 zhigong.txt 中。

程序代码:

```c
#include <stdio.h>
#include <stdlib.h>
#define N 10
float average(int arr[ ],int);
int   max ,min;                 //定义全局变量
int main(void)
{
    int i;
    int array[N];
    float ave;
    FILE * fp;
    if((fp=fopen("zhigong.txt","r"))==NULL)
    {
        printf("Cannot open this file! \n");
        exit(0);
    }
    for(i=0;i<N;i++)
        fscanf(fp,"%d",&array[i]);
    fclose(fp);
    printf("从文件读出%d 数据为 :",N);
    for(i=0;i<N;i++)
        printf("%4d",array[i]);
    printf("\n");
    ave=average(array,N);
    printf("verage_age is : %.1f \n",ave);
    printf("max_age is : %d \n",max);
    printf("min_age is : %d \n",min);
    return 0;
}
float average(int arr[ ],int n)
{
    int j;
    float sum=0.0;
    max=arr[0];
    min=arr[0];
    for(j=1;j<10;j++)
```

```
        }
            sum = sum+arr[j];
            if (max<arr[j])
                max = arr[j];
            else if (min>arr[j])
                min = arr[j];
        }
    return  sum/n;
}
```

程序运行结果如图 7.15 所示。

```
从文件读出10数据为 :  39  50  23  37  45  51  20  60  28  32
average_age is : 34.6
max_age is : 60
min_age is : 20
```

图 7.15   统计职工年龄的运行结果

说明:本例中利用函数 average( )返回职工平均值,利用全局变量 max 和 min 存储职工年龄的最大值和最小值。职工年龄的最大值和最小值是在函数 average( )中赋给 max 和 min 的,在 C 语言中每个函数返回值只能有一个,所以本程序的整个过程就是利用全局变量 max 和 min 向 main( )函数传递数据实现的。

编程经验:
    ① 全局变量增加了函数之间的数据联系,可以利用全局变量从函数中得到一个以上的返回值。
    ② 尽量少用全局变量。全局变量会降低函数的通用性,因为如果函数在执行时使用了全局变量,那么其他程序使用该函数时也必须将全局变量一起移过去。另外,全局变量在程序执行的全部过程中都占用存储空间,而不是需要时才开辟存储空间。

2. 局部变量
    局部变量是指定义在函数或程序块内的变量,它们的作用域分别在所定义的函数体或程序块内。
    说明:
    ① 局部变量是存放在动态存储区中的,使用前必须赋值。
    ② 不同函数可以定义同名局部变量,它们使用范围只是在各自函数内。
    ③ 在复合语句中定义变量,变量的作用域只是本复合语句。例如:

微视频:
局部变量

```
int main( )
{
    int  a;        //a 为定义在 main( )函数中的局部变量,其作用域为 main( )函数内
    …
    {              //定义 B 语句块
        float b;//b 为定义在块内的局部变量,其作用域为块内
```

```
         ...
    |                    //B 语句块结束
}
```

局部变量 b 使用范围只能在 B 语句块内。

④ 重名的局部变量和全局变量的作用域。在 C 语言中,变量不允许重复定义,而且全局变量的作用域是整个文件,那么在一个函数或程序块内到底是否可以定义和全局变量重名的变量呢? 答案是肯定的,C 语言中允许在函数或程序块内定义与全局变量重名的变量。C 语言中的变量不允许重复定义,指的是在相同作用域内不可以有同名的变量存在,但在不同的作用域内,允许对某个变量进行重新定义。所以下面程序是合法的:

```
int  a;            //全局变量
int main(void)
{
    int a;         // 函数内变量
    ...
    {
        int a;     //程序块内变量
        ...
    }
}
```

在上述例子中,全局变量 a 在 main( ) 函数内是不可见的,因为 main( ) 函数中定义了以 a 命名的变量,但全局变量 a 可以在其他函数中可见。同时,在程序块中函数变量 a 也是不可见的,因为程序块中定义了以 a 命名的变量,但在 main( ) 函数中程序块以外的地方,函数中定义的变量 a 是可见的。

前面介绍过全局变量的作用域是整个文件中其定义后的部分,局部变量的作用域是其定义所在的函数或程序块内。那么在函数中到底使用哪个变量呢?

重名变量作用域规则如下:在某个作用域范围内定义的变量在该范围的子范围内可以定义重名变量,这时原定义的变量在子范围内是不可见的,但是它还存在,只是在子范围内由于出现了重名的变量而被暂时隐蔽起来,超出子范围后,它又是可见的。

【例 7-15】 分析下面程序的运行结果。

```
#include <stdio.h>
int a=3,b=5;        //a,b 为全局变量
int max(int a,int b)
{
    int c;          //c 为局部变量
    c=a>b? a:b;
    return c;
}
int main(void)
{
    int a=8;        //a 为局部变量
    printf("%d",max(a,b));
```

```
    return 0;
}
```

说明:在程序中,局部变量和全局变量的名称如果相同,则在局部变量的作用域内,同名的全局变量暂时不起作用。

【例 7-16】　利用函数求斐波那契数列的前 12 项。

分析:因为斐波那契数列为 $1,1,2,3,5,8,\cdots$,设计一个函数 fib(int n,int m)接收斐波那契数列的前两个值,让局部变量 a=n、b=m 通过 a=a+b、b=a+b 推出数列后两个数,依此类推,求出斐波那契数列的前 12 项数值。

程序代码:

```
#include <stdio.h>
void fib(int n,int m)
{
    int i;
    int a,b;
    a=n;
    b=m;
    for(i=1;i<=6;i++)
    {
        printf("%8d%8d",a,b);
        a=a+b;
        b=a+b;
        if(i%2==0) printf("\n");
    }
}
int main(void)
{
    int a=1,b=1;
    fib(a,b);
    printf("a=%d,b=%d",a,b);
}
```

程序运行结果如图 7.16 所示。

图 7.16　求斐波那契数列前 12 项的程序运行结果

说明:在函数 main( )和函数 fib( )中都有变量 a、b,它们都是局部变量,作用域只在各自定义的函数内,所以两个函数中的同名变量互不影响。

关于局部变量的作用域还应注意:

① 主函数中定义的变量只能在主函数中使用,不能在其他函数中使用。同时,主函数中也不能使用其他函数中定义的变量。因为主函数也是一个函数,它与其他函数

是平行关系。

② 形参变量属于被调函数的局部变量,实参变量属于主调函数的局部变量。

③ 在复合语句中也可定义变量,其作用域只在复合语句范围内。

编程经验:

　　由于局部变量只在其定义的函数或程序块内有效,所以不同函数内命名相同的变量不会相互干扰。这个性质为多函数的程序设计提供了方便,项目管理者只需要为程序员指定编写函数的参数和功能,程序员不必区别自己编写函数中的变量与其他程序员编写函数中的变量,编程时提倡多用局部变量。

7.6.2　变量的存储类别

从变量的作用域来分,变量可以分为全局变量和局部变量。从变量值存在的时间来说,变量的存储类别可以分为动态存储方式与静态存储方式。

所谓动态存储方式,是指在程序运行期间动态地分配存储空间。这类变量存储在动态存储空间(堆或栈)中,执行其所在函数或程序块时开辟存储空间,函数或程序块结束时释放存储空间,生命周期为函数或程序块运行期间,使用这种存储方式的变量主要有函数的形参、函数或程序块中定义的局部变量(未用 static 声明)。

所谓静态存储方式,是指在程序运行期间分配固定的存储空间。这类变量存储在全局数据区,当程序运行时开辟存储空间,程序结束时释放存储空间,生命周期为程序运行期间,使用这种存储方式的变量主要有全局变量和用 static 声明的局部变量。

C 语言中的每个变量有两个属性:数据类型和存储类别。数据类型有整型、字符型和实型等。存储类别指的是数据在内存中的存储方式。存储方式分为两大类:动态存储方式和静态存储方式,具体包含 4 种:自动(auto)、寄存器(register)、静态(static)和外部(extern)。下面具体介绍。

(1) 动态存储方式

使用动态存储方式的变量有两种:自动变量和寄存器变量。

① 自动变量:函数中的局部变量默认是自动变量,存储在动态数据存储区中。自动变量可以用关键字 auto 作为存储类别的声明。自动变量的生命周期为函数或程序块执行期间,作用域也是其所在函数或程序块内。例如:

```
int fun( )
{
    auto int  a;     //a 为自动变量
}
```

实际编程过程中,关键字"auto"可以省略。例如上述自动变量也可声明为如下形式:

```
int fun( )
{
    int  a;
}
```

② 寄存器变量:寄存器变量也是动态变量,可以用 register 作为存储类别的声明。寄存器变量存储在 CPU 的通用寄存器中,这样将减少 CPU 从内存读取数据的时间,提高程序运行效率。寄存器变量的生命周期和作用域为其定义所在的函数或程序块。一般情况下,局部常用的变量可声明为寄存器变量。

【例 7-17】 写出求解多少个连续"1"组成的整数能被 2023 整除的程序。

程序代码:

```
#include <stdio.h>
int main(void)
{
    register int a,c;              //定义寄存器变量
    int    p=2023,n;
    c=1111;
    n=4;                          //变量 c 与 n 赋初值
    while(c!=0)                    //循环模拟整数竖式除法
    {
        a=c*10+1;
        c=a%p;
        n=n+1;                    //每试商一位 n 增 1
    }
    printf(" 由 %d 个 1 组成的整数能被 %d 整除。\n",n,p);
    return 0;
}
```

程序运行结果如图 7.17 所示。

```
由 816 个1组成的整数能被 2023 整除。

Process returned 0 (0x0)   execution time : 0.375 s
```

图 7.17　程序运行结果

说明:

① 寄存器变量不宜定义过多。计算机中寄存器数量是有限的,不能允许所有的变量都是寄存器变量。如果寄存器变量过多或通用寄存器被其他数据使用,那么系统将自动把寄存器变量转换成自动变量。

② 寄存器变量的数据长度与通用寄存器的长度相当,一般是 char 类型或 int 类型变量。

（2）静态存储方式

使用静态存储方式的变量有两种:外部变量和静态变量。

① 外部变量:外部变量就是没有被声明为静态变量的全局变量,存储在全局数据区中,生命周期为程序执行期间。外部变量声明用 extern 实现。外部变量声明主要用来扩展外部变量的作用域。一种情况是在一个文件中声明外部变量,扩展外部变量使用范围;另一种情况是将外部变量的作用域扩展到其他文件。例如:

```
#include <stdio.h>
void fun1( );
extern a;            //外部变量声明
int main(void)
{  a=10;
   printf("%d\n",a);
   return 0;
}
int a;               //外部变量定义
```

上例可以和全局变量作用域对比理解。通过外部变量的声明使 main( )函数知道变量 x 已经定义过;否则按全局变量作用域理解,main( )函数将无法知道 x 已经定义,因而扩展了外部变量的作用域。例如:

```
// 文件 file1.c 中
#include "file2.c"
#include <stdio.h>
extern x;
int  main(void)
{
    printf("%d\n",x);
    return 0;
}
// 文件 file2.c 中
int x=100;
```

程序运行结果如下:

100

说明:

a. 实例中 file1.c 文件使用了在 file2.c 中定义的变量 x。

b. 外部变量的生命周期为程序执行过程,而作用域为从定义开始到文件结束和外部声明之后的文件中。

② 静态变量:静态变量存储在全局数据区中,使用 static 声明。静态变量有两种,即静态局部变量和静态全局变量。

静态局部变量是在局部变量前加 static。静态局部变量的特点是:程序执行时,为其开辟存储空间直到程序结束,但只能是其所在的函数或程序块使用。所以静态局部变量的生命周期为程序执行期间,作用域为其定义所在的函数或程序块内。如果没有定义静态局部变量的初始值,系统将自动初始化为 0。

【例 7-18】 利用静态局部变量求 $e = 1 + 1/1! + 1/2! + 1/3! + \cdots + 1/n!$ 的值(当 $1/n! < 10^{-7}$ 停止)。

分析:本程序利用静态局部变量性质设计一个函数 fac(n),计算 n 的阶乘,再累加它们的倒数和,最后再加 1,得到 e 的值。

程序代码:

```
#include <stdio.h>
```

```
#include <math.h>
long fac(int);
int  main(void)
{
    long i,n=1,a;
    double sum=1.0;
    a=fac(n);
    while(a<1.e7)
    {
        sum+=1.0/a;
        n++;
        a=fac(n);
    }
    printf("1+1/1!+1/2!+...+1/%ld!=%15.7lf\n",n-1,sum);
    return 0;
}
long fac(int m)
{
    static long p=1;      //定义静态局部变量
    p*=m;
    return p;
}
```

程序运行结果如图 7.18 所示。

```
1+1/1!+1/2!+...+1/10!=         2.7182818
```

图 7.18　求 e 的运行结果

说明:main( )函数调用 fac( )函数 n 次,并且每次输出返回值。fac( )函数中定义了自动局部变量 m 和静态局部变量 p。p 在程序执行开始就被存储在全局数据区并初始化为 1,以后每次调用函数 fac( )时,都在相同的存储单元中存取数据,值可以被保存,所以返回的 p 值分别是 1、2、6……特别指出的是:静态局部变量只被初始化一次。变量 m 存储在动态数据区中,每次使用时开辟存储空间,fac( )函数结束时释放存储空间,值不能被保存,所以每次 m 都被赋值。

静态全局变量是在全局变量前加 static。静态全局变量的特点是:程序执行时,为其开辟存储空间直到程序结束,但只能被所定义的文件使用。所以静态全局变量的生命周期为程序执行期间,作用域为其定义所在的文件。如果没有定义静态全局变量的初始值,系统将自动初始化为 0。

【例 7-19】 静态全局变量的使用。

程序代码:

```
#include <stdio.h>
void fun(void);
static int k;          //定义静态全局变量
int main(void)
```

```
    }
    k = 10;
    printf("main : %d\n",k);
    fun();
    printf("main : %d\n",k);
    return 0;
}
void fun(void)
{
    k = 20;
    printf("fun : %d\n",k);
}
```

程序运行结果如图 7.19 所示。

图 7.19　程序运行结果

说明：main( )函数和 fun( )函数都使用静态全局变量 k。作为静态全局变量 k，在程序执行开始时存储在全局数据区并初始化为 0，在 main( )函数和 fun( )函数中使用的 k 是同一存储单元的数据。

常见错误：
　　静态全局变量只对其所在的文件可见，所以下面的程序将不能编译。

```
//文件 file1.c 中
#include <stdio.h>
extern w;           //w 不可见，所以无法编译
int  main(void)
{
    printf("%d\n",w);
    return 0;
}
//文件 file2.c 中
static int w = 10;  //静态全局变量，其他文件不可见
```

7.6.3　内部函数和外部函数

函数按其存储类别可以分为两类：内部函数和外部函数。

（1）内部函数

内部函数是只能在定义它的模块中被调用的函数，而在同一程序的其他模块中不可调用。内部函数的作用域只限于定义它的模块，所以在同一个程序的不同模块中可以有同名的函数，它们互不干扰。

定义内部函数的一般格式如下：

static 类型说明符 函数名(形参表)
{
    <函数体>
}

内部函数也称为静态函数,但此处静态(static)的含义已不是指存储方式,而是指对函数的调用范围只局限于本模块。因此,在不同的模块中定义同名的静态函数不会引起混淆。例如：

```c
//文件 file1.c 中
#include <stdio.h>
#include "file2.c"
void fun();
int main(void)
{
    fun();
    return 0;
}
//文件 file2.c 中
static void fun()
{
    printf("this in file2.\n");
}
```

程序运行错误,表示找不到外部函数 fun( ),如果在 file2.c 中将 static void fun( )改为 void fun( ),运行结果如下：

```
this in file2.
```

（2）外部函数

外部函数是可以在整个程序各个模块中被调用的函数。外部函数定义时,在函数类型前加 extern,一般格式如下：

extern   <函数类型> <函数名>(<参数列表>)
{
    <函数体>
}

【例 7-20】   利用外部函数实现矩阵转置。

分析:本程序使用两个源文件 file1.c 和 file2.c 来实现,在 file2.c 中定义一个外部函数 convert( ),实现矩阵转置。

程序代码：

程序代码
例7-20

```c
//文件 file1.c 中
#include <stdio.h>
#include "file2.c"
extern void convert(int array[3][3]);
int  main(void)
```

```
{
    int arr[3][3]={6,1,8,7,5,3,2,9,4};
    int i,j;
    printf("the source is :\n");
    for(i=0;i<3;i++)
    {
        for(j=0;j<3;j++)
            printf("%2d",arr[i][j]);
        printf("\n");
    }
    convert(arr);
    printf("the result is :\n");
    for(i=0;i<3;i++)
    {
        for(j=0;j<3;j++)
            printf("%2d",arr[i][j]);
        printf("\n");
    }
    return 0;
}
//文件 file2.c 中
extern void convert(int array[3][3])
{
    int i,j,temp;
    for(i=0;i<3;i++)
        for(j=0;j<i;j++)
        {
            temp=array[i][j];
            array[i][j]=array[j][i];
            array[j][i]=temp;
        }
}
```

程序运行结果如图 7.20 所示。

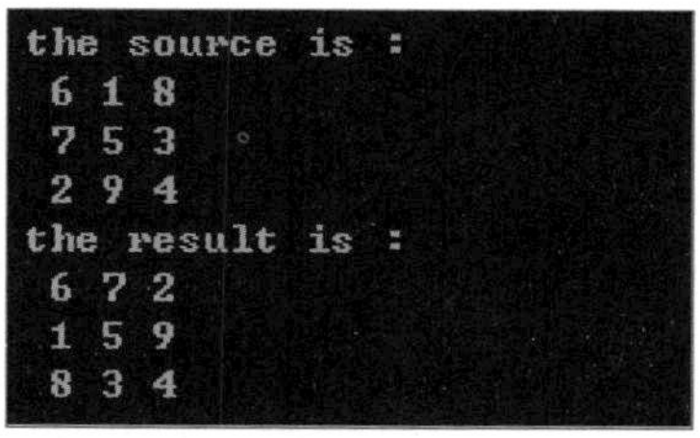

图 7.20　矩阵转置的运行结果

说明：文件 file2.c 中可以将 extern 省略，定义为

```
void convert(int array[3][3])
{
```

```
    ...
}
```

┌───┐
编程经验:
    如果一个程序较大而且调用函数较多,为了使文件便于阅读和管理,可以将函
数单独写在一个文件中,通过外部函数调用这些函数。
└───┘

7.7 综合案例

在程序设计时,简单的问题编写程序语句不多时,可以放在一个模块中。随着计算机应用的普及,程序的规模和复杂性不断增加,简单程序无法满足复杂的需求,为了解决复杂需求问题可以使用结构化程序设计的方法。结构化程序设计主要包括自顶向下、逐步求精的模块化和结构化的设计方法,即将一个大而复杂的设计任务按其需要的功能分解为若干个相对独立的模块,确定各模块之间的调用关系和参数传递方式。分解方法是按程序功能分成若干个小模块,并将各模块的功能逐步细化为一系列的处理步骤或程序设计语句,再通过编写代码、编译、连接和调试装配成一个整体。

模块的划分规则如下:

① 一个模块中程序规模既不能过大,也不能过小。过大会造成模块通用性较差,过小则会造成时间和空间的浪费。

② 如果一段程序被很多模块共用,则它应该是一个独立模块。

③ 应力求使模块具有通用性,通用性越强,模块利用率越高。

④ 各模块间接口应该简单,要尽量减少公共符号个数,尽量不要使用公共数据存储单元,在结构编排上有联系的数据应该放在一个模块中,以免相互影响,造成数据查错困难。

⑤ 每个模块的结构尽量设计单一入口和出口,这样便于程序调试、理解和阅读,而且可靠性较高。

【例 7-21】 社团管理系统——成员管理。将例 7-1 扩充为一个简化版的社团成员管理系统。

分析:本程序模拟社团管理系统,实现成员管理功能:录入新成员信息并保存到文件中、修改成员信息、删除成员信息、查询成员信息、成员人数统计和信息输出(输出前先排序)。功能模块如图 7.21 所示。

程序代码:

程序代码:
例7-21

```c
#include <stdio.h>
#include <string.h>
#include <stdlib.h>
#define N 30   //人数
char name[N][20]={0};
int id[N];
```

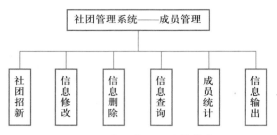

图 7.21　成员管理的功能模块

```c
int len;
void menu(void);
void input_num_new(void);
void modify(int id[],char name[][20],int n);
int Search_id(int id[],char name[][20],int m);
int dele(int id[],char name[][20],int n);
void stat(int id[],char name[][20]);
void print(int id[],char name[][20],int n);
int main(void)
{
    int t,num,flag1=1;
    int k;
    menu();
    scanf("%d",&k);
    while(k!=0)
    {
        switch(k)
        {
            case 1:
                input_num_new();
                break;
            case 2:
                modify(id,name,len);
                break;
            case 3:
                printf("请输入要删除的学号：  ");
                scanf("%d",&num);
                t=dele(id,name,num);
                if (t==1) printf("未找到");
                break;
            case 4:
                printf("请输入要查找的学号：  ");
                scanf("%d",&num);
                t=Search_id(id,name,num);
                if (t==1) printf("未找到");
                break;
            case 5:
                stat(id,name);
```

```
                break;
            case 6:
                print(id,name,len);
                break;
            default:
                printf("\n 输入错误 \n");
            }
            printf("\n 请输入选项:");
            scanf("%d",&k);
        }
    return 0;
}
void menu(void)
{
    printf("\n");
    printf("\t|*******************************|\n");
    printf("\t|学校社团管理系统——社团成员管理(1.0 版)|\n");
    printf("\t|1. 社团招新                  2. 信息修改 |\n");
    printf("\t|3. 信息删除                  4. 信息查询 |\n");
    printf("\t|5. 成员统计                  6. 信息输出 |\n");
    printf("\t|*******************************|\n");
    printf("\n");
    printf("请输入您的选择(1-6),其他自动退出系统:");
}
void input_num_new(void)     //输入信息并保存到文件中
{
    int flag2 = 1,i = 0;
    FILE * fp;
    while(flag2)
    {
        printf("新增:输入学号 姓名（输入 0 0 结束）\n");
        scanf("%d %s",&id[i],name[i]);
        while (id[i]! = 0)
        {
            i++;
            scanf("%d %s",&id[i],name[i]);
        }
        len = i;
        fp = fopen("member.txt","w");
        i = 0;
        while (i<len)
        {
            fprintf(fp,"%d\t%s\n",id[i],name[i]);
            i++;
        }
        if (i>0)
            printf("恭喜报名成功 \n");
        fclose(fp);
        flag2 = 0;
```

```c
        }
    }
    void modify(int id[],char name[][20],int n)   //修改信息,形参n为人数
    {
        int num1,num2,i,flag=1;
        printf("请输入需要修改的学号   ");
        scanf("%d",&num1);
        printf("请输入正确的学号   ");
        scanf("%d",&num2);
        for(i=0;i<n-1;i++)
        {
            if(id[i]==num1)
            {
                id[i]=num2;
                printf("\n%d %s\n",id[i],name[i]);
                flag=-1;
                break;
            }
        }
        if(flag==1) printf("未找到\n");
    }
    int Search_id(int id[],char name[][20],int m)
    //查找成员,形参m为要查找的学号,未找到返回1
    {
        int i,flag=1;
        for(i=0;i<len;i++)
            if(id[i]==m)
            {
                printf("姓名: %s",name[i]);
                flag=0;
                break;
            }
        return flag;
    }
    int dele(int id[],char name[][20],int m)
    //删除成员信息,形参m为要删除的学号,未找到返回1
    {
        int i,k,flag=1;
        for(i=0;i<len;i++)
        {
            if(id[i]==m)
            {
                k=i;
                flag=0;
                break;
            }
        }
        if(flag==0)
        {
```

```
                printf("删除:%d %s",id[k],name[k]);
                for(i=k;i<=len;i++)
                {
                    id[i]=id[i+1];
                    strcpy(name[i],name[i+1]);
                }
                len--;
        }
    return flag;
}
void stat(int id[],char name[][20])
{
    int i=0;
    FILE * fp;
    fp=fopen("member.txt","w");
    while(fscanf(fp,"%d,%s",&id[i],name[i])!=-1)
      i++;
    printf("社团总人数为:%d\n",i);
    fclose(fp);
}

void print(int id[],char name[][20],int n) //按学号排序
{
    int i,j,k,t;
    char ch[20];
    for(i=0;i<n-1;i++)
    {
        k=i;
        for(j=i+1;j<=n-1;j++)
            if(id[k]>id[j]) k=j;
        if(i!=k)
        {
            strcpy(ch,name[i]);
            strcpy(name[i],name[k]);
            strcpy(name[k],ch);
            t=id[i];
            id[i]=id[k];
            id[k]=t;
        }
    }
    for(i=0;i<n;i++)
        printf("%d %s\n",id[i],name[i]);
}
```

部分运行结果如图 7.22~图 7.25 所示。

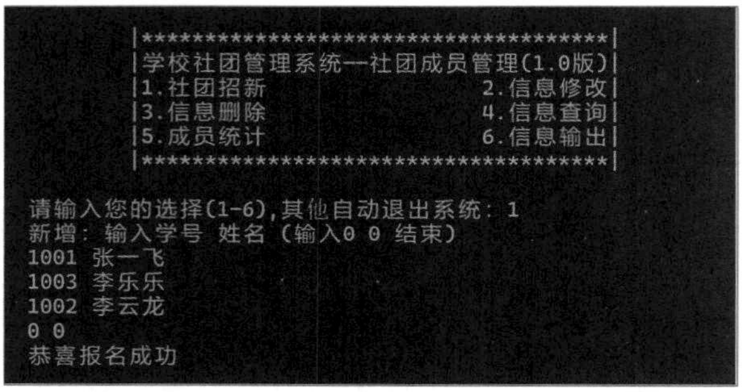

图 7.22　社团招新

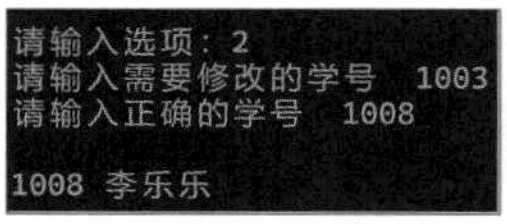

图 7.23　修改成员信息 　　　图 7.24　查询成员信息 　　　图 7.25　成员排序输出

思考：

如果成员需要再增加其他信息（如专业等），如何更合理地把成员信息组织在一起方便操作？

编程经验：

模块化分解用"自顶向下"的方法进行系统设计，即先整体后局部、化繁为简。按功能划分法，把模块组成树状结构，这样层次分明，提高系统设计效率，方便多人程序开发，也方便程序维护。模块设计中各模块之间的接口要简单，尽可能使每个模块只有一个入口和一个出口。

【例 7-22】　利用智慧寝室系统控制板实现多场景切换。

第 2~6 章分别利用智慧寝室系统控制板实现了智慧寝室系统中的应用场景切换、无人值守、学习状态分析，在此基础上利用智慧寝室系统控制板编程实现应用场景模式（智能室温模式、智能照明模式、离开模式）的定义，将每一个模式内的逻辑写在函数的内部，通过函数参数的传递模式和阈值设定，从而实现对应功能。应用场景模式定义的需求如下：

① 智能室温模式：当温度高于 25℃ 时，小风扇启动。

② 智能照明模式：当光照度低于 130 Lx 时，亮灯。

③ 离开模式：关闭所有灯，启动进入无人值守模式（进行非法闯入判断，如果出现非法闯入则打开蜂鸣器，反之则关闭蜂鸣器）。

④ 系统处于不同应用场景模式时，屏幕自动显示当前运行的模式名称。

应用背景：

各类智慧系统均包含自动化作业，即在某些特定的条件满足时执行相关动作，类

微视频：
多场景切换功能的实施

似的逻辑设定则是主流的智能化系统模式,在智慧寝室系统基础板中需要通过应用场景模式定义实现自动化作业。

问题分析:

① 构建每种模式的函数,设计函数内部的逻辑。

② 通过互动接受用户对系统各模式的需求信息。

③ 主函数根据用户需求调用相应的函数,实现启动某一模式。

功能描述:

① 定义相关变量,进行初始化。

② 定义智能室温模式函数并按要求编写代码,定义智能照明模式函数并按要求编写代码,定义离开模式函数并按要求编写代码。

③ 屏幕显示提示信息,提示用户如何进行模式选择,用户通过键盘输入所选模式的代码。

④ 根据用户输入的模式代码调用相应的函数,并将阈值作为函数实参传入。

⑤ 启动某一函数,并实时检测结束标志。当出现结束标志时,退回等待下一轮的选择。

⑥ 异常处理:某一模式运行时需要处理无效命令,即当满足阈值且在条件不变的情况下,启动模式的指令仅执行一次。

⑦ 关闭通信资源。

运行结果如图 7.26~图 7.32 所示。

程序代码:
例7-22

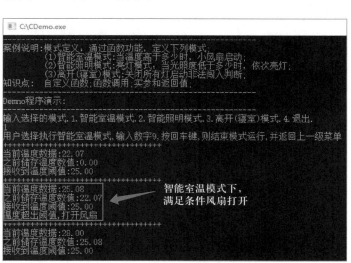

图 7.26 在命令窗口下执行智能室温模式的效果

思考:

向函数传值还有什么其他方式吗?

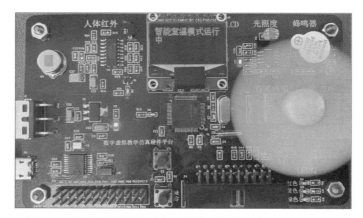

图 7.27   智能室温模式下当温度高于阈值开发板的执行效果

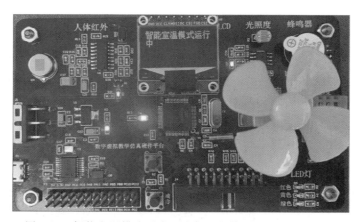

图 7.28   智能室温模式下当温度低于阈值开发板的执行效果

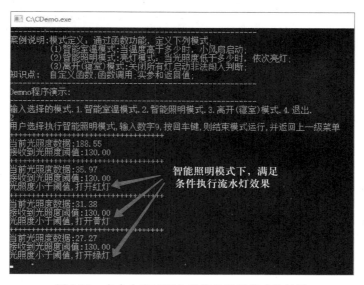

图 7.29   在命令窗口下执行智能照明模式的效果

图 7.30　智能照明模式下光照小于阈值时流水灯的效果

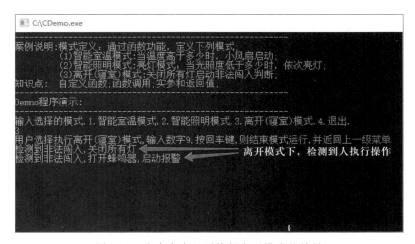

图 7.31　在命令窗口下执行离开模式的效果

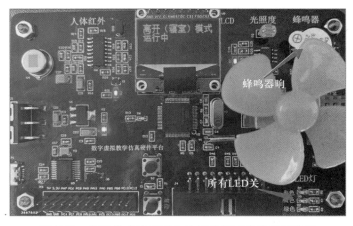

图 7.32　离开模式检测到人关灯并打开蜂鸣器的效果

小 结

　　函数是 C 语言中最主要的方法,使用它可以实现"自顶向下、逐步细化"的结构化程序设计方法。将一个大的问题或一个复杂问题分解成若干个且容易解决的小问题,这些小问题由彼此相互独立的函数构成,从而实现对大问题或复杂问题的解决。

　　函数的定义格式如下:

```
<函数类型>  函数名(<形参列表>)
{
    函数体
}
```

　　函数类型是函数返回值的类型,可以是字符型、整型、实型和其他数据类型,也可以将函数类型定义成空类型(void)。

　　函数名一般要反映它要实现的功能,所以函数名最好有明确的含义。

　　函数参数的传递分为值传递、地址传递两种。值传递是在调用函数的过程中为形参开辟存储空间,并将实参的值传递给形参。函数结束时,形参释放存储空间。地址传递是数组名或指针作为函数的参数,传递的是数组的起始地址或指针地址,可以理解为函数和主调函数共用同一段存储空间。此时,若在函数中改变数组元素的值,其实也改变了主调函数中数组元素的值。

　　C 语言变量的存储方式分为两大类:动态存储方式和静态存储方式,具体又包含4 种:自动(auto)、寄存器(register)、静态(static)和外部(extern)。

　　C 语言变量分为全局变量和局部变量。全局变量一般从定义点开始向下的程序都能使用,而局部变量只能在定义函数内部使用。

　　C 语言中不允许函数嵌套定义,但是可以嵌套调用。当函数直接或间接调用本身时,称为递归调用。

　　C 语言函数按其存储类别可以分为两类:内部函数和外部函数。

　　函数作为 C 语言的方法有着重要的作用,熟练掌握本章的内容将为以后的学习奠定良好的基础。

　　第 7 章知识结构如图 7.33 所示。

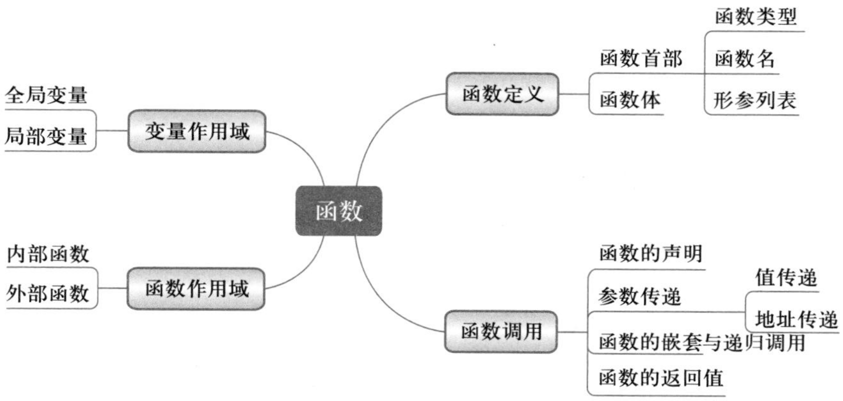

图 7.33　第 7 章知识结构图

习　题　7

一、选择题

1. 以下正确的说法是(　　)。

A. 用户若需要调用标准函数,调用前必须重新定义

B. 用户可以直接调用所有标准库函数

C. 用户可以定义和标准库函数重名的函数,但是在使用时调用的是系统库函数

D. 用户可以通过文件包含命令将系统库函数包含到用户源文件中,然后调用系统库函数

2. 关于函数返回值的描述正确的是(　　)。

A. 函数返回表达式的类型一定与函数的类型相同

B. 函数返回值的类型决定了返回值表达式的类型

C. 当函数类型与返回值表达式类型不同时,将对返回值表达式的值进行类型转换

D. 函数返回值类型就是返回值表达式类型

3. 下列关于函数的说法中,错误的是(　　)。

A. 函数是构成 C 程序的基本元素

B. 主函数是 C 程序不可缺少的函数

C. 程序总是从第一个定义的函数开始执行

D. 在函数调用之前,必须要进行函数定义或声明

4. 在参数传递过程中,对形参和实参的要求是(　　)。

A. 函数定义时,形参一直占用存储空间

B. 实参可以是常量、变量或表达式

C. 形参可以是常量、变量或表达式

D. 形参和实参类型和个数都可以不同

5. 用数组名作为函数的参数,下面叙述正确的是(　　)。

A. 数组名作为函数的参数,调用时将实参数组复制给形参数组

B. 数组名作为函数的参数,主调函数和被调函数共用一段存储单元

C. 数组名作为参数时,形参定义的数组长度不能省略

D. 数组名作为参数,不能改变主调函数中的数据

6. 若函数的类型和 return 语句表达式的类型不一致时,则(　　)。

A. 编译时出错

B. 运行时出现不确定结果

C. 不会出错,且返回值的类型以 return 语句中表达式的类型为准

D. 不会出错,且返回值的类型以函数的类型为准

7. 下面函数定义正确的是(　　)。

A. float f(float x;float y)　　　　B. float f(float x,y)

　{return　x * y;}　　　　　　　　{return　x * y;}

C. float f(x,y)　　　　　　　　　D. float f(float x,float y)

　{return　x * y;}　　　　　　　　{return　x * y;}

8. 设函数的说明为"void fun(int a[ ] ,int m);",若有定义"int a[10],n,x;",则下面调用该函数正确的语句是(　　)。

A. fun(a,n);　　　　　　　　　　B. x = fun(a,n);

C. fun(a[10],10);　　　　　　　　D. x = fun(a[ ],n);

9. 下列叙述错误的是(　　)。

A. 主函数中定义的变量在整个函数中都是有效的

B. 复合语句中定义的变量只在该复合语句中有效

C. 其他函数中定义的变量在主函数中不能使用

D. 形式参数是局部变量

10. 以下叙述不正确的是(　　)。

A. 在函数外定义的变量是全局变量

B. 在函数内定义的变量是局部变量

C. 函数的形参是局部变量

D. 全局变量和局部变量不能同名

11. 下列语句对静态变量的描述,不正确的是(　　)。

A. 静态局部变量在静态存储区内分配单元

B. 静态局部变量和全局变量使用相同

C. 静态局部变量在函数调用结束时,仍保持其值,不会消失

D. 静态局部变量只赋一次初值

12. 下列各类变量中,不是局部变量的是(　　)。

A. register 变量　　　B. 外部 static 变量　　　C. auto 变量　　　D. 函数形参

二、编程题

1. 编写函数将字符串按逆序存放。

2. 编写函数实现字符串复制功能。

3. 编写函数利用数组名作为参数，计算数组 a[4][3] 所有元素的和。

4. 分别利用非递归和递归的方法编写函数求斐波那契数列第 n 项。

5. 利用函数对给定区间 $[m,n]$ 的正整数分解质因数。例如，$2012 = 2 \times 2 \times 503$。

6. 利用全局变量编写函数统计某数组中奇数和偶数的个数。

7. 利用函数输入一个十进制整数，转换成二进制数、八进制数和十六进制数。

8. 编写一个字符串整理函数 void squeeze(char * str1, char * str2)，该函数将删除字符串 str2 中出现的字符串 str1，如 s1[20] = "THISISABOOKS"，s2[5] = "IS"，则调用函数 squeeze(s1,s2) 后 s1 = "THABOOKS"。

9. 编写几个函数，实现下列功能：

（1）输入 10 个职工的姓名和职工号。

（2）按职工号由小到大顺序排序，姓名顺序也随之调整。

（3）要求输入一个职工号，用二分查找法找出该职工的姓名，从主函数输入要查找的职工号，输出该职工姓名。

8 结构体

电子教案

C 语言中的基本数据类型分为数值类型和字符类型。除了基本数据类型外,还有用户构造的数据类型。数组就是构造类型的一种,用来存放一组性质相同的数据。本章将继续学习如何构造用户需要的数据类型。

8.1 平均绩点计算问题

微视频:
结构体的
基本概念

【例 8-1】 学生成绩管理系统。有学生成绩表如表 8.1 所示。

表 8.1 学生成绩表

学号	姓名	课程	学分	成绩	绩点
1001	李芳	C 语言程序设计	4.0	85	3.5
1001	李芳	高等数学(1)	6.0	80	3.0
1001	李芳	大学英语(1)	4.0	75	2.5
1002	赵力	C 语言程序设计	4.0	90	4.0
1002	赵力	高等数学(1)	6.0	85	3.5
1002	赵力	大学英语(1)	4.0	80	3.0
1003	王倩	C 语言程序设计	4.0	60	1.0
1003	王倩	高等数学(1)	6.0	70	2.0
1003	王倩	大学英语(1)	4.0	80	3.0
…	…	…	…	…	…

计算每个学生的平均绩点,得到如表 8.2 所示的平均学分绩点(grade point average,GPA)表。

表 8.2 平均学分绩点表

学号	姓名	GPA
1001	李芳	3.0
1002	赵力	3.5
1003	王倩	2.0
...	...	...

要解决这个问题,首先要确定用什么数据结构来存储这些数据。

处理一组数据,数组是最好的选择。本例中学号可为整型或字符型,姓名和课程应为字符型,学分、成绩和绩点可为整型或实型。显然不能用一个二维数组来存放这些数据,因为二维数组中各元素的类型必须一致。

可以定义如下的多个数组:

```
int num[30];              //学号
char name[30][10];        //姓名
char course_name[30][20]; //课程
float credit[30];         //学分
int grade[30];            //成绩
float GP[30];             //绩点
```

其中,num[i]、name[i][]、course_name[i][]、credit[i]、grade[i]、GP[i]分别代表表 8.1 中第 i 行的学号、姓名、课程、学分、成绩、绩点。表 8.1 的数据在这些数组中的保存如图 8.1 所示。

num	name	course_ name	credit	grade	GP
1001	李芳	C语言程序设计	4.0	85	3.5
1001	李芳	高等数学(1)	6.0	80	3.0
1001	李芳	大学英语(1)	4.0	75	2.5
1002	赵力	C语言程序设计	4.0	90	4.0
1002	赵力	高等数学(1)	6.0	85	3.5
1002	赵力	大学英语(1)	4.0	80	3.0
1003	王倩	C语言程序设计	4.0	60	1.0
1003	王倩	高等数学(1)	6.0	70	2.0
1003	王倩	大学英语(1)	4.0	80	3.0
...	...	...	...	...	...

图 8.1 用数组保存的学生成绩表的内存形式

这种表示方法存在的主要问题如下:

① 表 8.1 中的一行记录信息分布在各个数组中,要查询一个学生某一门课程成绩,涉及多个数组,效率很低。

② 对数组中元素进行数据处理(如赋值)时容易发生错位,一个数据的错位将导致后面所有的数据都发生错误。

那么,应该如何解决这个问题呢? C 语言中究竟有没有这样一种数据类型,可以像图 8.2 一样将每个学生的不同类型的数据信息在内存中集中存放呢?

1001	李芳	C语言程序设计	4.0	85	3.5
1001	李芳	高等数学(1)	6.0	80	3.0
1001	李芳	大学英语(1)	4.0	75	2.5
1002	赵力	C语言程序设计	4.0	90	4.0
1002	赵力	高等数学(1)	6.0	85	3.5
1002	赵力	大学英语(1)	4.0	80	3.0
1003	王倩	C语言程序设计	4.0	60	1.0
1003	王倩	高等数学(1)	6.0	70	2.0
1003	王倩	大学英语(1)	4.0	80	3.0
…	…	…	…	…	…

图 8.2　希望的内存形式

8.2　构建用户自己需要的数据类型

在实际问题中,一组数据往往具有不同的数据类型。为了解决这个问题,C 语言中给出了另一种构造数据类型——结构(structure)或称结构体。结构是一种构造类型,它是由若干"成员"组成的。每一个成员可以是一个基本数据类型或者一个构造类型。结构是一种构造而成的数据类型,那么在说明和使用之前必须先定义它,也就是构造它。如同在说明和调用函数之前要先定义函数一样。

针对例 8-1 中的每一个学生数据,可以定义如图 8.3 所示的结构体类型 student 来描述学生一门课程的成绩。

学号	姓名	课程	学分	成绩	绩点
10001	李芳	C语言程序设计	4.0	85	3.5

图 8.3　学生成绩情况

```
struct student
{
    int num;
    char name[20];
    char course_name[20];
    float credit;
```

```
    int grade;
    float GP;
};
```

8.2.1 定义结构体及结构体变量

1. 定义结构体类型

定义一个结构体类型的一般格式如下：

struct 结构体名
{
    成员列表
};

花括号内是该结构体中的各个成员（或称分量），由它们组成一个结构体。

成员列表中各成员都应进行类型说明，说明形式如下：

类型标识符　成员名;

2. 声明结构体变量

结构体相当于一个用户自定义的数据类型。前面只是建立了一个结构体类型，并没有定义变量。为了能在程序中使用结构体类型的数据，应当定义结构体类型的变量，并在其中存放具体的数据。

可以采用如下 3 种方式定义结构体变量：

（1）先声明结构体类型，再定义该类型变量

struct 结构体名 变量名 1,变量名 2,…;

例如，已定义了结构体类型 student，则

```
struct student stud1,stud2;
```

说明了两个变量 stud1 和 stud2 为 student 结构体类型的变量。

在定义变量 stud1 和 stud2 时，C 语言编译系统为 stud1 和 stud2 的每个成员分配存储空间。其中为 num 和 grade 各分配一个 4 字节的 int 类型存储空间，为 name 和 course_name 各分配了 20 字节的 char 类型存储空间，为 credit 和 GP 各分配 4 字节的 float 类型存储空间。结构体的声明告诉系统，在定义该类型的变量时应该分配多大的存储空间。通常情况下，结构体变量所占用的存储空间是各成员所占用空间之和，但具体的内存分配方式是由编译系统来决定的，可用 sizeof（变量名）或 sizeof（struct 结构体名）来测定。

（2）在定义结构体类型的同时定义变量

struct 结构体名
{
    成员列表
}变量名 1,变量名 2,…;

例如，在声明结构体类型 student 的同时声明变量 stud1 和 stud2：

```
struct student
{
    int num;
    char name[20];
    char course_name[20];
    float credit;
    int grade;
    float GP;
}stud1,stud2;
```

（3）不指定结构体名而直接定义结构体类型变量

struct
{
    成员列表
}变量名 1,变量名 2,…;

例如：

```
struct
{
    int num;
    char name[20];
    char course_name[20];
    float credit;
    int grade;
    float GP;
} stu1,stu2;
```

读者需要注意以下几点：

① 结构体标识符（或称结构体名）与结构体变量两个概念不能混淆,如结构体标识符 student 和 stud1,前者并没有分配内存空间,而后者会由编译系统为其分配相应长度的空间。

② 结构体成员也可以是结构体变量,即一个结构体的结构中可以嵌套另一种结构体的结构。

例如,学生情况表如图 8.4 所示。

num	name	sex	birthday			addr
			month	day	year	

图 8.4 学生情况表

可以用如下的结构体表示：

```
struct Date
{
    int month;
    int day;
```

```
    int year;
};
struct Student_information
{
    int num;
    char name[20];
    char sex;
    struct Date birthday;//birthday 是 Date 类型的结构体成员
    char addr[30];
};
```

常见错误:
   结构体定义最后的";"丢失了,导致程序编译出错。

8.2.2　引用结构体类型变量

【例 8-2】　对图 8.4 所示的学生情况表,从键盘输入一个学生的数据并输出。
程序代码:

```
#include<stdio.h>
struct Date
{
    int month;
    int day;
    int year;
};
struct Student_information
{
    int num;
    char name[20];
    char sex;
    struct Date birthday;
    char addr[30];
};

int main()
{
    struct Student_information  S1;//声明结构体变量 S1
    printf("请输入数据:\n");
    scanf("%d %s %c %d %d %d %s",&S1.num,S1.name,&S1.sex,
        &S1.birthday.month,&S1.birthday.day,
        &S1.birthday.year,S1.addr);
    printf("学号  姓名  性别  出生年月  地址 \n");
    printf("%4d  %s    %c  %d/%d/%d  %s\n",S1.num,S1.name,S1.sex,
        S1.birthday.month,S1.birthday.day,
        S1.birthday.year,S1.addr);
```

```
        return 0;
    }
```

程序运行结果如图 8.5 所示。

图 8.5　输入输出学生数据的运行结果

此例引用了结构体变量 S1 的成员 S1.num、S1.name、S1.sex、S1.addr 以及 S1.birth-day.month、S1.birthday.day、S1.birthday.year。

引用结构体变量的几种形式如下：

（1）引用结构体变量中的一个成员

结构体变量名 . 成员名

例如：S1.name

如果一个结构体定义中引用了另一个结构体，如 Student_information 中引用了结构体 Date 类型的成员 birthday，可以按如下方式引用成员 month：

S1.birthday.month

（2）可以将一个结构体变量作为一个整体赋给另一个具有相同类型的结构体变量

```
struct student stud1,stud2;
...
stud2 = stud1;
```

（3）对成员变量可以像普通变量一样进行各种运算

```
stud1.grade++;
```

（4）可以引用成员的地址，也可以引用结构体变量的地址

```
scanf("%d",&S1.num);
printf("%o",&S1);
```

（5）不能将一个结构体变量作为一个整体进行输入输出，下列写法都是错误的

```
printf("%d,%s,%c,%d,%f,%s \n",S1);
scanf("%d%s%c%d%f%s",&S1);
```

（6）同一个程序中，普通变量可以和结构体成员变量同名

```
struct Date
{
    int month;
    int day;
    int year;
};
int month;
```

这里结构体 Date 中的成员变量 month 和普通变量 month 同名。

编程经验：
　　结构体成员类型为字符串时不能直接用赋值号赋值,需要用字符串处理函数 strcpy()进行字符串复制。例如,不能用语句"stu_1.name = " li lin";"赋值,而应该用"strcpy(stu_1.name, " li lin");"赋值。

8.2.3　结构体变量的初始化

结构体变量也可以在定义时赋初值。

【例 8-3】　把一个学生的成绩信息放在一个结构体变量中,然后输出这个学生的信息。

```
#include<stdio.h>
struct student
{
    int num;
    char name[20];
    char course_name[20];
    float credit;
    int grade;
    float GP;
};
int main()
{
    struct student stud1 = {1001, "李芳", "C 语言程序设计", 4.0, 85, 3.5};
    printf("学号:%d\n 姓名:%s\n 课程:%s\n 学分:%3.1f\n 成绩:%d\n
            绩点:%3.1f\n", stud1.num, stud1.name, stud1.course_name,
            stud1.credit, stud1.grade, stud1.GP);
    return 0;
}
```

程序运行结果如图 8.6 所示。

图 8.6　输出学生信息程序的运行结果

8.2.4　结构体数组

结构体数组的定义和定义结构体变量类似,定义结构体数组有如下 3 种形式:
(1) 先定义结构体类型,再定义数组

```
struct student{
    int num;
    char name[20];
    char course_name[20];
    float credit;
    int grade;
    float GP;
};
struct student stu[3];
```

定义数组的同时可以给数组赋初值,例如:

```
struct student stu[3]={{1001,"李芳","C语言程序设计",4.0,85,3.5},
                       {1001,"李芳","高等数学(1)",6.0,80,3.0},
                       {1001,"李芳","大学英语(1)",4.0,75,2.5}};
```

数组 stu 在内存中的表示如图 8.7 所示。

stu[0]	1001	李芳	C语言程序设计	4.0	85	3.5
stu[1]	1001	李芳	高等数学(1)	6.0	80	3.0
stu[2]	1001	李芳	大学英语(1)	4.0	75	2.5

图 8.7　数组 stu 在内存中的表示

（2）定义结构体类型的同时定义数组

```
struct student
{
    int num;
    char name[20];
    char course_name[20];
    float credit;
    int grade;
    float GP;
}stu[3];
```

（3）不指定结构体名而直接定义结构体数组

```
struct
{
    int num;
    char name[20];
    char course_name[20];
    float credit;
    int grade;
    float GP;
}stu[3];
```

【例 8-4】　有 3 个候选人 Li、Zhang 和 Sun,10 个选民,每个选民只能投票选一人,要求编一个统计选票的程序,先后输入候选人的名字,最后输出各人得票结果。

分析:

① 定义一个结构体数组,数组中包含 3 个元素,每个元素中的信息应包括候选人的姓名(字符型)和得票数(整型)。初始时,3 个候选人的票数都为 0,如图 8.8 所示。

name	count
Li	0
Zhang	0
Sun	0

图 8.8　数组的初始状态

② 输入候选人的姓名,然后与数组元素中的"姓名"成员比较,如果相同,就给这个元素中的"得票数"值加 1。

程序代码:

```
#include <string.h>
#include <stdio.h>
struct Person
{    char name[20];
     int count;
};

int main()
{
     struct Person leader[3]={"Li",0,"Zhang",0,"Sun",0};//初始化数组
     int i,j;
     char leader_name[20];
     printf("请输入选票:\n");
     for(i=1;i<=10;i++)
     {
         scanf("%s",leader_name);
         for(j=0;j<3;j++)
             if(strcmp(leader_name,leader[j].name)==0)
                 leader[j].count++;
     }
     printf("选举结果如下:\n");
     for(i=0;i<3;i++)
         printf("%5s:%d\n",leader[i].name,leader[i].count);
     return 0;
}
```

程序运行结果如图 8.9 所示。

图 8.9 选举程序的运行结果

8.2.5 应用举例

现在可以来完成例 8-1 中提出的计算学生成绩表中每个同学的平均学分绩点的要求了。

【例 8-5】 续例 8-1,学生成绩保存在文件 score_list.txt 中,计算平均学分绩点,并将结果保存在文件 GPA.txt 中。

文件 score_list.txt 内容如下:

1001	李芳	C 语言程序设计	4.0	85	3.5
1001	李芳	高等数学（1）	6.0	80	3.0
1001	李芳	大学英语（1）	4.0	75	2.5
1002	赵力	C 语言程序设计	4.0	90	4.0
1002	赵力	高等数学（1）	6.0	85	3.5
1002	赵力	大学英语（1）	4.0	80	3.0
1003	王倩	C 语言程序设计	4.0	60	1.0
1003	王倩	高等数学（1）	6.0	70	2.0
1003	王倩	大学英语（1）	4.0	80	3.0

编程思路:

① 声明结构体

```
struct student
{
    int num;
    char name[20];
    char course_name[20];
    float credit;
    int grade;
    float GP;
};
```

main( )函数中声明结构体数组"struct student students[N];",将文件 score_list.txt

中的数据读入结构体数组 students[N]中。

② 声明结构体

```
struct student_GPA{
    int num;
    char name[20];
    float GPA;      //平均学分绩点
};
```

main()函数中声明结构体数组"struct student_GPA students_GPA[N];",将每个同学的平均学分绩点计算结果写入该数组中。

③ 程序基本模块如图 8.10 所示。

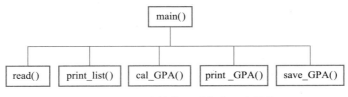

图 8.10　学生成绩管理系统的程序模块

④ 函数 int read(struct student s[],char ∗filename)将 filename 指向的文件中的成绩读入结构体数组 s[]中,同时确定 s 数组中实际元素个数 n,即成绩记录的个数,并返回给调用函数。

⑤ 函数 void print_list(struct student s[],int n)输出结构体数组 s[]中的成绩记录。

⑥ 函数 int cal_GPA(struct student s[],int n,struct student_GPA s_GPA[])计算每个学生的 GPA,写入结构体数组 s_GPA[]中,同时统计学生人数并返回。

⑦ 函数 void print_GPA(struct student_GPA s_GPA[],int m)输出结构体数组 s_GPA[]中的每个同学的 GPA 记录。

⑧ 函数 void save_GPA(struct student_GPA s_GPA[],int m)将数组 s_GPA[]中的数据记录写入文件中。

⑨ 主函数中必须声明实参数组 struct student students[N] 和 struct student_GPA students_GPA[N],主函数起的作用仅仅是串接前面实现的各函数,这是模块化程序设计的设计思想。

程序主要代码如下:

```
#include <stdio.h>
#include <stdlib.h>
#include <string.h>
#define N 30
struct student
{
    int num;
    char name[20];
```

```
        char course_name[20];
        float credit;
        int grade;
        float GP;
};
struct student_GPA{
    int num;
    char name[20];
    float GPA;
};
```

/* 从 filename 所指向的文件中读取成绩记录,保存在作为形参的结构体数组 s[]中,函数
返回读取的实际记录数 */

```
int read(struct student s[],char * filename)
{   FILE *fp;
    int n = 0;
    if((fp = fopen(filename,"r"))==NULL)
    {
        printf("cannot open file");
        exit(0);
    }
    while(! feof(fp))
    {
        fscanf(fp,"%d%s%s%f%d%f",&s[n].num,&s[n].name,&s[n].course_name,
               &s[n].credit,&s[n].grade,&s[n].GP);
        n++;
    }
    fclose(fp);
    return n;
}
```

/* 输出形参数组 s[]中的成绩记录,形参 n 代表 s[]中的实际记录数 */

```
void print_list(struct student s[],int n)
{   int i;
    printf("  学号          姓名          课程名      学分  成绩 绩点 \n");
    for(i = 0;i<n;i++)
      printf("%6d%12s%20s%5.1f%6d%5.1f \n",s[i].num,s[i].name,
             s[i].course_name,s[i].credit,s[i].grade,s[i].GP);
}
```

/* 根据结构体数组 s[]中的成绩记录计算每个学生的 GPA,保存在结构体数组 s_GPA[]中,
同时统计学生人数并返回 */

```
int cal_GPA(struct student s[],int n,struct student_GPA s_GPA[])
{   int i = 0;
    int k = 0;//用于累计学生数
    float GPT = s[0].credit * s[0].GP;//GPT 用于累计每个学生的加权绩点
    int stu_num,stu_num_next;
    float total_credit = s[0].credit;
    stu_num = s[0].num;//stu_num 是当前正在计算 GPA 的同学的学号
    for(i = 1;i<n;i++)
    {   stu_num_next = s[i].num;
```

```
            if(stu_num_next==stu_num)
            {
                GPT=GPT+s[i].credit*s[i].GP;
                total_credit=total_credit+s[i].credit;
            }
            else//一位同学的成绩统计结束后,计算 GPA 并写入 s_GPA[]中
            {
                s_GPA[k].num=s[i-1].num;
                strcpy(s_GPA[k].name,s[i-1].name);
                s_GPA[k].GPA=GPT/total_credit;
                //开始计算下一位同学
                k++;
                stu_num=stu_num_next;
                GPT=s[i].credit*s[i].GP;
                total_credit=s[i].credit;
            }
    }
    //计算最后一位同学的 GPA 并写入 s_GPA[]中
    s_GPA[k].num=s[i-1].num;
    strcpy(s_GPA[k].name,s[i-1].name);
    s_GPA[k].GPA=GPT/total_credit;
    k++;
    return k;
}
/* 输出 s_GPA[]中的内容,m 代表 s_GPA[]的实际记录数 */
void print_GPA(struct student_GPA s_GPA[],int m)
{
    int i;
    printf("\n  学号          姓名   平均绩点\n");
    for(i=0;i<m;i++)
        printf("%6d%12s %5.1f\n",s_GPA[i].num,s_GPA[i].name,
                s_GPA[i].GPA);
}

/* 将结构体数组 s_GPA[]中的数据写入文件 GPA.txt 中 */
void save_GPA(struct student_GPA s_GPA[],int m)
{
    FILE *fp;
    int i;
    if((fp=fopen("GPA.txt","w"))==NULL)
    {
            printf("cannot open file");
            exit(0);
    }
    for(i=0;i<m;i++)
        fprintf(fp,"%d %s  %5.1f\n",s_GPA[i].num,s_GPA[i].name,
                s_GPA[i].GPA);
    fclose(fp);
}


int main()
```

```
    struct student students[N];
    /* students[N]用于保存每个学生的成绩记录,N 通过#define N 10 定义 */
    struct student_GPA  students_GPA[N];
    /* students_GPA[N]用于保存每个学生的 GPA */
    int n,m;
    n=read(students,"score_list.txt");//n 是 students[]中实际元素的个数
    print_list(students,n);
    m=cal_GPA(students,n,students_GPA);
    //m 是 students_GPA[]中实际元素的个数
    print_GPA(students_GPA,m);
    save_GPA(students_GPA,m);
    return 0;
}
```

本程序中各函数间通过结构体数组作为函数参数传递数据。注意:请务必理清 main()函数中的实参数组 students[]、students_GPA[]和各函数中形参数组 s[]、 s_GPA[]的关系。

常见错误:

　　main()函数中声明了数组"struct student students[N];",调用函数的语句"print_ list(students,n);"只需要数组名即可,参数传递的是数组起始地址。

　　下列写法都是错误的:

```
print_list(students[],n);
print_list(students[N],n);
print_list(students[n]);
print_list(struct student students[N],n);
print_list(struct student students[ ],n);
```

思考:

　　还能用其他方式在函数间传递数据吗?

【例 8-6】　有如下学生信息:

学号	姓名	密码
1001	张芳	******
1002	赵力	******

……

设计一个程序,能够输入、输出、修改学生的密码。要求用二进制文件实现结构体数组的操作。

分析:

① 二进制文件的打开方式如表 8.3 所示。

表 8.3　二进制文件的打开方式

打开方式	对应操作
rb	只读打开一个二进制文件,只允许读数据
wb	只写打开或建立一个二进制文件,只允许写数据
ab	追加打开一个二进制文件,并在文件末尾写数据
rb+	读写打开一个二进制文件,允许读和写
wb+	读写打开或建立一个二进制文件,允许读和写
ab+	读写打开一个二进制文件,允许读,或在文件末追加数据

② 二进制文件的读写操作

读数据块函数调用的一般格式如下:

fread(buffer,size,count,fp);

写数据块函数调用的一般格式如下:

fwrite(buffer,size,count,fp);

其中使用的各参数说明如下:

buffer:一个指针,在 fread() 函数中表示存放输入数据的首地址;在 fwrite() 函数中表示存放输出数据的首地址。

size:表示数据块的字节数。

count:表示要读写的数据块块数。

fp:表示文件指针。

③ fseek() 函数的作用是使位置指针移动到所需的位置。fseek() 函数的调用格式如下:

fseek(文件类型指针,位移量,起始点);

"起始点"指以什么地方为基准进行移动,用数字 0、1、2 代表。0 代表文件开始处,1 代表文件位置指针的当前指向,2 代表文件末尾。

"位移量"指以"起始点"为基点向前移动的字节数。如果它的值为负数,则表示向后移。所谓"向前"是指从文件开头向文件末尾移动的方向。

④ 程序设计的基本思路

a. 在 main() 中定义一个结构体数组 stud[],用于存放学生的学号、姓名、密码。

b. 函数 save() 实现从键盘输入每个学生的信息并保存到二进制文件 stu_list 中。

c. 函数 read_all() 实现将文件中的全部信息读取到结构体数组 stud[] 中。

d. 函数 read_one() 读取第 i 个学生的信息,修改后再写回文件中。其中:

```
fseek(fp,(i-1)*sizeof(struct student_type),0);
```

表示将指针从文件开始处移动到第 i 条记录开始处。当程序执行了语句

```
fread(&s,sizeof(struct student_type),1,fp)
```

则指针指向第 i 条记录的结尾。因此,在将修改后的第 i 条记录写回文件前,要将指针从当前位置回溯到第 i 条记录的开始:

```
fseek(fp,-sizeof(struct student_type),1)
```

e. 函数 print( )输出全部信息。

程序代码：

```c
#include <stdio.h>
#include <stdlib.h>
#define SIZE 20
struct student_type
{
    int num;            //学号
    char name[10];      //姓名
    int password;       //密码
};
/* 函数 save()实现从键盘输入每个学生的信息并保存到二进制文件 stu_list 中 */
void save(int num,struct student_type stud[])
{
    FILE * fp;
    int i;
    if((fp = fopen("stu_list","wb")) == NULL) //以 wb 形式打开文件
    {
        printf("cant open the file");
        exit(0);
    }
    printf("请按照学号+空格+姓名+空格+密码的顺序输入每个同学信息\n");
    for(i = 0;i<num;i++)
    {   printf("第%d 个同学\n",i+1);
        scanf("%d%s%d",&stud[i].num,stud[i].name,&stud[i].password);
        if(fwrite(&stud[i],sizeof(struct student_type),1,fp)! =1)
            printf("file write error\n");
    }
    fclose(fp);
}


/* 函数 read_all()实现读取同学的信息 */
void read_all(int num,struct student_type stud[])
{
    FILE *fp;
    int i;
    if((fp = fopen("stu_list","rb")) == NULL)
    {
        printf("cant open the file");
        exit(0);
    }
    for(i = 0;! feof(fp);i++)
    {
        if(fread(&stud[i],sizeof(struct student_type),1,fp)! =1)
            printf("file write error\n");
    }
    fclose(fp);
}
```

```
/*读取第 i 个同学的信息,修改后写回文件中*/
void read_one(int num,int i,struct student_type stud[])
{
    FILE *fp;
    struct student_type s;
    if((fp=fopen("stu_list","rb+"))==NULL)//以 rb+方式打开文件
    {
        printf("cant open the file");
        exit(0);
    }
    fseek(fp,(i-1)*sizeof(struct student_type),0);
    /*指针移动到第 i 条记录开始处*/
    if(fread(&s,sizeof(struct student_type),1,fp)==1)
    {   printf("\n第%d 个同学的信息如下:\n",i);
        printf("%d,%s,%d\n",s.num,s.name,s.password);}
    else
        printf("file read error\n");
    printf("输入新的 password:");
    scanf("%d",&s.password);
    fseek(fp,-sizeof(struct student_type),1);
    //指针上溯一条记录,回到第 i 条记录开始处
    fwrite(&s,sizeof(struct student_type),1,fp);
    fclose(fp);
}


/*输出数组的全部记录*/
void print(int num,struct student_type stud[])
{   int i;
    printf("\n同学信息如下:\n");
    for(i=0;i<num;i++)
    {
        printf("%d,%s,%d\n",stud[i].num,stud[i].name,stud[i].password);
    }
}


int main(void)
{
    int num,i;
    struct student_type stud[SIZE];
    printf("请输入同学人数:");
    scanf("%d",&num);
    save(num,stud);
    print(num,stud);
    printf("请输入需修改密码的同学序号:");
    scanf("%d",&i);
    read_one(num,i,stud);
    read_all(num,stud);
    print(num,stud);
    return 0;
}
```

程序运行结果如图 8.11 所示。

```
请输入同学人数: 4
请按照学号+空格+姓名+空格+密码的顺序输入每个同学信息
第1个同学
1001 zhang 111
第2个同学
1002 wang 222
第3个同学
1003 li 333
第4个同学
1004 zhao 444

同学信息如下:
1001,zhang,111
1002,wang,222
1003,li,333
1004,zhao,444
请输入需修改密码的同学序号: 3

第3个同学的信息如下:
1003,li,333
输入新的password: 1234
file write error

同学信息如下:
1001,zhang,111
1002,wang,222
1003,li,1234
1004,zhao,444
```

图 8.11　学生密码操作程序的运行结果

8.3　结构体指针的应用——单链表

8.3.1　指向结构体的指针

一个结构体变量的指针就是该变量所占据的内存段的起始地址。可以设一个指针变量用来指向一个结构体变量,此时该指针变量的值是结构体变量的起始地址。例如:

```
struct student s,*p;
p = &s;
```

引用结构体成员的 3 种形式如下,假定 s 是结构体变量名,p 是指向结构体变量的指针:

① 结构体变量.成员名,如 s.num、s.name,8.1 节已经详细讲解过该形式。

② 点域法:(*p).成员名,如(*p).name、(*p).num。

③ 指向法:p->成员名,如 p->name、p->num,等价于(*p).name、(*p).num。

1. 用点域法和指向法引用结构体成员

【例 8-7】　使用点域法和指向法引用结构体成员。

程序代码：

```c
#include <stdio.h>
#include <string.h>
struct student{
    int num;
    char name[20];
    char course_name[20];
    float credit;
    int grade;
    float GP;
};

int main( )
{
    struct student stu1,*p;
    stu1.num=1001;
    strcpy(stu1.name,"李芳");
    strcpy(stu1.course_name,"C语言程序设计");
    stu1.credit=4;
    stu1.grade=85;
    stu1.GP=3.5;
    p=&stu1;
    printf("\n 学号   姓名        课程                    学分   成绩   绩点 \n");
    //用点域法引用结构体成员
    printf("%5d  %-10s%-20s%5.1f %5d %5.1f\n",
            (*p).num,(*p).name,(*p).course_name,(*p).credit,
            (*p).grade ,(*p).GP);
    //用指向法引用结构体成员
    printf("%5d  %-10s%-20s%5.1f %5d %5.1f\n",
            p->num,p->name,p->course_name,p->credit,p->grade ,p->GP);
    return 0;
}
```

程序中 p 为指向结构体变量 stu1 的指针，两个 printf( ) 语句中分别采用点域法和指向法引用结构体变量 stu1 中的成员，效果完全相同。

程序运行结果如图 8.12 所示。

图 8.12 例 8-7 程序运行结果

编程经验：

① (*p).num 中的括号不能缺，因为点号的优先级要比星号高。

② 点域法的点前必须是结构体变量，可以采用在指针变量前加 * 表示结构体变量，例如 *p 表示指针 p 所指向的变量。

③ 指向法的指向符"->"前一定是指针变量。

2. 指向结构体数组的指针

前面的章节介绍过可以用指针变量表示数组元素。因此,也可以用指针表示结构体数组的元素。

【例 8-8】 用指针表示结构体数组成员信息。

程序代码:

```c
#include <stdio.h>
#include <string.h>
struct student{
    int num;
    char name[20];
    char course_name[20];
    float credit;
    int grade;
    float GP;
};
int main(void)
{   struct student stu[3]={{1001,"李芳","C语言程序设计",4.0,85,3.5},
                           {1001,"李芳","高等数学(1)",6.0,80,3.0},
                           {1001,"李芳","大学英语(1)",4.0,75,2.5}};
    struct student *p;
    printf("学号 姓名     课程                 学分 成绩  绩点 \n");
    for(p=stu;p<stu+3;p++)
        printf("%5d  %-10s%-20s%5.1f %5d %5.1f\n",
               p->num,p->name,p->course_name,p->credit,p->grade,
               p->GP);
    return 0;
}
```

特别要注意的是:程序中每执行一次 p++,指针变量 p 就指向下一个数组元素,指针 p 具体指向如图 8.13 所示。

	p->num	p->name	p->course_name	p->credit	p->grade	p->GP	
p →	1001	李芳	C语言程序设计	4.0	85	3.5	stu[0]
p+1 →	1001	李芳	高等数学(1)	6.0	80	3.0	stu[1]
p+2 →	1001	李芳	大学英语(1)	4.0	75	2.5	stu[2]

图 8.13   p 指针的指向

运行结果如图 8.14 所示。

图 8.14   指针表示结构体数组成员程序的运行结果

8.3.2 单链表

1. 单链表的概念

单链表是用一组任意的、不连续的存储单元来存储一组数据（数组必须是一片连续的存储单元），链表的长度不是固定的。如图 8.15 所示，链表的每一个元素称为一个"结点"，每个结点都可存放在内存中的不同位置。为了表示每个元素与后继元素的逻辑关系，以便构成"一个结点链着一个结点"的链式存储结构，除了存储元素本身的信息外，结点还要存储后继元素的地址。因此每个结点都应包括两个部分：一部分为用户需要用的数据，另一部分为下一结点的地址，如图 8.16 所示。前一结点指向下一结点，只有通过前一结点才能找到下一结点。

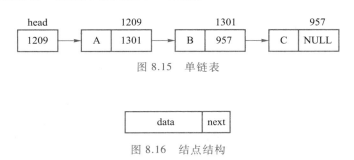

图 8.15　单链表

图 8.16　结点结构

可定义一个指针变量来存放下一结点的地址，只有同一类型的结点才能形成链表。

链表结点的定义格式如下：

```
struct  List
{
    int data;
    struct List * next;
};
```

链表的数据域也可以引用用户自定义的结构体，例如：

```
struct Student_List
{
    struct student data;
    struct Student_List * next;
};
```

其中的 student 的定义见 8.2 节。

此外，链表还必须有一个指向链表的第一个结点的头指针变量 head。

图 8.15 所示的链表的存储结构决定了对链表数据的访问形式，即只能顺序访问，而不能像数组一样进行随机访问。首先找到链表的头指针，这样就可以找到链表的首结点（第一个结点），通过首结点的指针域就可以找到第二个结点，依此类推，当结点

的指针域为 NULL 时,表示已经到了链表的尾部结点。可见,对单链表而言,头指针是非常重要的,头指针一旦丢失,链表中的数据也将全部丢失。

2. 建立简单的单链表

【例 8-9】　建立一个如图 8.17 所示包含 3 个学号和成绩的学生信息单链表,并输出各结点信息(c 结点中的^表示空指针 NULL)。

图 8.17　学生信息单链表

分析:

① 各结点间的关系

head = &a;a.next = &b;b.next = &c;c.next = NULL;

② 输出单链表

a. 设置一个指针 p,首先指向链表中第一个结点 a:p = head,输出 p 所指向的结点内容:p->num 和 p->score。

b. p 指向 p 的下一个结点:p = p->next,继续输出 p 所指向的结点内容。

c. 重复 b.,直到输出链表中的所有结点。

d. 如何判别已经输出了所有结点呢? 利用最后一个结点 c 的 next 指针域为空判别:当 p->next 为空,说明已经是最后一个结点了。

程序代码:

```c
#include <stdio.h>
struct Student
{  int num;
   float score;
   struct Student * next;
};
int main(void)
{  struct Student a,b,c, * head, * p;
   a. num = 1001;a.score = 80.5;
   b. num = 1002;b.score = 70;
   c. num = 1003;c.score = 90;
   head = &a;a.next = &b;
   b. next = &c; c.next = NULL;
   p = head;
   while(p! = NULL)
   {  printf("%d%5.1f\n",p->num,p->score);
      p = p->next;
   };
   return 0;
}
```

3. 建立动态单链表

第 6 章中介绍过动态数组,动态数组属于动态数据结构。所谓动态数据结构,是指在运行时才能确定所需内存空间大小的数据结构,动态数据结构所使用的内存称为动态内存,当数据不用时又可以随时释放存储单元。

建立动态链表是指在程序执行过程中从无到有地建立起一个链表,即一个一个地开辟结点并输入各结点数据,最后建立起前后相链的关系。

动态单链表就是一种典型的动态数据结构。

【例 8-10】 编写一个函数建立一个有多名学生数据的单向动态链表。

分析:

① 定义 3 个指针变量:head、p1 和 rear,都是用来指向 Student 类型的数据,其中 head 为单链表的头指针,p1 指向当前结点,rear 指向当前链表的尾结点。

```
struct Student *head,*p1,*rear;
```

② 初始状态下,链表为空:

```
head=NULL;rear=NULL;
```

③ 用 malloc( )函数开辟一个结点,并使 p1 指向它:

```
p1=(struct Student *)malloc(LEN);
```

读入一个学生的数据给 p1 所指的结点:

```
scanf("%ld,%f",&p1->num,&p1->score);
```

插入第一个结点,如图 8.18 所示。

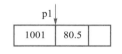

图 8.18 插入第一个结点

④ 如果是第一个结点(head == NULL),那么当前结点既是单链表的头结点,也是尾结点:

```
head=p1;rear=p1;
```

设置 head 和 rear 指针如图 8.19 所示。

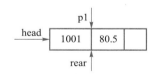

图 8.19 设置 head 和 rear 指针

⑤ 开辟一个新结点并使 p1 指向它:

```
p1=(struct Student *)malloc(LEN);
```

输入该结点的数据:

```
scanf("%ld%f",&p1->num,&p1->score);
```

插入第二个结点如图 8.20 所示。

⑥ 链接尾结点(rear)和当前结点(p1):

```
rear->next=p1;
```

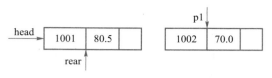

图 8.20　插入第二个结点

使 rear 指向新的尾结点：

rear=p1;

设置新的 rear 指针如图 8.21 所示。

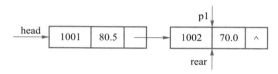

图 8.21　设置新的 rear 指针

⑦ 循环重复以上的过程。如果某一个结点的学号输入为-999,则循环结束。最后一个结点的 next 域置为 NULL：

rear->next=NULL;

⑧ 对于单链表来说,只有通过头指针才能得到链表中所有结点的信息。所以函数应该返回单链表的头指针的值。

程序代码：

```c
#define LEN sizeof(struct Student)
struct Student
{  int num;
   float score;
   struct Student * next;
};
/* 函数返回单链表的头指针 */
struct Student * creat( )
{  struct Student * head=NULL, * p1, * rear=NULL;
   p1=(struct Student *) malloc(LEN);
   scanf("%d%f",&p1->num,&p1->score);
   while(p1->num!=-999)
   {  if(head==NULL) head=p1;
         // 如果单链表为空,新建立的结点就是单链表的头结点
      else rear->next=p1;
      rear=p1;     // rear 永远指向单链表的尾结点
      p1=(struct Student *)malloc(LEN);
      scanf("%ld%f",&p1->num,&p1->score);
   }
   rear->next=NULL; // 最后一个结点的 next 置为空
```

```
    return(head);//返回单链表的头指针
}
```

4. 动态单链表的操作

单链表一般有插入结点、删除结点、输出单链表等操作。

（1）单链表的插入操作

常见的单链表插入操作是将一个新结点插入一个有序链表中，插入后链表仍有序；或者是将一个新结点插入单链表的指定位置。

【例8-11】　编写一个函数，实现对有序链表的插入操作，插入结点后单链表仍然有序。

分析：首先要创建新插入的结点 s，然后在链表中寻找适当的位置插入该结点。在插入时应考虑如下 4 种情况：

① 若原链表为空表，则插入的新结点 s 就是首结点，需要修改头指针 head 的值（head＝s）。

② 若原链表非空，而且新结点插入在首结点之前，则需将新结点 s 的指针域指向原链表的头结点（s->next＝head），并修改头指针 head 的值（head＝s）。

③ 新结点插入在表的中间，如图 8.22 所示，需要移动两次指针：s->next＝p、q->next＝s。注意两次移动指针的顺序不可以交换。

④ 若新结点插入在表的尾部，指针的移动同③，只是此时 p 为 NULL 。

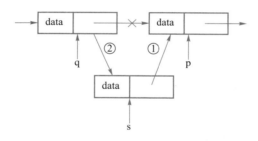

图 8.22　在单链表中插入结点

程序代码：

```
/*设已有链表中各结点成员项 num 是按从小到大顺序排列的,插入新结点后链表仍有序*/
struct Student * insert_Node(struct Student * head,int x,float y)
{
    struct Student *p,*q,*s;
    p=head;q=NULL;//q指向p的前一个结点
    s=(struct Student * )malloc(sizeof(struct Student));
    s->num=x;s->score=y;
    if (head==NULL) /*若是空表,则插入在头结点*/
    {
        head=s;s->next=NULL;
    }
    else
    {
```

```
        while ((p! =NULL)&&(p->num<s->num))
        { q=p;p=p->next;} /* 寻找插入点,插入在 q 后,p 前 */
        if  (p==head) /* 若是插入在首结点之前,则修改头指针 */
        { s->next=p;head=s;}
        else
        { s->next=p;q->next=s;} /* 插入在 q,p 之间 */
    }
    return(head);
}
```

可以利用该插入操作创建一个有序单链表,代码如下:

```
struct List * creat_list()
{
    struct  List * head;
    int x;
    float y;
    head=NULL;
    scanf("%d%f",&x,&y);
    while(x! =-999) /* -999 为键盘输入结束符 */
    { head=insert_Node(head,x,y);
        scanf("%d%f",&x,&y);
    }
    return head;
}
```

（2）输出单链表

输出单链表也称为遍历链表。由于链表是一种链式存储结构,链表的输出必须"从头至尾"逐个结点输出,算法比较简单。

【例 8-12】 编写一个函数,实现单链表的输出。

分析:见例 8-9。

程序代码:

```
void  print(struct Student  * head)
{
    struct Student  * p;
    p=head;             /* p 指向第一个结点 */
    while (p! =NULL) /* 当 p 非空 */
    { printf("%d  %.2f ",p->num,p->score);    /* 输出当前结点 */
        p=p->next;    /* 指针移向下一结点 */
    }
    printf("\n");
}
```

（3）单链表的删除操作

【例 8-13】 编写一个函数,给定待删除结点的学号,从单链表中删除该学生结点。

分析:删除结点时应考虑如下 4 种情况:

① 若单链表为空,则无需删除结点。

② 若找到的待删除结点 p 是首结点,则将 head 指向 p 的下一个结点(head = p->next),再删除 p 结点。

③ 若找到的待删除结点不是首结点,则用指针 q 指向 p 的前一个结点,将 q 的 next 指针指向 p 的下一个结点(q->next = p->next),再删除 p 结点,如图 8.23 所示。

④ 若已搜索到表尾(p == NULL),还未找到待删除结点,则显示"not found"。

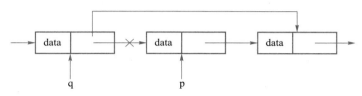

图 8.23 删除单链表的一个结点

程序代码:

```
/* 删除单链表中结点的 num 等于给定的 x 的结点 */
struct Student * Del_Node(struct Student * head,int x)
{
    struct Student *p,* q;
    int found = 0;/* 设置找到否标记 */
    p = head;q = NULL;/* q 指向 p 的前一个结点 */
    while(p! = NULL)
    {
        if(p->num == x)
        {   found = 1;
            break;/* 找到了待删结点,结束循环 */
        }
        else /* 还未找到待删除结点 */
        {   q = p;
            p = p->next;   /* p 指向下一结点 */
        }
    }
    if(found == 1)
    {   if(p == head)   /* 待删结点是第一个结点 */
            head = p->next;/* 修改头指针 */
        else /* p 不是首结点 */
            q->next = p->next;/* q 的 next 指向 p 的下一个结点 */
        free(p);/* 释放 p */
    }
    else
        printf ("Node not found!");
    return head;
}
```

删除操作还可以销毁整个单链表,代码如下:

```
void destroy(struct List  * head)
{
```

```
struct List *p=head,*q=NULL;/*q指向p的前一个结点*/
while(p! =NULL)
{  q=p;
   p=p->next;
   free(q);
}
}
```

（4）对链表中元素的查找操作

【例8-14】   查找单链表中是否存在学号为 x 的学生结点。若存在,返回 x 所在的位置;否则返回-1。

分析:从第一个结点开始,"顺藤摸瓜",按顺序查找。

程序代码:

```
int find( struct Student *head,int x)
{
    struct Student *p;
    int i=1;
    p=head;
    while(p! =NULL)
    {
        if(p->num==x)
            return i;
        else
        {  p=p->next;i++;}
    }
    return-1;
}
```

上述单链表的所有算法可用如下 main( )函数调用:

```
int main(void)
{
    int x,i;
    float y;
    struct  Student *h;//单链表的头指针
    printf("从键盘输入数据创建单链表,-999结束输入:\n");
    h=creat();
    printf("创建的单链表如下:\n");
    print(h);
    while(1)
    {
        printf("\n**************************\n");
        printf("    1---删除结点\n");
        printf("    2---插入结点\n");
        printf("    3---查找结点\n");
        printf("    4---输出单链表\n");
        printf("    0---结束程序\n");
        printf("************************** \n");
```

```
            printf("请输入您的选择:[0-4]");
            scanf("%d",&i);
            if(i==1)
            {
                    printf("输入待删除的结点:\n");
                    scanf("%d",&x);
                    h=Del_Node(h,x);
                    printf("删除后的单链表如下:\n");
                    print(h);
            }
            else if(i==2)
            {
                    printf("输入待插入的结点:\n");
                    scanf("%d%f",&x,&y);
                    h=insert_Node(h,x,y);
                    printf("插入后的单链表如下:\n");
                    print(h);
            }
            else if(i==3)
            {       int j;
                    printf("输入待查找的结点:\n");
                    scanf("%d",&x);
                    j=find(h,x);
                    if(j==-1)
                        printf("链表中没找到%d",x);
                    else
                        printf("%d在链表的第%d个位置",x,j);
            }
            else if(i==4)
                print(h);
            else if(i==0)
                break;
            else
                printf("\n输入错误,请重新输入! \n");
        }
    return 0;
}
```

程序运行结果如图 8.24 所示。

从上面的例子可以看出,相比数组,单链表有如下优缺点:

① 用数组实现程序功能时,需要预先定义一个足够大的结构体数组,无论是动态数组或静态数组都是如此;而用单链表实现时,由于单链表的每个结点的存储空间是动态生成的,因此这个问题不复存在。

② 假设有一个有序队列:10、20、30、40、50,现在要插入元素 15 并保持队列有序。如果用数组实现,需要将 20 及之后的元素都往后移动一个位置。但如果用单链表实现,只需要在结点 10 和 20 之间插入一个结点即可,不需要移动后续元素。删除结点也同理。这是单链表相对于数组的一个显著优点。

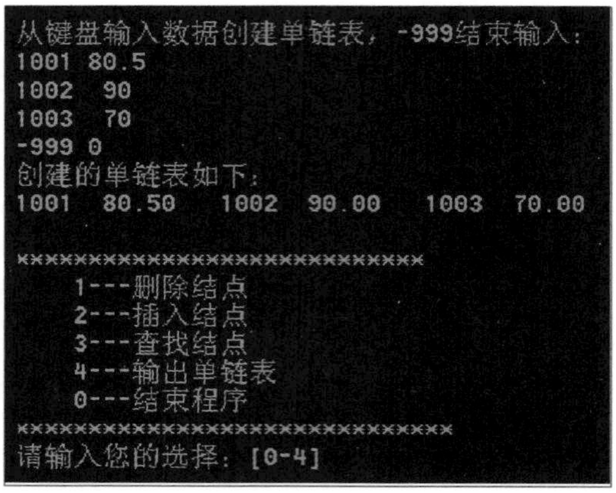

图 8.24   单链表程序的运行结果

③ 查找时链表也有明显的不足。例如知道某一元素在有序队列中的位置,如果使用数组,可直接通过数组的下标即可实现存取;但如果使用单链表,必须从单链表的头结点开始顺序查找,才能找到这个元素。

8.4   共   用   体

8.4.1   共用体的概念

共用体又称联合体(union),它与结构体一样,也是 C 语言提供的一种构造类型。共用体类型用来表示在不同场合会有不同类型取值的对象(但一个时刻只用一种类型)。例如,某程序中要定义一个变量 number,在不同时刻它可以存储一个单字符、一个整数、一个单精度数或一个双精度数。如果按照它的各种取值类型定义多个变量,则既浪费存储空间,又还会因为用多个变量表示一个对象而割裂对象的整体性。所以,可以把不同类型的变量放在同一内存区域内(但它们不能在同一时刻使用),形成共用体。

虽然共用体和结构体含义并不相同,但它也是由若干个成员组成的。共用体的声明和结构体的声明语法大致相似,形式如下:

```
union data
{   int a;
    float b;
    char c;
}x;
```

共用体及共用体变量可以用如下 3 种方法定义:

（1）先定义共用体，再定义共用体变量

union 共用体名
{
　　成员列表
};
union 共用体名变量列表；

例如：

```
union Data
{
    int i;
    char ch;
    float f;
};
union Data a,b,c;
```

（2）定义共用体的同时定义共用体变量

union 共用体名
{
　　成员列表
} 变量列表；

例如：

```
union Data
{
    int i;
    char ch;
    float f;
}a,b,c;
```

（3）不定义共用体名，直接定义共用体变量

union
{
　　成员列表
} 变量列表；

例如：

```
union
{
    int i;
    char ch;
    float f;
}a,b,c;
```

　　共用体的最大特点就是使用了覆盖技术，即所有成员相互覆盖从而共享同一存储单元，提供了节省存储空间的数据操作方式。

8.4.2   共用体变量的引用方式

由于某一时刻只能有某一个成员起作用,因此不能直接引用整个共用体变量,而只能引用共用体变量中的成员,借助成员名称告诉系统按照哪一种数据类型引用它。共用体变量成员的引用方式类似于结构体变量成员,可以用成员选择运算符"."和成员指向运算符"->"来访问共用体变量或者共用体数组元素的成员。当用变量名或等价变量名访问时,用".";当用指针或数组名访问时,用"->"。

例如:

```
union Data
{
    int i;
    char ch;
    float f;
}a,b,c;
a.i=3;b.ch='A';c.f=4.5;
```

也可以通过指针变量引用共用体变量中的成员。例如:

```
union Data    *p,x;
p=&x;p->i=3;printf("%d",p->i);
p->f=4.5;printf("%f",p->f);
p->ch='A';printf("%c",p->ch);
```

但是不能直接用共用体变量名进行输入输出,例如下列语句是错误的:

```
scanf("%d",&x);printf("%d",x);
```

8.4.3   共用体类型数据的特点

相对于其他的构造类型,共用体类型数据有以下特点:

① 同一个内存段可以用来存放几种不同类型的成员,但在每一瞬时只能存放其中一种,而不是同时存放几种。

② 共用体变量中起作用的成员是最后一次存放的成员,在存入一个新的成员后,原有的成员就失去作用。

③ 共用体变量的地址和它的成员的地址都是同一地址。

④ 不能对共用体变量名赋值,也不能企图引用变量名来得到成员的值,还不能在定义共用体变量时对它初始化。

⑤ 共用体类型可以出现在结构体类型定义中,也可以定义共用体数组;反之,结构体也可以出现在共用体类型定义中,数组也可以作为共用体的成员。

【例 8-15】 将整数 1 648 517 441 按字节输出。

分析:定义一个共用体

```
union int_char
```

```
    {
        int i;
        char ch[4];
    }x;
```

变量 x 在内存中的情况：

01000001	ch[0]	i 的低位
01100001	ch[1]	i 的次低位
01000010	ch[2]	i 的次高位
01100010	ch[3]	i 的高位

程序代码：

```
#include <stdio.h>
int main(void)
{   union int_char
    {
        int i;
        char ch[4];
    }x;
    x.i = 1648517441;
    printf("i = %o \n",x.i);
    printf("ch0 = %o,ch1 = %o,ch2 = %o,ch3 = %o \nch0 = %c,ch1 = %c,ch2 = %c,
           ch3 = %c \n", x.ch[0],x.ch[1],x.ch[2],x.ch[3],x.ch[0],x.ch[1],
           x.ch[2],x.ch[3]);
    return 0;
}
```

程序运行结果如图 8.25 所示。

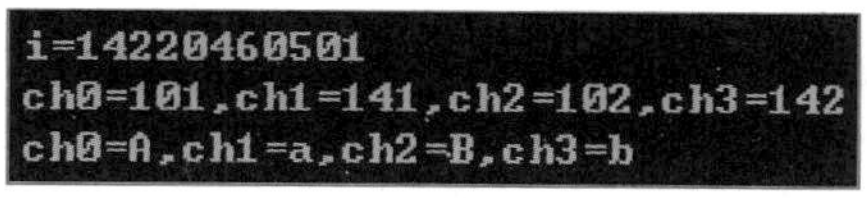

```
i=14220460501
ch0=101,ch1=141,ch2=102,ch3=142
ch0=A,ch1=a,ch2=B,ch3=b
```

图 8.25　按字节输出整数的运行结果

一个整数占 4B(VC 中)，若分别使用这 4B 的内容，可以用上述方法。但要注意整数在内存中存储时是高位占高字节，低位占低字节，即低字节在前，高字节在后。

8.5　枚　举　类　型

所谓"枚举"就是将所有可能的取值情况一一列举出来。如果一个变量只有几种可能的值，例如，对于变量 workday 有星期一到星期日共 7 种可能的取值，而选修课的成绩有优、良、中、及格、不及格 5 种取值，这时可以将它们定义为枚举类型，使得变量的值只限于列举出来的值的范围内。

8.5.1　枚举类型的声明

枚举类型的声明语法形式如下：

enum 枚举类型标识符{枚举常量 1,枚举常量 2,…,枚举常量 n};

枚举类型的声明以关键字 enum 开始,enum 后所接的标识符即为所自定义的枚举类型名称,而左、右花括号围起来的内容,就是枚举序列中所要枚举的常量,之间用逗号分隔,最后在右花括号后加上分号,表示声明的结束。

例如：

```
enum  Weekday{sun,mon,tue,wed,thu,fri,sat};
```

该类型的变量用来描述星期,可取的值有 sun,mon,tue,wed,thu,fri,sat。

8.5.2　枚举类型变量的声明及引用

定义枚举类型变量的方式与定义结构体变量极为相似,也有以下 3 种方式：

（1）先声明枚举类型再定义枚举类型变量,例如：

```
enum  Weekday{sun,mon,tue,wed,thu,fri,sat};
enum  Weekday  workday;
```

（2）声明枚举类型的同时定义变量,例如：

```
enum  Weekday{sun,mon,tue,wed,thu,fri,sat} workday;
```

（3）不定义枚举类型名,直接定义枚举类型变量,例如：

```
enum  {sun,mon,tue,wed,thu,fri,sat} workday;
```

说明：

① C 语言编译时对枚举类型的枚举元素按常量处理,故称枚举常量。不要因为它们是标识符（有名字）而把它们看作变量,不能对它们赋值。例如“sun = 0;”是错误的。

② 每一个枚举元素都代表一个整数,C 语言编译按定义时的顺序默认它们的值为 0,1,2,3,4,5,…,在上面定义中,sun 的值为 0,mon 的值为 1,…,sat 的值为 6。如果有赋值语句：

```
workday = mon;
```

相当于：

```
workday = 1;
```

也可以人为地指定枚举元素的数值,例如：

```
enum Weekday{sun = 7,mon = 1,tue,wed,thu,fri,sat}workday,week_end;
```

指定枚举常量 sun 的值为 7,mon 为 1,则枚举类型 Weekday 所包含的 7 个枚举常量的序号依次为 7、1、2、3、4、5、6。

③ 枚举元素可以用作判断比较。例如：

```
if(workday == mon) …
```

```
if(workday>sun)…
```

枚举元素的比较规则是按其在初始化时指定的整数来进行比较的。如果定义时未人为指定,则按上面的默认规则处理,即第一个枚举元素的值为 0,故 mon>sun,sat>fri。

④ 需要特别注意的是:声明一个枚举类型并没有分配存储空间,只是描述了用户自定义的枚举数据类型(这一点与结构体的声明类似),并将大括号中所给的枚举值与整数常量关联起来。

⑤ 当定义枚举类型的变量时,才分配存储空间。由于枚举变量的类型就是整数,而且某一时刻它的取值只能是多个枚举常量对应序号中的一个,所以一个枚举类型变量占用的内存空间与 int 类型相同。

⑥ 枚举常量可直接赋给枚举变量,但它无法通过 scanf( )函数从键盘输入,只能先用 scanf( )函数输入序号,再间接地转换赋值,用 switch 分支语句进行处理。此外,枚举变量的值只可按整型数打印输出,如语句"printf("%d",workday);",若要直接输出其中枚举常量的相关字符串信息,应该用 switch 分支语句或 if 语句处理。

【例 8-16】　口袋中有红、黄、蓝、白、黑 5 种颜色的球若干个。每次从口袋中先后取出 3 个球,问得到 3 种不同颜色的球的可能取法,输出每种排列的情况。

分析:用穷举法,设置三重循环,当外循环、中循环、内循环的值都不同时,说明取到的球的颜色都不同。

程序代码:

```c
#include <stdio.h>
enum Color{red,yellow,blue,white,black};
void print_color( int pri) //输出颜色
{
    switch (pri)
    {   case red: printf("%-10s","red");break;
        case yellow:printf("%-10s","yellow");break;
        case blue:printf("%-10s","blue");break;
        case white:printf("%-10s","white");break;
        case black:printf("%-10s","black");break;
    }
}
int main(void)
{
    enum Color i,j,k ;
    int n = 0;
    for (i = red;i <= black;i++)
        for (j = red;j <= black;j++)
            if (i! = j)
            { for (k = red;k <= black;k++)
                if ((k! = i) && (k! = j))
                { n = n+1;
                    printf("%-4d",n);
                    print_color(i);
```

```
                    print_color(j);
                    print_color(k);
                    printf("\n");
                }
        }
        printf("\ntotal:%5d\n",n);
        return 0;
}
```

程序运行结果的部分截图如图 8.26 所示。

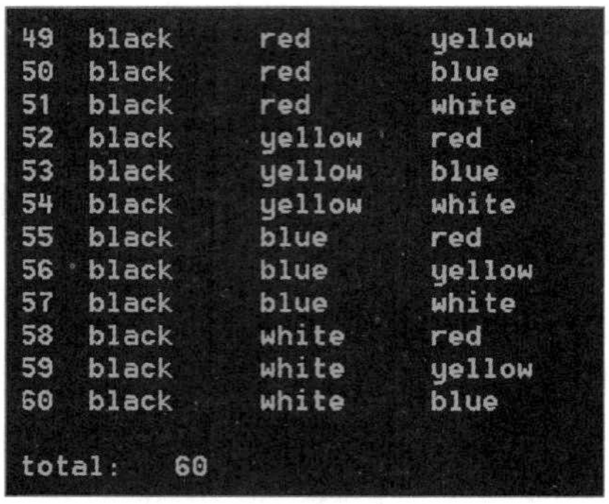

```
49  black        red         yellow
50  black        red         blue
51  black        red         white
52  black        yellow      red
53  black        yellow      blue
54  black        yellow      white
55  black        blue        red
56  black        blue        yellow
57  black        blue        white
58  black        white       red
59  black        white       yellow
60  black        white       blue

total:   60
```

图 8.26　摸球程序的运行结果

8.6　用 typedef 定义类型

C 语言允许在程序中用 typedef 来定义新的类型名代替已有的类型名。
（1）简单地用一个新的类型名代替原有的类型名
例如：

```
typedef  int INTEGER;
INTEGER  a,b;
```

相当于

```
int a,b;
```

（2）命名一个简单的类型名代替复杂的类型表示方法
① 定义一个类型名代替一个结构体类型。
例如：

```
typedef  struct
{   char  name[20];
    long  num;
    float score;
}STUDENT;
```

定义了一个类型名 STUDENT,然后可以用 STUDENT 定义变量,例如:

```
STUDENT student1,student2,*p;
```

② 命名一个新的类型名代表数组类型。

例如:

```
typedef  int COUNT[20];
typedef  char NAME[20];
COUNT  a,b;
NAME  c,d;
```

相当于

```
int a[20],b[20];
char c[20],d[20];
```

③ 命名一个新的类型名代表一个指针类型。

例如:

```
typedef  char *STRING;
STRING  p1,p2,p[10];
```

相当于

```
char * p1,*p2,*p[10];
```

④ 命名一个新的类型名代表指向函数的指针类型

例如:

```
typedef int (*Pointer)();
Pointer p1,p2;
```

综上所述,定义一个新的类型名的步骤如下:

① 先按定义变量的方法写出定义体,例如:int i。

② 将变量名换成新的类型名,例如:将 i 换成 Count。

③ 在最前面加 typedef,例如:typedef int Count。

④ 然后用新类型名 Count 去定义变量。

按照以上步骤操作的实例:

① 先按定义数组变量形式书写:int a[100]。

② 将变量名 a 换成自己命名的类型名:int Num[100]。

③ 在前面加上 typedef,得到 typedef int Num[100]。

④ 定义变量"Num a;"相当于定义了 int a[100]。

说明:

① typedef 实际上是为特定的类型指定了一个同义字(synonyms)。例如:

```
typedef int Num[100];
```

Num 是 int [100]的同义字。

② 用 typedef 只是对已经存在的类型指定一个新的类型名,而没有创造新的类型。

③ 用 typedef 声明数组类型、指针类型、结构体类型、共用体类型、枚举类型等,可使编程更加方便。

④ 当不同源文件中用到同一类型数据时,常用 typedef 声明一些数据类型。可以把所有的 typedef 名称声明单独放在一个头文件中,然后在需要用到它们的文件中用 #include 指令把它们包含到文件中。这样编程者就不需要在各文件中自己定义 typedef 名称了。

⑤ 使用 typedef 名称有利于程序的通用与移植。有时程序会依赖硬件特性,用 typedef 类型便于移植。

8.7　综合案例

【例 8-17】　续例 7-21,学校社团管理系统(2.0 版)。如果学生报名信息中包含学号、姓名、专业、社团名,那么用结构体表示每个学生的信息将会非常方便。定义如下结构体:

```
struct person
{    char id[9];          //学号,例 20211001
     char name[20];       //姓名
     char major[20];      //学生所在专业
     char sub[20];        //所报社团
};
```

假设有若干社团,将社团信息保存在一个全局字符串数组中,例如:

char * SetSub[]={"辩论队","动漫社","音乐社","舞蹈团","电竞社","轮滑社"};

社团管理系统功能在例 7-21 的基础上做了适当更新,包含如下功能:

① 社团招新。

② 社团成员信息修改。

③ 社团成员信息删除。

④ 社团信息查询,包括按学号查询社团成员信息和按社团名查询社团成员信息。

⑤ 成员统计:按社团分类统计各社团的人数。

⑥ 社团全体成员信息输出。

编程思路:

① 每个功能都通过不同的函数实现,不同的函数间通过形参数组 struct person p[ ] 传递数据,main( )函数中声明对应的实参数组 struct person per[N]。由于数组名作为参数是传址的,各函数间就可以共享同一数组。

② 程序开始,自动从文件 ass.txt 中读入数据记录;程序结束,将所有数据记录写入文件 ass.txt 中。

下面详细介绍本系统中各函数的实现。

(1) 读入成员信息

程序开始运行时，数据初始化，在进入菜单之前先从文件 ass.txt 中读入成员的报名信息，函数原型：

```
int read(struct person p[ ]);
```

从文件读入的信息保存在结构体数组 p[ ]中，函数返回读到的记录数。对应 main( )函数中的实参数组及调用语句如下：

```
int  main():
{  …
   struct person per[N];//声明一个实参数组,N是符号常量
   …
   n=read(per);
   …
   save(per,n);
}
```

通过实参数组 per[ ]和形参数组 p[ ]之间的参数传递，read( )函数中读入的数据就保存在 per[ ]中，实际数据记录数保存在变量 n 中。read( )函数源代码如下：

```
int read(struct person p[ ])
{
     int n;
     FILE *fp;
     fp=fopen("ass.txt","r");
     if(fp==NULL)
     {
          printf("file open error!");
          exit(1);
     }
     n=0;
     while(! feof(fp))
     {
          fscanf(fp,"%s%s%s%s",p[n].id,p[n].name,p[n].major,p[n].sub);
          n++;
     }
     fclose(fp);
     return n;
}
```

文件 ass.txt 的记录内容包括学号、姓名、专业、社团，示例如图 8.27 所示。

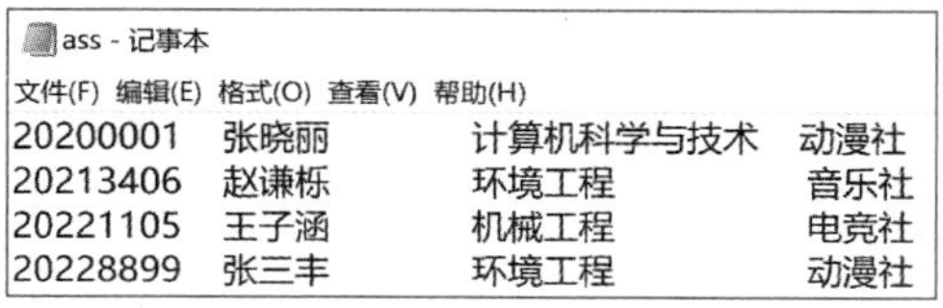
ass - 记事本
文件(F) 编辑(E) 格式(O) 查看(V) 帮助(H)

20200001	张晓丽	计算机科学与技术	动漫社
20213406	赵谦栎	环境工程	音乐社
20221105	王子涵	机械工程	电竞社
20228899	张三丰	环境工程	动漫社

图 8.27 ass.txt 文件示例数据

(2) 社团招新

从键盘输入新社员的报名信息,函数原型:

```
int add(struct person p[],int n) ;
```

函数的形参 p[ ] 存储学生社团信息,形参 n 为数组 p[ ] 中实际记录数,分别对应 main( ) 函数中的实参数组 per[ ] 及其数组元素个数 n。

通过本函数可以将新社员的报名信息添加到结构体数组 p[ ] 的末尾,同时数组的实际记录数增加 1,并返回。由于实参数组 per[ ] 和形参数组 p[ ] 共享存储空间,因此,形参数组 p[ ] 的数据改变实际上就是实参数组 per[ ] 发生了改变,但是形参 n 是普通变量,和实参变量是通过传值方式进行参数传递的,因此 n 的值的变化需要通过 return 语句返回。

add( ) 函数中调用了一个 new( ) 函数,new( ) 的功能是从键盘输入一个新的社团报名记录并返回。在后续的 modify( ) 函数中,也会调用 new( ) 函数。源代码如下:

```
struct person new()
{     int i,k;
      struct person s;
      fflush(stdin);                    //清键盘缓冲区
      printf("\n学号:  ");
      gets(s.id);
      printf("\n姓名:  ");
      gets(s.name);
      printf("\n专业班级:  ");
      gets(s.major);
      printf("\n社团:  ");
      for(i=0;i<6;i++)
             printf("%d--%-16s",i+1,SetSub[i]);
      printf("\n");
      do
      {   printf("请输入社团编号(1-6):");
          scanf("%d",&k);
      }while(k<1&&k>=6);                //社团编号必须在 1~6
      strcpy(s.sub,SetSub[k-1]);
      return s;
}

int add(struct  person  p[],int n)    //社团招新
{
      struct person s;
      printf("\n新增加成员信息:\n");
      s=new();
      p[n]=s;
      n++;
      printf("新增社团成员信息成功! \n");
      return n;
}
```

（3）社团成员信息修改

根据输入的学号查找对应的社团信息,并从键盘输入新的信息,函数原型:

```
void modify(struct person p[],int n,char id[]);
```

其中形参 p[] 和 n 的含义同前,形参 id[] 是待修改的记录的学号。modify() 函数中也调用了 new() 函数,源代码如下:

```
void modify(struct person p[],int n,char id[]) //信息修改
{
    struct person s;
    int i;
    for(i=0;i<n;i++)
    {
        if (strcmp(p[i].id,id)==0) //找到该学号
        {
            printf("该生信息如下:\n");
            printf("%-12s%-20s%-20s%-20s \n",p[i].id,p[i].name,
                    p[i].major,p[i].sub);
            printf("请输入修改后的信息:\n");
            s=new();
            p[i]=s;
            printf("信息修改成功! \n");
            break;
        }
    }
    if(i==n) printf("未找到该生社团信息! \n");
    return;
}
```

(4) 社团成员信息删除

根据输入的学号查找对应的社团信息,并从数组中删除,函数原型:

```
int delete(struct person p[],int n,char id[]);
```

各形参的含义同前。由于删除信息记录后数组中的记录数发生变化,所以该函数返回变化后的记录数。源代码如下:

```
int delete(struct person p[],int n,char id[])
{
    int i,j;
    char confirm;
    int flag=0;
    for(i=0;i<n;i++)
    {
        if(strcmp(p[i].id,id)==0)
        {   flag=1;
            printf("该生信息如下:\n");
            printf("%-12s%-20s%-20s%-20s \n",p[i].id,p[i].name,
                    p[i].major,p[i].sub);
            fflush(stdin);          //清键盘缓冲区
            printf("确认删除该社团信息[Y/N]?");
            confirm=getchar();
            if(confirm=='Y'||confirm=='y')
```

```
            }
                for(j=i;j<n-1;j++)
                    p[j]=p[j+1];
                printf("信息删除成功! \n");
                n=n-1;
                break;
            }
            else
            {   printf("信息未删除! \n");
                break;
            }
        }
        if(flag==0)   printf("未找到该生社团信息! \n");
    }
    return n;
}
```

（5）社团信息查询

该项功能具备二级菜单,包含两项功能:按学号查找和按社团查找。

① 按学号查找:先将数组中记录按学号排序,再二分查找,函数原型:

```
void search_by_id(struct person p[],int n,char id[]);
```

其中形参 p[ ]和 n 的含义同前,形参 id[ ] 是待查找的学号。二分查找算法的前提是待查找关键字有序,因此调用该函数前必须先调用排序函数,排序函数的原型:

```
void sort(struct person p[],int n);
```

源代码如下:

```
void search_by_id(struct person p[],int n,char * id)      //按学号二分查找
{
    int low=0,high=n-1;
    int mid;
    while(high>=low)
    {
        mid=(low+high)/2;
        if(strcmp(id,p[mid].id)==0) break;
        else if(strcmp(id,p[mid].id)>0) low=mid+1;
        else high=mid-1;
    }
    if(low>high)
        printf("未查找到相应信息 \n");
    else
        printf("学号:%-12s 姓名:%-20s 专业:%-20s 社团:%-20s \n",
            p[mid].id,p[mid].name,p[mid].major,p[mid].sub);
}
void sort(struct person p[],int n)      //按学号进行选择法排序
{
    int i,j,imin;
    struct person t;
    for(i=0;i<n-1;i++)
```

```
            {
                imin=i;
                for(j=i;j<n;j++)
                {
                    if(strcmp(p[imin].id,p[j].id)>0) imin=j;
                }
                if(imin!=i)
                {
                    t=p[i];p[i]=p[imin];p[imin]=t;
                }
            }
        }
```

② 按社团信息查找：根据给定的社团名查找该社团的所有记录信息，函数原型：

```
void search_by_aassociation(struct person p[],int n,
                            char * aassociation);
```

其中形参 p[ ] 和 n 含义同前，形参 aassociation 为待查找的社团名（该形参也可以写为 char aassociation[ ]）。函数源代码如下，因为符合条件的记录可能有很多条，因此循环查找中不能使用 break 语句提前结束循环。

```
void search_by_aassociation(struct person p[],int n,char * aassociation)
{
    int i,flag=0;
    for(i=0;i<n;i++)
        if(strcmp(p[i].sub,aassociation)==0)
        {  printf("学号:%-12s 姓名:%-20s 专业:%-20s 社团:%-20s \n",
                    p[i].id,p[i].name,p[i].major,p[i].sub);
            flag=1;
        }
    if(flag==0) printf("未查找到相应信息\n");
}
```

（6）成员统计

按社团分类统计各社团的人数，最后统计所有社团的人数，函数原型：

```
void count_by_aassociation(struct person p[],int n);
```

各社团的统计人数保存在数组 count[ ] 中，其中 count[0]~count[5] 为各社团人数，count[6] 为所有社团总人数。

源代码如下：

```
void count_by_aassociation(struct person p[],int n)              //统计人数
{
    int i,j;
    int count[7]={0};
    for (j=0;j<6;j++)
    {
        printf("报名%s 的同学\n",SetSub[j]);
        for(i=0;i<n;i++)
```

```
            |
            if(strcmp(p[i].sub,SetSub[j])==0)
            {
                printf("%-12s%-20s%-20s%-20s \n",p[i].id,p[i].name,
                    p[i].major,p[i].sub);
                count[j]++;
            }
        }
        printf("小计:%d 人 \n",count[j]);
        count[6]=count[6]+count[j];
    }
    printf("合计:%d 人 \n\n",count[6]);
}
```

（7）显示全体成员信息

遍历输出所有的社团成员信息,函数原型:

```
void display_person(struct person p[],int n);
```

源代码如下:

```
void display_all(struct person p[],int n)
{
    int i;
    printf("学号            姓名            专业            社团    \n");
    for(i=0;i<n;i++)
    {  printf("%-12s%-20s%-20s%-20s \n",p[i].id,p[i].name,
            p[i].major,p[i].sub);}
}
```

程序运行结束,需要将修改的信息再次写入文件,该功能通过 save( ) 函数实现,
函数原型:

```
void save(struct person p[],int n);
```

源代码如下:

```
void save(struct person p[],int n)
{
    FILE * fp;
    int i;
    fp=fopen("ass.txt","w");
    if(fp==NULL)
    {
        printf("file open error!");
        exit(1);
    }
    for(i=0;i<n;i++)
        fprintf(fp,"%-12s%-20s%-20s%-20s \n",p[i].id,p[i].name,
            p[i].major,p[i].sub);
    fclose(fp);
}
```

程序部分运行结果如图 8.28～图 8.31 所示。

```
*****************************************
学校社团管理系统——成员管理(2.0版):
1. 社团招新                     2. 信息修改
3. 信息删除                     4. 信息查询
5. 成员统计                     6. 信息输出
*****************************************
请输入你的选择(1-6)，其他键退出：1
新增加成员信息 :
学号:  20226678
姓名:  张静来
专业班级:  自动化工程
社团:  1--辩论队        2--动漫社        3--音乐社        4--舞蹈团        5--电竞社        6--轮滑社
请输入社团编号(1-6):1
新增社团成员信息成功!
```

图 8.28　社团招新运行结果

```
********************
---社团信息查找---
1--按学号查找
2--按社团查找
********************
请输入你的选择(1-2)，其他键退出本菜单：2
社团:  1--辩论队        2--动漫社        3--音乐社        4--舞蹈团        5--电竞社        6--轮滑社
 请输入社团编号(1-6):2
学号: 20200001    姓名: 张晓丽          专业: 计算机科学与技术    社团: 动漫社
学号: 20228899    姓名: 张三丰          专业: 环境工程            社团: 动漫社
```

图 8.29　社团查找运行结果

```
报名辩论队的同学
20226678      张静来                自动化工程          辩论队
小计: 1人
报名动漫社的同学
20200001      张晓丽                计算机科学与技术    动漫社
20228899      张三丰                环境工程            动漫社
小计: 2人
报名音乐社的同学
20213406      赵谦栎                环境工程            音乐社
小计: 1人
报名舞蹈团的同学
小计: 0人
报名电竞社的同学
20221105      王子涵                机械工程            电竞社
小计: 1人
报名轮滑社的同学
小计: 0人
合计: 5人
```

图 8.30　成员统计运行结果

```
学号          姓名                  专业                社团
20200001      张晓丽                计算机科学与技术    动漫社
20213406      赵谦栎                环境工程            音乐社
20221105      王子涵                机械工程            电竞社
20228899      张三丰                环境工程            动漫社
20226678      张静来                自动化工程          辩论队
```

图 8.31　全体成员信息输出运行结果

编程经验：

　　① 当一段代码需要在不同的模块中出现时，可以将这段代码独立出来形成一个函数，本案例中的 new( ) 函数就是如此，该函数被 add( ) 函数和 modify( ) 函数共同调用。

　　② 本案例采用了模块化程序设计的方法，程序的功能分解到各个函数中实现，最后通过 main( ) 函数调用。当程序开始复杂且代码量变大时，模块化程序设计能够让程序结构清晰。如果发现某一部分中有一段内容不妥，需要修改，只需找出该部分修改有关段落即可，与其他部分无关。

　　模块化设计的思想实际上是一种"分而治之"的思想，把一个大任务分为若干个子任务，每一个子任务就相对简单了。

　　划分子模块时应注意模块的独立性，即一个模块完成一项功能，模块间的耦合性越少越好。

【例 8-18】　利用智慧寝室系统控制板编程实现智慧寝室系统中所有设备状态的采集。

应用背景：

　　智慧寝室系统管理的设备不断扩展，例如灯、床、柜子、窗、垃圾桶、门、空调等，对上述设备状态的采集为无人值守提供了依据，提升采集数据的存储能力可以提升系统的工作效率，采用数据的结构化、序列化能让数据富有具体的含义，方便进行数据提取、调用和存储。

功能描述：

① 取出智慧寝室系统控制板各个外设的状态并存于结构体中。

② 将数据存入结构体数组中提升了状态显示的效率。

③ 同时判断温度和湿度两个参数，并与阈值对比，从而控制直流风扇。

编程思路：

① 定义结构体数组，进行通信初始化。

② 依次向智慧寝室系统控制板发送取各外设状态命令。

③ 将返回的状态结构体存入结构体数组中。

④ 遍历打印结构体数组。

⑤ 实时判断温度和湿度的数值和阈值进行比较，当温度大于阈值且湿度大于阈值时，直流风扇正转；当温度小于阈值且湿度小于阈值时，直流风扇停止转动。

⑥ 关闭通信资源。

运行结果如图 8.32~图 8.34 所示。

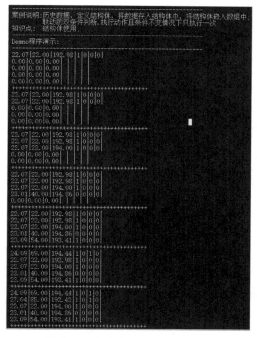

图 8.32 命令窗口下的执行效果

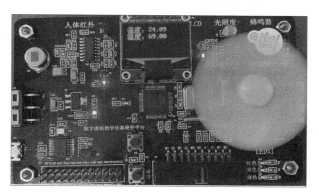

图 8.33 当温度和湿度同时满足条件时,智慧寝室系统控制板的效果

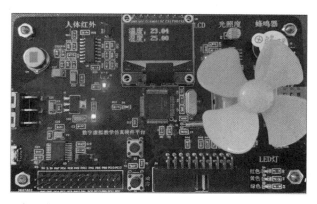

图 8.34 当温度和湿度同时都不满足条件时,智慧寝室系统控制板的效果

小　结

① 本章介绍了结构体、共用体、枚举类型 3 种用户构造的数据类型。

② 结构体是将不同类型的数据成员组织在一起形成的数据结构,适合对关系紧密、逻辑相关、具有相同或不同属性的数据进行处理。

③ 共用体是将逻辑相关、情形互斥的不同类型的数据组织在一起形成的数据结构,每一时刻只有一个数据成员起作用。

④ 枚举类型用于声明一组命名的常数,当一个变量有几种可能的取值时,可以将它定义为枚举类型。

⑤ 单链表是结构体结合指针的一种应用,是常见动态数据结构之一,其显著优点是可以根据需要动态分配和释放内存单元。

第 8 章知识结构如图 8.35 所示。

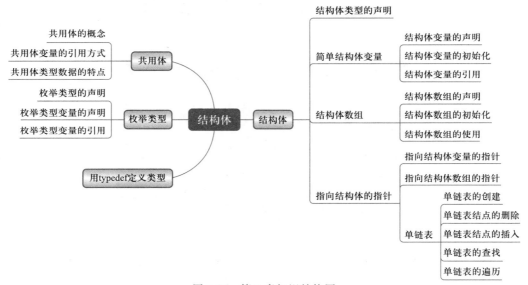

图 8.35　第 8 章知识结构图

习　题　8

一、选择题

1. 以下程序段中,变量 a 所占的内存字节数是(　　　)。

```
struct stu
{   char name[20];
```

```
        long int n;
        int score[2];
    }a;
```

A. 28　　　　　　　B. 30　　　　　　　C. 32　　　　　　　D. 36

2. 若有以下说明和定义语句,则变量 w 在内存中所占的字节数是(　　)。

```
union aa
{    float x;
     float y;
     char c[6];
};
struct st
{    union aa v;
     float w[5];
     double ave;
}w;
```

A. 42　　　　　　　B. 34　　　　　　　C. 30　　　　　　　D. 26

3. 若有如下定义,则对 data 中的 a 成员的正确引用的是(　　)。

```
struct sk
{    int a;
     float b;
}data,*p=&data;
```

A. (*p).data.a　　B. (*p).a　　　　C. p->data.a　　　D. p.data.a

4. 设有如下定义语句

```
struct
{    int x;
     int y;
}d[2]={{1,3},{2,7}};
```

则 printf("%d\n",d[0].y/d[0].x*d[1].x);的输出结果是(　　)。
A. 0　　　　　　　B. 1　　　　　　　C. 3　　　　　　　D. 6

5. 以下程序的功能是(　　)。

```
struct HAR
{    int x;
     int y;
     struct HAR *p;
}h0,h1,h2,*h;
int main()
{    h0.x=1;h0.y=2;
     h1.x=3;h1.y=4;
     h2.x=5;h2.y=6;
     h0.p=&h1;h1.p=&h2;
     h2.p=h0.p;h=&h0;
}
```

A. 建立一个单向链表　　　　　　　　B. 建立一个首尾相接的循环链表

C. 不能建立链表　　　　　　　　　　D. 以上说法都不对

二、编程题

1. 一个通讯录由以下几个数据项组成:

数据项	类型
姓名	字符串
地址	字符串
邮编	字符串
电话	字符串

试定义通讯录的类型和变量,并编写 main( )函数输入输出通讯录信息。

2. 试定义结构体类型,该结构体表示一张扑克牌。结构体包含两个成员:牌的面值和牌的花色。利用该结构体类型定义一个结构体数组变量,然后编写函数,实现洗牌功能。

3. 建立有 10 个学生信息的结构体(每个学生的信息包括学号、姓名、C 语言成绩),编写程序实现计算各个学生的平均分和对成绩进行排序的功能。

4. 续例 8-1,学生成绩保存在文件 score_list.txt 中,计算学生的平均学分绩点,并将结果保存在文件 GPA.txt 中,用单链表实现。

9 指针

电子教案

指针是 C 语言的一个重要特色，C 语言因为有了指针而更加灵活和高效，很多看似不可能的任务都是由指针完成的。我们在前面的章节已经学习过可以通过指针来操作某些不能被直接访问的数据；能够通过指针来实现调用一次函数得到多个结果；能够通过指针来进行计算机的动态内存分配；还能够通过指针来处理复杂的数据结构。本章将继续学习体会指针的强大功能和独特魅力。

9.1　指针解决什么问题

究竟什么是指针呢？我们通过下面这个例子来做个类比。

C 语言中访问变量和数组的一种方法是通过它们的名字直接访问的，这类似于按照实验室名字找到对应的实验室上机一样。而除了按照实验室名字寻找外，同学们还可以按照实验室的编号来寻找（如图 9.1 所示），这就类似于 C 语言中通过指针来间接访问变量一样。

图 9.1　找到实验室的两种方法

也就是说，C 语言提供另外一种访问数据的方式——指针。用指针来存储数据的内存地址，再通过指针来间接访问数据。

使用指针的优点如下：

① 在函数调用需要传递数据块时，可以使用指针传递地址而不是复制大量的实际数据，既提高传输速度，又节省大量内存空间。

② 在需要重复操作数据时，可以使用指针对某一块内存区重复操作，从而明显改善程序的读写性能，例如在遍历字符串、查取表格及操作树状结构时。

③ 字符串指针是操作字符串时最方便,且最常用的。

④ 在数据结构中,链表、树、图等结构的实现都离不开指针。

指针的优点归根结底是因为可以通过它来直接控制内存。但这也是一把双刃剑,指针控制得不好有可能会导致错误的程序结果,甚至让整个程序崩溃。

要深刻理解指针,首先要理解变量、内存单元和内存地址之间的关系。

9.2   变量的内存地址

内存是计算机的五大部件之一,运行 C 语言程序时,编译链接过的代码和数据都被存储在计算机的内存中。

内存以字节为基本的存储单元,操作系统给每个字节设定一个唯一的编号,这个编号称为内存单元的地址,这个地址的分配是连续的,从 0 开始。这就类似于宾馆每个房间都有一个房间号,也类似于 Excel 中的每一个单元格都有一个唯一的标识,图 9.2 所示框住的单元格的标识是 B3。

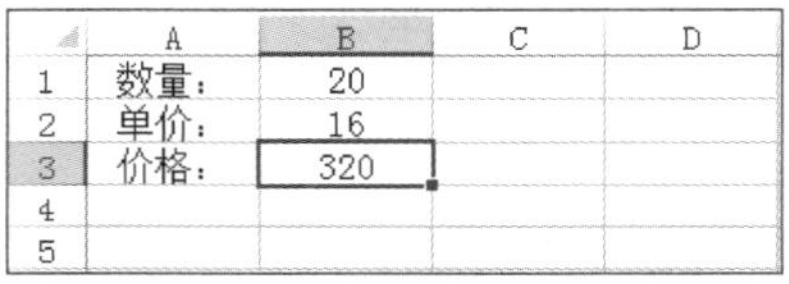

图 9.2   Excel 中单元格的标识

C 语言的每一个变量都存储在内存中,占用一定的空间,并具有内存地址。如图 9.3 所示,变量 i 为 short 型,使用 16 位二进制表示,占用两字节,假设分配的内存地址为 0x2000 和 0x2001,其中 0x2000 为首地址,0x2000 也称变量的地址,变量 i 的数值为十进制 1234,转为二进制数是 0000 0100 1101 0010,转为十六进制数是 04D2,在内存存储时,先存储低字节再存储高字节(以 80x86 处理器的存储方式为例)。

变量 x 为 float 型,使用 32 位二进制表示,占 4 字节,分配首地址为 0x2004,浮点数 0.123 456 对应的 4 字节数据为 0x3DFCD680。字符数组 s 有 4 个元素,每个元素占 1 字节,分配首地址为 0x2008,各地址数据对应的字符依次为 'A'、'b'、'c' 和 '\0',组成字符串"Abc"。指针变量 p 指向短整型变量 i,指针 p 本身占 4 字节,分配首地址为 0x200C,指针 p 的数值为 0x2000,相当于变量 i 的首地址,也称指针 p 指向 i。

变量示例	(首)地址示例	字节	数值
short i=1234；	**0x2000**	0xD2	1 234 (0x04D2)
	0x2001	0x04	
float x=0.123456；	**0x2004**	0x80	0.123 456 (0x3DFCD680)
	0x2005	0xD6	
	0x2006	0xFC	
	0x2007	0x3D	
char s[4]="Abc"；	**0x2008**	0x41	"Abc" ('A', 'b', 'c', '\0')
	0x2009	0x62	
	0x200A	0x63	
	0x200B	0x00	
short *p=&i；	**0x200C**	0x00	&i (0x2000)
	0x200D	0x20	
	0x200E	0x00	
	0x200F	0x00	

图 9.3　变量内存地址示意图

9.3　指针知识汇总

指针变量是专门用于存放内存地址的变量。前述章节已经介绍过如何利用指针间接访问它指向的变量或者数组,指针作为函数参数或函数返回值的特殊作用,以及如何将结构体、指针、动态内存分配融合在一起实现较复杂的数据结构,如链表等。本节汇总了前述章节中介绍过的指针知识。

9.3.1　指针变量

1. 什么是指针变量

一个变量在内存中存储的首地址称为该变量的指针,值为指针的变量称为指针变量。

2. 指针变量定义

数据类型名　* 指针变量名[=初值],…;

示例:int * p;

功能:定义 p 是一个指针变量,p 将指向一个 int 型的变量(p 的值是一个 int 型变量的首地址）。

3. 取地址运算符与取内容运算符

① 取地址运算符（&）：对常规变量取地址，获得指向该变量的指针。

② 取值运算符（*）：对指针变量或指针表达式取值，获得指针所指变量的值。

示例：通过指针方式实现 y=x，代码如下：

```
int x,y,*p,*q;          //定义 x 与 y 为整型变量,p 与 q 为指针变量
p=&x;                   //指针 p 指向 x(将 x 的首地址赋值给 p)
q=p;                    //指针 q 同样指向 x(指针 p 的指向赋值给 q)
y=*q;                   //x 的值赋值给 y(指针 q 所指 x 的值赋给 y)
```

4. 主要注意点

① 指针必须先指向某个变量，然后才能使用该指针。例如：

```
int x,*p;x=*p;          //在 C 语法上没有错误,但语义上存在问题
```

② 如果指针不指向任何变量，可以先初始化该指针为 NULL，NULL 称为空指针。例如：

```
int x,*p=NULL;          //指针初始化为空指针
...
if(p!=NULL)             //当指针是一个有效指针时
    x=*p;               //指针所指的值赋给 x
```

③ 指针通过"=="或"!="判断是否指向同一个变量。例如：

```
int x,*p=&x;            //定义变量 x 和指针 p
if(p==&x)               //判断指针变量 p 与指针表达式 &x 是否指向同一个变量
    x=*p+1;             //变量 x 增加 1,等价于(*p)++、x++、*p=x+1
```

④ 如果指针指向单一变量（非数组），除赋值外，只允许使用 3 个运算符：*、==、!=。例如：

```
int x,y,*p=&x,*q=&y;    //定义变量和指针,并初始化指针
//语法错误的表达式:p+q、p*q、p/q、2*p、p/2 等(指针不能直接进行乘、除、加运算)
//语义错误的表达式:p+1、p-q、p<q 等(p 与 q 指向同一个数组区域时才有意义)
```

【例 9-1】 爸爸去哪儿啦。妈妈做好了美味的晚餐，到卧室叫爸爸和宝宝吃饭，发现卧室里只有宝宝，妈妈就给宝宝画了一幅书房的简图，宝宝爬到书房，找到了正在看书的爸爸。

分析：将爸爸视为变量，简图视为指针，宝宝通过指针找到了爸爸。

程序代码：

```
#include <stdio.h>
int main(void)
{
    char father='D';               //定义爸爸变量
    char *sturoom=&father;         //定义指针获取爸爸的地址
    //输出指针的值和指针指向变量的值
    printf("爸爸所在的房间地址为:%x,爸爸为:%c\n",sturoom,*sturoom);
```

```
        return 0;
}
```

程序运行结果如图 9.4 所示。

爸爸所在的房间地址为：60fefb，爸爸为：D

图 9.4　例 9-1 运行结果

9.3.2　指针与数组

1. 数组名作为指针常量（指向数组首元素）

示例：定义"int a[10]；"后，数组名 a 作为指针常量（a 作为指向 a[0]的指针），围绕 a 的各种表达式如下：

```
a+i              //指向 a[i]的指针(a 指向 a[0],则 a+i 指向 a[i])
*(a+i)           //取指针 a+i 所指的值(等同于 a[i])
a[i]             //常规数组元素访问
&a[i]            //取数组元素的地址
```

2. 指针指向数组的首元素，基于指针的各种表达式

示例：定义"int a[10],i,*p=&a[0]；"后，指针 p 指向 a[0]，围绕 p 的各种表达式如下：

```
p+i              //指向 a[i]的指针(p 指向 a[0],则 p+i 指向 a[i])
*(p+i)           //取 a[i]的值(p+i 指向 a[i],则*(p+i)等同于 a[i])
p[i]             //取值运算的下标表示法(等同于*(p+i)、*(a+i)和 a[i])
&p[i]            //对 a[i]取地址(等同于 p+i、a+i 和 &a[i])
```

3. 主要注意点

① 指针指向数组时，数组元素有多种访问方式，例如：

```
int a[10],*p=&a[0];
//访问元素的 4 种表达式:a[i]、*(p+i)、*(a+i)、p[i]
//元素地址的 4 种表达式:&a[i]、p+i、a+i、&p[i]
//元素递增表达式示例:a[i]++、*(p+i)=a[i]+1、++p[i]
//下标运算[]与取值运算*等价
```

② 指针指向数组时，允许的其他运算，例如：

```
int a[10],i,*p=&a[0],*q=&a[2];//当指针指向同一数组的元素时
//允许指针±整数:p+i、p-i、p++、++p、p--、--p
//允许指针-指针:p-q、q-p
//例如 q 等同于 a+2,p 等同于 a,则 q-p 等于 2
//判断指针大小:p<q、p<=q、p>q、p>=q、p==q、p!=q
//例如 p<q 成立的意思是 p 所指数组元素排在 q 所指数组元素的前面
```

③ 特殊情况下，允许下标取负值，例如：

```
int a[10],*p=a,*q=a+2;
```

//访问 a[0]的 6 种表达式:a[0]、*a、p[0]、*p、q[-2]、*(q-2)

【例 9-2】 用指针完成数组的逆序输出。

分析:使用指针实现数组的遍历,先从前向后输入,再从后向前输出。

程序代码:

```
#include <stdio.h>
int main(void)
{
    int a[10],*p;           //定义数组及指针
    for (p=a;p<a+10;p++)    //指针从前向后遍历
        scanf("%d",p);      //逐个输入数组元素
    for (p=a+9;p>=a;p--)    //指针从后向前遍历
        printf("%d",*p);    //逐个输出数组元素
    return 0;
}
```

程序运行结果如图 9.5 所示。

```
1 2 3 4 5 6 7 8 9 10
10 9 8 7 6 5 4 3 2 1
```

图 9.5　例 9-2 运行结果

9.3.3　指针与字符串

1. 字符串输入的基本方法

(1) 在输入前准备好一个足够"大"的字符数组,例如:

```
char str[80];       //不论输入字符有多少,数组长度最好是 80 或 80 以上
```

(2) 输入一行字符串,例如:

```
//按行输入,允许输入空行(直接回车)
gets(str);          //输入一行字符串,以回车为结束符
```

(3) 输入一个字符串(词),例如:

```
//按词输入
scanf("%s",str);//输入一个字符串,以回车、空格、Tab 为结束符
```

2. 字符串常量处理

(1) 字符串初始化时应用,例如:

```
char str[80]="Hello";       //定义字符数组,初始字符串为 Hello
char *s="Hello";            //字符指针 s 指向字符串 Hello
```

(2) 字符指针重新指向时应用,例如:

```
char *s;s="Hello";          //字符指针 s 指向字符串 Hello
```

(3) 在函数中直接使用,例如:

```
printf("%s Wang\n","Hello");
```

3. 字符串输出的基本方法

（1）输出一个字符串（输出串并换行），例如：

```
char str[80], * s=str;
…//字符串输入略
puts(str);或 puts(s);
```

（2）输出一个字符串（按格式符输出串），例如：

```
printf("%s",str);或 printf("%s",s);
```

4. 字符串常用函数

```
//目标串、源串是字符数组、字符指针或字符串常量
#include <string.h>           //使用字符串函数应有头文件 string.h
strlen(字符串);               //返回字符串长度
strcpy(目标串,源串);          //复制源串给目标串
strcat(目标串,源串);          //源串拼接到目标串末尾,形成一个更长的字符串
strcmp(串 1,串 2);            //比较串 1 与串 2 在字典中的顺序
                             //串 1 在前返回负数,串 1 在后返回正数,完全相同返回 0
```

5. 字符串处理的基本方法

（1）遍历字符串（输出字符串中的小写字母），例如：

```
char str[80]="Hello",* s;int i;   //基本定义
//方法 1:通过下标遍历
for(i=0;str[i]! ='\0';i++)
    if(str[i]>='a' && str[i]<='z')
        putchar(str[i]);
//方法 2:通过指针遍历
for(s=str; * s! ='\0';s++)
    if( * s>='a' && * s<='z')
        putchar( * s);
//遍历时必须判断字符串结束符('\0')
```

（2）生成字符串（产生 26 个大写字母的字符串），例如：

```
char str[80],* s;int i,j;          //基本定义
//方法 1:通过下标生成
for(i=0;i<26;i++)
    str[i]='A'+i;
str[i]='\0';
//方法 2:通过指针生成
for(s=str,i=0;i<26;i++)
{
    * s='A'+i;
    s++;
}
* s='\0';
//生成时必须在字符串末尾加上字符串结束符('\0')
```

6. 主要注意点

（1）字符串输入时数组空间太小会溢出,例如：

```
char str[5];
gets(str);
//键盘输入 Hello 时溢出,没空间存放字符串结束符 '\0'
```

（2）字符串赋值应使用专用函数,例如:

```
char strs[80],strt[80];          //字符数组
//将字符串 strs 赋值给 strt
strt=strs;                       //错误,不能直接赋值
    strcpy(strt,strs);           //正确,调用专用函数
```

（3）字符串比较应使用专用函数,例如:

```
char * s1,* s2;                  //字符数组或字符指针
//比较字符串 s1 和 s2 在字典中的顺序(如姓名排序时使用)
if(s1<s2) …                      //错误,不能直接比较
if(strcmp(s1,s2)<0) …            //正确,调用专用函数
```

（4）字符串初始化,例如:

```
char str[80]="Hello";            //正确,定义并初始化
char str[80];str="Hello";        //错误,不允许单独直接赋值
char str[80];strcpy(str,"Hello");//正确,使用函数
char * s="Hello";                //正确,定义并初始化
char * s;s="Hello";              //正确,先定义再重新指向
char * s;strcpy(s,"Hello");      //错误,指针 s 必须先指向某个字符数组
```

（5）区别字符串长度与字符数组长度,例如:

```
char str[80]="Hello",* s=str;
strlen(str)                      //返回字符串长度:5 个字符
sizeof(str)                      //返回字符数组所占内存空间大小:80 字节
strlen(s)                        //返回字符串长度:5 个字符
sizeof(s)
//返回字符指针所占内存空间大小:4 字节(32 位机)或 8 字节(64 位机)
```

（6）区别字符 '\0'、'0' 和 0,例如:

```
'0'    //10 个数字字符中的第一个字符,char 类型,ASCII 码为 48
'\0'   //一个特殊的字符,char 类型,ASCII 码为 0,字符串结束专用字符
0      //一个整型常量,int 类型,二进制编码为 32 个 0
c-'0'  //变量 c 为字符类型,值为数字字符('0'至'9')时,从数字字符到对应整数
n+'0'  //变量 n 为整数类型,值为 1 位整数(0 至 9)时,从整数到对应数字字符
```

【例 9-3】　输入一个字符串,按大写字母、数字字符分别提取,合并成新字符串并输出。

分析:定义输入串为 str 数组、大写字母串为 s1 数组、数字字符串为 s2 数组,遍历两次输入串,依次提取其中的大写字母和数字字符,分别生成 s1 和 s2。

程序代码：

```
#include <stdio.h>
int main(void)
{
    char str[80],s1[80],s2[80],*p,*q;
    gets(str);                          //输入 str 串
    for (q=s1,p=str;*p!='\0';p++)       //遍历 str 串
        if (*p>='A' && *p<='Z')         //如果是大写字母
        {*q=*p;q++;}                    //加入 s1 串中
    *q='\0';                            //生成串结束符
    for (q=s2,p=str;*p!='\0';p++)       //遍历 str 串
        if (*p>='0' && *p<='9')         //如果是数字字母
        {*q=*p;q++;}                    //加入 s2 串中
    *q='\0';                            //生成串结束符
    printf("[%s][%s]\n",s1,s2);         //按格式输出
    return 0;
}   //输入 Hello,2017 Wang.
```

程序运行结果如图 9.6 所示。

图 9.6　例 9-3 运行结果

9.3.4　指针与函数

1. 传递单个变量的指针（授权让函数操作变量）

```
//传递单个变量的指针的程序模板
func(int *p,...)        //形参为指针
{
    *p=...              //函数中对*p的操作相当于对 main 中 n 的操作
}
int main(void)
{
    int n;
    func(&n,...);       //传递 n 的地址给 func,同时授权 func 改变 n 的值
}
```

例如,下面 func( )函数将主函数中 a 变量的值进行了修改：

```
void func(int *x)
{
    *x=2023;
}
int main(void)
{
    int a=2022,*p;
```

```
p = &a;
func(p);
printf("%d",a);
}
```

2. 传递数组到函数(形参为数组方式,授权让函数操作数组)

```
//数组元素累加(给定数组长度)并输出
int suma(int a[],int n) //形参为数组名、数组长度
{
    int sum=0,i;
    for (i=0;i<n;i++) //遍历数组
        sum+=a[i];      //函数中对形参数组 a 的操作等同于对 main 中数组 a 的操作
    return sum;
}
int main(void)
{
    int a[10]={10,20,30,40,50,60,70,80,90,100};
    printf("%d\n",suma(a,10));    //传递数组和长度
}    //输出 550
```

3. 传递数组到函数(形参为指针方式,也是授权函数操作数组)

```
//数组元素累加(直至元素值<0)并输出
int sumx(int *p)                    //形参为指向数组的指针
{   //累加指针 p 为开始的元素,直至元素值<0
    int sum=0;
    for (;*p>=0;p++)                //遍历数组,元素<0 为结束标志
        sum+=*p;                   //访问 *p 等同于访问 main 中的 a 数组元素
    return sum;
}
int main(void)
{
    int a[]={10,20,30,40,50,-1};    //数组定义并初始化
    printf("%d\n",sumx(a));         //传递数组
}    //输出 150
```

4. 函数返回指针(返回某变量或数组的地址)

```
//数组元素查找(直至元素值<0)并返回找到元素的指针
int *find(int *p,int x)             //形参为指向数组的指针,返回类型也为指针
{
    for (;*p>=0;p++)                //遍历数组,元素<0 为结束标志
        if (*p==x)                  //如果找到
            return p;               //返回元素的指针
    return NULL;                    //如果没有找到,返回空指针
}
int main(void)
{
    int a[]={10,20,30,40,50,-1};   //数组定义并初始化
    int *p=find(a,30);              //传递数组,查找数值 30
```

```
        printf("a[%d]\n",p-a);          //输出 30 所在的下标
}   //输出 a[2]
```

5. 主要注意点

（1）区别传值与传址,例如:

```
void swap1(int x,int y)
{ int t;t=x;x=y;y=t;}                //交换 x 与 y
void swap2(int *p,int *q)
{ int *t;*t=*p;*p=*q;*q=*t;}         //交换 *p 与 *q
int main(void)
{
    int x=3,y=5;
    swap1(x,y);                      //调用函数,传递 x 和 y 的数值
    printf("x=%d,y=%d\n",x,y);       //输出 x=3,y=5(不能交换数据)
    swap2(&x,&y);                    //调用函数,传递 x 和 y 的地址
    printf("x=%d,y=%d\n",x,y);       //输出 x=5,y=3(实现了交换数据)
}
```

（2）传递数组时,允许传递部分数组,注意边界,例如:

```
//以前面的 suma()函数的调用为例,通过实参设定实现部分和计算
suma(a,10);         //累加 a[0]至 a[9],起始 a[0],长度=10
suma(a,5);          //累加 a[0]至 a[4],起始 a[0],长度=5
suma(a+2,5);        //累加 a[2]至 a[6],起始 a[2],长度=5
suma(a+2,50);       //语法没有错误,运行错误,长度 50 超界
```

【例 9-4】 输入 10 个成绩,排序后输出前 3 名成绩。

分析:数组的输入、输出、排序分别用函数实现,形参为指针或数组,实参为数组名。

程序代码:

```
#include <stdio.h>
void sca(int *p,int n)           //形参为指针
{
    int i;
    for (i=0;i<n;i++,p++)        //遍历
        scanf("%d",p);           //p 指向当前数组元素
}
void prt(int *p,int n)           //形参为指针
{
    int i;
    for (i=0;i<n;i++,p++)        //遍历
        printf("%d ",*p);        //p 指向当前数组元素
    printf("\n");
}
void sort(int a[],int n)         //形参为数组名
{
    int i,j,t;
    for (i=0;i<n-1;i++)
```

```
        for(j=0;j<n-1-i;j++)
            if(a[j]<a[j+1])          //从大到小排序
            {t=a[j];a[j]=a[j+1];a[j+1]=t;}
}
int main(void)
{
    int a[10];
    sca(a,10);                        //输入 10 个成绩
    sort(a,10);                       //10 个成绩进行排序
    prt(a,3);                         //输出前 3 位成绩
    return 0;
}   //输入 70 80 90 40 50 60 95 85 75 65
```

程序运行结果如图 9.7 所示。

```
70 80 90 40 50 60 95 85 75 65
95 90 85
```

图 9.7　例 9-4 运行结果

9.3.5　指针与结构体

1. 定义结构体类型

```
struct student                        //定义学生结构体
{
    int num;                          //学号
    char name[10];                    //姓名
    int math,english,computer;        //3 门课程成绩
};
```

2. 定义结构体变量并初始化

```
struct student s1={1001,"ZhangSan",78,87,85};
```

3. 定义结构体指针

```
struct student *p;                    //定义结构体指针变量
p=&s1;                                //指针 p 指向结构体变量 s1
```

4. 访问结构体变量的数据成员

```
s1.num                                //学生结构体 s1 的学号
(*p).num                              //指针 p 所指学生的学号
p->num                                //指针 p 所指学生的学号
```

5. 结构体数组

```
struct student stu[100];              //定义结构体数组
p=&stu[0];                            //指针 p 指向结构体数组
stu[i].num                            //学生 stu[i]的学号
(p+i)->num                            //学生 stu[i]的学号
```

6. 结构体指针和函数

```
func(struct student *p)              //传递结构体指针
func(struct student stu[])           //传递结构体数组
struct student *func(...)            //返回结构体指针
```

9.3.6 指针与链表

1. 什么是链表

链表是完全动态地进行存储分配的一种数据结构,程序在执行过程中能随时根据需要申请动态分配存储空间,也可以随时释放不用的内存空间,从而使用户可以更加灵活地处理问题和使用内存。

2. 单向链表的构成

单向链表由一系列结点组成,结点可以在运行时动态生成。每个结点包括两个部分:一部分是存储数据的数据域;另一部分是存储下一个结点地址的指针域。链表中的各结点在内存中可以不连续存放,只是通过指针将各结点连接在一起,因此,相比于线性表的顺序结构(数组),链表的一个重要特点就是插入、删除操作灵活方便,不需要移动结点,只需要改变结点中指针域的值即可。

【例 9-5】 定义一个动态数组,长度为 n,用随机数给各数组元素赋值,然后对数组各元素降序排序,定义 swap( )函数负责排序。

程序代码:

```
#include <stdio.h>
#include <stdlib.h>
#include <time.h>
int main(void){
    int n,i,*array;
    void swap(int *array,int lenth);
    printf("输入长度:");
    scanf("%d",&n);
    array=(int *)malloc(n*sizeof(int));//动态分配 n 个 int 类型大小的内存
    srand((unsigned)time(NULL));            //设置时间为随机种子
    printf("随机数排序前:");
    for(i=0;i<n;i++){
        array[i]=rand();//获取以时间为种子得来的随机数后赋值给 array
        printf("%d ",array[i]);
    }
    printf("\n");
    swap(array,n);
    return 0;
}

void swap(int *array,int lenth){
    int i,j,k=0,temp;
    printf("\n 随机数排序后:");
```

```
for(i=0;i<lenth-1;i++){
    k=i;
    for(j=i+1;j<lenth;j++)
        if(array[k]<array[j]){k=j;}
    if(k!=i){
        temp=array[k];
        array[k]=array[i];
        array[i]=temp;
    }
}
for(i=0;i<lenth;i++){
    printf(" %d ",array[i]);
}
printf("\n");
}
```

【**例 9-6**】 给定一个单向链表 L,设计函数 reverse( )将链表逆转,不需要申请新的结点空间。

分析:解决这个问题的思路是:只要将链表的第一个结点转为最后一个结点,第二个结点转为倒数第二个结点,依此类推。具体方法是利用循环,从链表头结点开始逐个处理,把每个结点(代码中用 p 表示)插入到新链表的表头(代码中用 q 表示)前。链表逆转函数代码如下:

```
struct Node * reverse(struct Node * L)
{
    struct Node * p, * q, * t;
    p=L,q=NULL;
    while(p!=NULL) {
        t=p->next;
        p->next=q;
        q=p;
        p=t;
    }
    return q;
}
```

此链表逆转函数可参照如下方式被调用,其中链表创建函数 creat( )和链表输出函数 print( )参见第 8 章。

```
...
int main(void)
{
    struct Node * h;//单链表的头指针
    h=creat();
    printf("创建的单链表如下:\n");
    print(h);
    h=reverse(h);
    printf("逆转后的单链表如下:\n");
    print(h);
```

```
    return 0;
}
```

9.3.7　指针与文件

1. 什么是文件指针

在 C 语言中,系统会为每个使用的外存文件在内存中分配一个文件信息区存放文件的相关信息,这些信息包括文件名、文件状态、文件当前读/写位置等,保存在一个结构体中。该结构体类型由系统在 stdio.h 中定义,C 语言规定该类型为 FILE 型,在编写程序时不必关心 FILE 结构的具体细节。

文件指针就是指向文件信息区的指针。调用 fopen( ) 函数成功打开指定文件后,文件指针变量会与这个指定文件进行关联,之后的程序就可以通过这个文件指针变量来读写文件了。

2. 文件指针变量的定义

格式:FILE ∗ 文件指针变量名;

示例:FILE ∗ fp;

3. 文件指针变量与某文件关联

格式:文件指针变量名＝fopen(文件名,文件打开方式);

示例:

```
FILE ∗ fp;                    //定义一个文件指针变量 fp
fp＝fopen("a1.txt","r");       //将 fopen()函数的返回值赋给指针变量 fp
```

功能:这两行代码的功能是打开当前目录下的文件 a1.txt,只允许进行读操作,并使文件指针 fp 指向该文件。

说明:文件打开方式是指所有可能的文件处理方式,既与对文件采取的操作方式有关,也与文件是文本文件还是二进制文件有关。

4. 文件读/写指针

文件读/写指针指向文件当前的读/写位置。打开文件时,通常文件读/写指针是指向文件开头的(但当以追加模式打开已有的文件时,读/写指针指向文件末尾)。当对文件执行读/写操作时,文件读/写指针会随之自行向后移动,从而实现对文件的顺序访问。

除了顺序访问外,某些程序还有对文件任意位置进行随机访问的需求,C 语言提供了调整文件读/写指针的函数,支持对文件的随机访问,使用方法如下:

格式:fseek(文件指针,位移量,起始点);

参数说明:

① "位移量"为以"起始点"为基点的移动字节量。

② "起始点"指以什么地方为基准进行移动:0 或 SEEK_SET 代表文件首部,1 或 SEEK_CUR 代表文件的当前位置,2 或 SEEK_END 代表文件尾部。

示例:

```
fseek(fp,20L,0);              //将文件读/写指针移动到离文件首部20字节处
fseek(fp,-20L,SEEK_END);      //将文件读/写指针移动到文件尾部前20字节处
```

【**例 9-7**】 将字符串"C语言编程""文件系统""指针与结构体"写入磁盘文件 D：\ exp907.txt 中,然后再从该文件中读出,显示到屏幕上。

程序代码：

```
#include <stdio.h>
#include <stdlib.h>
#include <string.h>
int main(void)
{
    FILE * fp;
    char * a[3]={"C语言编程","文件系统","指针与结构体"},str[80]="";
    int i;
    if((fp=fopen("D:\\exp907.txt","w"))==NULL){
        printf("File open error! \n");
        exit(0);
    }
    for(i=0;i<3;i++)
        fputs(a[i],fp);
    fclose(fp);
    if((fp=fopen("D:\\exp907.txt","r"))==NULL){
        printf("File open error! \n");
        exit(0);
    }
    i=0;
    while(! feof(fp)){
        if(fgets(str,strlen(a[i++])+1,fp) !=NULL)
            puts(str);
    }
    fclose(fp);
    return 0;
}
```

9.4　特　殊　指　针

9.4.1　指针数组

当需要使用多个同类型的指针时,可以用一个指针数组来统一管理。指针数组也是一种数组,只是指针数组的每个数组元素都是指针变量。指针数组的定义格式如下：

微视频：
指针数组

类型名　∗指针数组名[数组长度];
例如:char ∗pname[10];

定义了一个指针数组 pname,此数组的每一个元素(pname[0]至 pname[9])都是一个字符型的指针,可以用来指向某个字符串。

指针数组也可以初始化,例如:

```
char *pname[ ]={"Zhao","Qian","Sun","Li","Zhou",
                "Wu","Zheng","Wang","Feng","Chen"};
```

就定义了一个指针数组 pname,并用多个姓名字符串常量对指针数组进行初始化,那么指针数组的每个指针都指向一个字符串常量。如图 9.8 所示,pname[2]是字符串"Sun"的首地址,也称 pname[2]指向"Sun"字符串的首字符(即字符"S")。

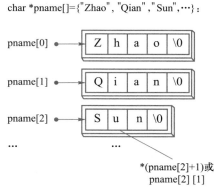

图 9.8　指针数组的初始化示例

基于上述初始化,pname[2]指向"Sun"字符串的首字符"S",那么 pname[2]+1 就指向下一个字符"u",∗(pname[2]+1)就是访问字母"u"。根据指针表示数组元素的等价性,pname[2]是字符串"Sun"的首地址,可看成是数组名,那么 pname[2][1]也可以访问字母"u"。

基于上述初始化,如下代码可以使用指针数组打印出多个字符串:

```
for(i=0;i < 10;i++)
    printf("%s ",pname[i]);        /* pname[i]是每个字符串的首地址 */
```

多个字符串可以采用二维字符数组来处理,其中每一行可以存储一个字符串;也可以采用字符型的指针数组来处理,指针数组的每一个元素都指向一个字符串,这样的方式更为灵活和高效。请比较下面两例的不同实现方式。

【例 9-8】　人名按字典顺序排序——用二维字符数组处理。

分析:本例中考虑用二维字符数组来存储多个字符串,即二维数组的每一行可以存储一个字符串。当需要交换两个字符串时,需要交换两个字符串的内容。本例利用第 6 章介绍的排序算法实现对若干字符串的排序。

程序代码：

```
#include <stdio.h>
#include <string.h>
#define N 10
#define MAX_LEN 10
int   main(void)
{
    char   name[N][MAX_LEN]={ "Tom","Jane","Alexander","Dennis","Sue",
                 "David","Rose","Jeffery","Linda","Mary" };
          /* 初始化后,二维数组的每一行都是一个人名字符串 */
    char pt[MAX_LEN];
    int i,j,k;
    for(i=0;i<N-1;i++)
    {
        k=i;
        for(j=i+1;j<N;j++)
             if(strcmp(name[k],name[j])>0)
                  k=j;
        if(k!=i)
        {
            strcpy(pt,name[i]);
            strcpy(name[i],name[k]);
            strcpy(name[k],pt);
        }
    }
    for(i=0;i<N;i++)
          puts(name[i]);
    return 0;
}
```

【例9-9】 人名按字典顺序排序——用指针数组处理。

分析：由于存放不同人名的字符串的实际长度不同,为了提高存储效率,同时也为了避免通过字符串复制函数反复交换字符串内容而使程序执行的速度变慢,本例考虑用指针数组来存储若干字符串。即建立一个字符型的指针数组,该数组的每一个元素都用来存放一个字符串(人名)的首地址。当需要交换两个字符串时,只需交换指针数组对应两元素的内容(地址)即可,而不必交换字符串本身。指针数组排序前后的指向示意图如图9.9所示。

程序代码：

```
#include <stdio.h>
#include <string.h>
#define N 10
int   main(void)
{
    char   *name[]={ "Tom","Jane","Alexander","Dennis","Sue",
                 "David","Rose","Jeffery","Linda","Mary" };
          /* 初始化后,指针数组的每个元素都指向一个人名字符串常量 */
```

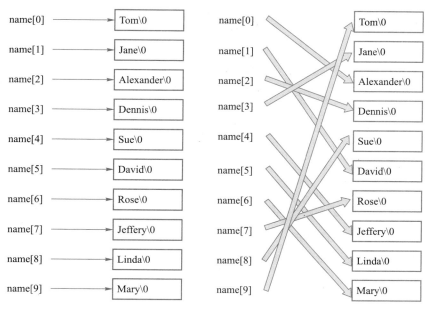

图 9.9 指针数组排序前和排序后的指向图

```
char *pt;
int i,j,k;
for(i=0;i<N-1;i++)
{
    k=i;
    for(j=i+1;j<N;j++)
        if(strcmp(name[k],name[j])>0)
            k=j;
    if(k!=i)
    {
        pt=name[i];
        name[i]=name[k];
        name[k]=pt;
    }
}
for(i=0;i<N;i++)
    puts(name[i]);
return 0;
}
```

上两例的程序运行结果相同,如图 9.10 所示。

【例 9-10】 社团信息提取验证。已知若干学生的学号(无重复)、姓名和所报社团,其中:

① 学号由 8 位字符组成,前 4 位字符对应学生的年级,第 5 位字符对应学生的班级,后 3 位字符对应学生在班级内的序号。例如:学号"20221001"代表 2022 级 1 班 1 号。

② 假定学校开设的社团共有 6 个,分别为辩论队、漫画社、音乐社、足球社、文学

图 9.10　例 9-8 和例 9-9 的运行结果

俱乐部、志愿者。学生所报社团必须是 6 个社团中的一个。

　　程序根据学生报名信息,获取学生的年级和班级,并验证所报社团是否正确(即所报社团是否为 6 个社团中的一个)。

　　分析:学生的学号、姓名和所报社团均用字符型指针数组,每个字符串和字符串中每个字符的访问方法如下:

```c
#include <stdio.h>
#include <string.h>
char * SetSub[ ]={"辩论队","漫画社","音乐社","足球社","文学俱乐部","志愿者"};
//现有的 6 个社团
int main(void)
{
    //用 3 个字符指针数组存放 5 位学生的报名信息:学号、姓名和报名社团
    char * id[ ]={"20221001","20221002","20221003","20222001",
                "20222002"};
    char * name[ ]={"张小红","李小华","王小强","赵小丽","陈小明"};
    char * sub[ ]={"漫画社","志愿者","英语社","数学社","足球社"};
    int year,classN=0;
    int flag=0;
    int i,j;
    printf("    学号    年级班级    姓名                社团                备注 \n");
    for (i=0;i<5;i++)
    {
        year=classN=flag=0;
        for (j=0;j<4;j++)
            year=year*10+id[i][j]-'0';//注意每个字符串中每个字符的访问方法
        classN=id[i][j]-'0';
        for(j=0;j<6;j++)                //学生报名的社团必须为 6 个社团之一
        {
            if (strcmp(sub[i],SetSub[j])==0) break;
            //注意每个字符串的访问方法
        }
        if (j>=6) flag=1;
        if (flag!=0)
            printf("%9s %4d 级%1d 班   %-15s %-15s 社团不存在,报名失败 \n",
                    id[i],year,classN,name[i],sub[i]);
```

```
        else
            printf("%9s %4d 级%1d 班   %-15s %-15s 社团正确,报名成功 \n",
                    id[i],year,classN,name[i],sub[i]);
        }
        return 0;
    }
```

程序运行结果如图 9.11 所示。

学号	年级班级	姓名	社团	备注
20221001	2022级1班	张小红	漫画社	社团正确, 报名成功
20221002	2022级1班	李小华	志愿者	社团正确, 报名成功
20221003	2022级1班	王小强	英语社	社团不存在, 报名失败
20222001	2022级2班	赵小丽	数学社	社团不存在, 报名失败
20222002	2022级2班	陈小明	足球社	社团正确, 报名成功

图 9.11　例 9-10 运行结果

9.4.2　二级指针

如果一个指针变量存放的是另一个指针变量的地址,则称这个指针变量为二级指针变量,也称为指向指针的指针。

二级指针变量定义的一般格式如下:

类型名 ** 指针变量名;

例如:

微视频:
二级指针

```
char *pname[ ]={"Zhao","Qian","Sun","Li","Zhou","Wu",
                "Zheng","Wang","Feng","Chen"};
                /* 定义指针数组 pname 并且初始化 */
char **p2;      /* p2 是一个二级指针,它可以指向另一个字符指针 */
p2=pname;       /* p2 赋值为指针数组名 pname,p2 的值就是指针数组首元素 pname[0]
的地址,也称 p2 指向 pname[0] */
```

内存指向如图 9.12 所示。基于此指向图和 9.4.1 节可知,*(pname[2]+1)或 pname[2][1]可以访问"u"。那么定义了二级指针 p2 并且赋值为 pname 后,p2[2][1]或 *(*(p2+2)+1)也可以访问字符"u"。具体原因如下:

p2 的值是 pname,那么 p2[2]就是 pname[2],p2[2][1]就等价于 *(pname[2]+1),就是访问字符"u"。另一种等价表示法:p2 指向 pname[0],p2+1 指向 pname[1],p2+2 指向 pname[2], *(p2+2)就是 pname[2],所以 *(*(p2+2)+1)就等价于 *(pname[2]+1),就是访问字符"u"。

基于上述定义和初始化,如下代码可使用二级指针 p2 打印出多个字符串:

```
for(i=0;i<10;i++)
    printf("%s ",*(p2+i));/* p2+i 指向 pname[i],*(p2+i)就是 pname[i] */
```

二级指针通常作为函数参数来使用,参见例 9-11。

【例 9-11】　将 5 个颜色字符串排序,将多字符串排序的功能用函数来实现。

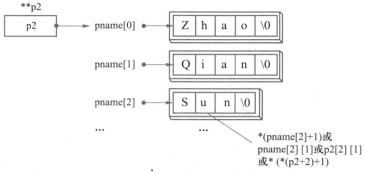

图 9.12   二级指针的初始化示例

程序代码:

```
#include <stdio.h>
#include <string.h>
#define N 5
void fsort(char *color[ ],int n);
int main(void)
{
    int i;
    char *pcolor[ ]={"red","blue","yellow","green","purple"};
        /*初始化后,指针数组的每个元素都指向一个字符串常量*/
    char **p2=pcolor;
        /*二级指针 p2 的值为指针数组名 pcolor,即 p2 指向 pcolor[0]*/
    fsort(p2,N);       /*二级指针作为实参调用函数*/
    for(i=0;i<N;i++)
        puts(pcolor[i]);
    return 0;
}

void fsort(char *color[ ],int n)/*指针数组名作为形参*/
{
    int i,j;
    char *temp;
    for(i=1;i<n;i++)
        for(j=0;j<n-i;j++)
            if(strcmp(color[j],color[j+1])>0){
                temp=color[j];
                color[j]=color[j+1];
                color[j+1]=temp;
            }
}
```

程序运行结果如图 9.13 所示。

上例定义了一个指针数组 pcolor,此数组的每一个元素都是一个字符型的指针,并用多个字符串常量对指针数组进行初始化,那么指针数组的每个指针都指向一个字

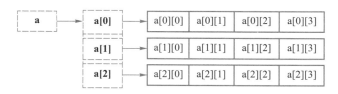

图 9.13　例 9-11 运行结果

符串常量。排序函数 fsort( ) 用指针数组名作为形参,函数调用时用一个指向 pcolor 的二级指针作为实参,那么函数内获得了指针数组 pcolor 的首地址,可以在函数内访问修改指针数组 pcolor 的每个元素,即取出每个颜色字符串常量的地址进行排序,排序后的结果是 pcolor[0]指向最小的字符串,pcolor[1]指向次小的字符串,依此类推。

9.4.3　指向一维数组的指针

微视频:
指向一维
数组的指
针

　　前面介绍过如何通过指针来访问一维数组,那么如何用指针来访问二维数组呢?我们先来回顾二维数组在内存中是如何存放的。

　　二维数组是连续存放在一块内存区域的,各个元素在内存中首先“按行”存放,即一行元素存储完毕后再存储下一行元素;每行的元素按照列下标的递增逐个存放。C语言允许把一个二维数组看为两重一维数组来处理。如果有数组定义“int a[3][4];”,那么可以将这个二维数组看作是包含了 3 个元素,即 a[0]、a[1]、a[2]的一维数组,而每一个数组元素 a[i](i=0,1,2)又是一个一维数组,含有 4 个元素。例如 a[0]数组含有 a[0][0]、a[0][1]、a[0][2]、a[0][3]4 个元素,a[1]和 a[2]数组也同理,详见图 9.14 所示,其中虚线框内的为虚拟的数组,只是为了表示方便,并不真实存在。

图 9.14　指向一维数组的指针示例

　　在图 9.14 中,a 是二维数组名,它指向二维数组的 a[0]行;而 a+1 并非是增加 1 个字节,而是会跨越二维数组的一行,指向 a[1]行,因此 a 是一个行指针。

　　对 a 取 * 的意义是,* a 指向 a[0]行第一个元素;* (a+1)指向 a[1]行的第一个元素;* (a+1)+1 指向 a[1]行的第二个元素。因此 * (* (a+1)+1)就是 a[1]的第二个元素 a[1][1]。可见,a[i][j] 与 * (* (a+i)+j)是等价的。

　　由此可见,二维数组名是一个行指针常量,如要将二维数组名赋给一个指针,那么这个指针的类型必须是指向一维数组的指针,也称为行指针。

　　指向一维数组的指针变量的定义格式如下:

数据类型　(* 指针变量名)[常量表达式];

其中常量表达式的值等于所指向的一维数组的元素个数。例如：

```
int a[3][4];int ( *p)[4];      //定义一个行指针 p,指向含有 4 个元素的一维数组
p=a;                           //将该二维数组的首地址赋给 p,p 指向 a[0]行
p++;        //该语句执行过后,也就是 p=p+1,p 跨过行 a[0],指向行 a[1]
```

那么 p+i 则指向一维数组 a[i]。从前面的分析可得出,* (p+i)+j 是二维数组 i 行 j 列的元素的地址,而 * (* (p+i)+j)则是 i 行 j 列元素的值。

要通过行指针变量 p 遍历二维数组(行为 M,列为 N)的操作代码如下：

```
for (i=0;i<M;i++)
    for (j=0;j<N;j++)
        printf("%d",*( *(p+i)+j));
```

【例 9-12】　建立一个 3×4 的矩阵,各元素的值为 1~12 的整数,再调用函数完成二维数组的输出。

程序代码：

```
#include <stdio.h>
#define M 3
#define N 4
void prt( int ( *pa)[N],int m)   //形参是指向一维数组的指针
{
    int j;
    int ( *p)[N];
    for( p=pa;p<pa+m;p++)
    {
        for(j=0;j<N;j++)
            printf( "%4d",*( *p+j));
/* *p 每次指向一行,操作完这行后++指向下一行,这里的 *( *p+j)等价于 a[i][j] */
        printf("\n");
    }
}


int main(void)
{
    int i,j,k=1,a[M][N];
    for (i=0;i<M;i++)
        for (j=0;j<N;j++)
            a[i][j]=k++;       //赋初值
    prt(a,M);   //实参是二维数组名 a
    return 0;
}
```

9.4.4　函数指针

程序运行时的数据和代码都是保存在内存中的,因此一个函数也会在内存中占据一片连续的存储单元,其中第一条执行指令所在的位置称为函数的入口地址,函数名

就代表了这个入口地址,取值为该地址的指针就称为指向该函数的指针,简称函数指针。通过函数指针来调用函数的基本操作可以分为以下几个步骤:

1. 定义函数指针

函数指针要先定义,再使用。定义的格式如下:

返回类型 (＊指针变量名) (函数形参表);

例如:double (＊pfunc) (double);就定义了一个函数指针 pfunc,它能够指向那些形参为 double,返回值为 double 的函数。

2. 函数指针赋值

C 语言有库函数 double sin(double)可以用来计算正弦值。那么语句

```
pfunc=sin;/* pfunc 赋值为 sin 函数名,即 sin 函数在内存中的首地址 */
```

使函数指针 pfunc 指向 sin( )函数。

3. 通过函数指针调用函数

```
y=( ＊pfunc)(x);
```

等价于

```
y=sin(x);
```

又如语句

```
pfunc=cos;
```

使函数指针 pfunc 指向 cos( )函数。那么

```
y=( ＊pfunc)( x);
```

等价于

```
y=cos(x);
```

4. 主要注意点

(1) 给函数指针变量赋值时,只需给出函数名而不必(也不能)给出参数。例如:

```
int a,b,c,max(int,int),(＊p)( int,int);
p=max;           /* p 为函数指针变量,max 为函数名 */
```

(2) 函数可通过函数名调用,也可通过函数指针调用。如上例后,只需用(＊p)代替函数名 max 即可调用函数。例如:

```
c=max(a,b);        /*通过函数名调用 */
c=(＊p)(a,b);      /*通过函数指针调用 */
```

(3) 对函数指针变量来说,像++、--、加减整数、关系比较等运算没有意义。

【例 9-13】　求三角函数 sin( )、cos( )和 tan( )在 30°、60°、90°、120°、150°和 180°的值。

程序代码:

```
#include <stdio.h>
#include <math.h>
void printvalue(double (＊fun)(double),int n)/*函数指针作为函数的形参 */
{
    int  i;
    for(i=1;i<=n;i++)
```

```
        printf( "%d\t%f\n",i*30,(*fun)(3.14159*i*3/18));
}
int main(void)
{
    printf("sin:\n");
    printvalue(sin,6);        /*函数名作为函数的实参*/
    printf("cos:\n");
    printvalue(cos,6);
    printf("tan:\n");
    printvalue(tan,6);
    return 0;
}
```

程序运行结果如图 9.15 所示。

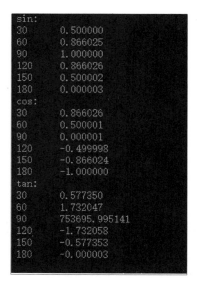

图 9.15　例 9-13 运行结果

　　函数指针可以作为另外一个函数的参数。如上例,求不同三角函数的多次运算的结果,用本例的方法可以达到避免类似代码重复出现的目的。

　　printvalue()函数的形参为函数指针,实参是具体的三角函数名,参数传递时就给形参的函数指针赋了值,如第一次调用时相当于赋值 fun=sin,函数内就可以用函数指针 fun 来调用它指向的 sin()函数了。

9.5　综 合 案 例

　　【例 9-14】　程序功能与例 9-10 相同,增加了子函数来封装部分核心功能,关注其中指针处理字符串、指针作为函数参数的功能和实现方法。

函数设计与实现说明如下：

（1）函数 get_GradeClass( )获取给定学号的年级和班级。函数原型：

```
void get_GradeClass(char *id,int *y,int *c);
```

其中 id 是字符指针，用于指向传入的学号字符串，函数中提取 id 中的年级和班级，通过指针 y 和 c 返回。

（2）函数 checkSub( )验证所报社团是否正确。函数原型：

```
int checkSub(char *sub);
```

其中 sub 是字符指针，用于指向传入的社团名称字符串。如果校验正确，函数返回 0；否则返回 1。

运行结果如图 9.16 所示。

学号	年级班级	姓名	社团	备注
20203001	2020级3班	周小芳	辩论队	社团正确，报名成功
20201002	2020级1班	吴小芸	音乐社	社团正确，报名成功
20201003	2020级1班	郑小刚	音乐社	社团正确，报名成功
20202001	2020级2班	王小斌	戏剧社	社团不存在，报名失败

图 9.16 例 9-14 运行结果

程序代码：
例9-14

程序代码：

```c
#include <stdio.h>
#include <string.h>
#include <stdlib.h>
char *SetSub[]={"辩论队","漫画社","音乐社","足球社","文学俱乐部","志愿者"};
int str_to_int(char *str,int i,int n)
{
    int dig=0;
    for(;i<n;i++)
        dig=dig*10+(str[i]-'0');
    return dig;
}

void get_GradeClass(char *id,int *y,int *c)
{
    *y=str_to_int(id,0,4);
    *c=str_to_int(id,4,5);
}

int checkSub(char *sub)
{
    int flag=0;
    int j;
    for(j=0;j<6;j++)   //社团必须为6个指定社团之一
    {
        if(strcmp(sub,SetSub[j])==0) break;
    }
    if(j>=6)  flag=1;
```

```
        return flag;
    }

    int main(void)
    {
        char * id[] = {"20203001","20201002","20201003","20202001"};
        char * name[] = {"周小芳","吴小芸","郑小刚","王小斌"};
        char * sub[] = {"辩论队","音乐社","音乐社","戏剧社"};
        int year,classN;
        int flag;
        int i;
        int * y = &year, * c = &classN;
        printf("   学号   年级班级   姓名         社团         备注 \n");
        for (i = 0;i<4;i++)
        {
            get_GradeClass(id[i],y,c);
            flag = checkSub(sub[i]);
            if (flag! = 0)
                printf("%9s %4d 级%1d 班   %-15s %-15s 社团不存在,报名失败 \n",
                        id[i],year,classN,name[i],sub[i]);
            else
                printf("%9s %4d 级%1d 班   %-15s %-15s 社团正确,报名成功 \n",
                        id[i],year,classN,name[i],sub[i]);
        }
        return 0;
    }
```

【例 9-15】 24 点的可计算判断。

① 游戏背景:学生经常会玩一种智力型扑克游戏,称为 24 点游戏。规则是先在一副扑克牌中选取 4 色的 A,2,3,4,5,6,7,8,9,10 共 40 张牌,每次抽取 4 张牌组成 4 个 1 到 10 的数字,游戏双方谁先通过四则运算计算得到 24(每个数字使用且仅使用一次)计为小胜,小胜超出一定数量的赢得比赛。例如,抽到 1、2、3、4,可以通过 1×2×3×4 得到 24,也可以通过(1+2+3)×4 得到 24,还可以通过(1+3)×(2+4)得到 24。再如抽到 4、4、7、7,只有一种计算方法能得到 24 点:(4-4/7)×7,由于计算过程产生分数结果,因此这种计算称为分数计算。

② 程序功能:面向 24 点游戏进行提问、思考、编程求解和统计分析,这里并不输出具体的 24 点计算过程,而是通过编写程序回答"为什么计算的是 24 点(即比较不同目标点的可计算率)""为什么用 4 个数计算(即比较不同数字个数的可计算率)""能否计算出 24 点(即 n 个数字的 24 点可计算判断)"等问题,然后根据程序运行结果做数据统计,尝试对 24 点游戏进行初步分析和研究。

③ 指针应用:本例通过使用函数指针来完成根据菜单选择调用不同函数的功能,重点关注程序中函数指针的定义、赋值和调用过程。

下述功能菜单结构体中包含了函数指针的定义,见粗体所示:

```
struct menulst
{ //功能函数菜单项
```

程序代码:
例9-15

```
    int     index;              //菜单号,负数时表示菜单项结束
    char    sno[10];            //功能名称
    char    str[80];            //功能说明
    int     (*pmain)(void);     //功能函数指针
};
typedef struct menulst menuLst;
```

主函数中结构体数组初始化时对函数指针进行了赋值,然后根据用户的菜单选择通过函数指针来调用对应的函数,见粗体所示:

```
int main(void)
{
    int  m;
    menuLst mnLst[]={                //函数菜单表
        {1,"q1","比较不同目标点的可计算率",mainq1},
        {2,"q2","比较不同数字个数的可计算率",mainq2},
        {3,"q3","n个数字的target点可计算判断,按所含单数汇总",mainq3},
        {4,"q4","n个数字的target点可计算判断,按数字求和汇总",mainq4},
        {5,"q5","n个数字的target点可计算判断,按2数搭档汇总",mainq5},
        {-1,"","",NULL}};            //最后1项
    m=menu(mnLst);
    if (m>=0 && mnLst[m].pmain!=NULL)
        mnLst[m].pmain();
    return 0;
}
```

注意:mainq1~mainq5均为函数名,它们的函数类型和参数格式均相同,用函数名对函数指针进行赋值后,就可以通过函数指针来调用对应的函数,完成对24点游戏的各种可计算统计。

运行结果如图9.17所示,用户通过输入不同的菜单号完成不同的可计算分析功能。

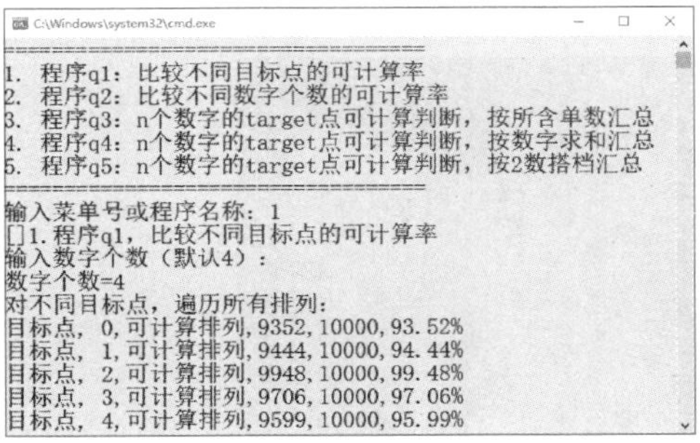

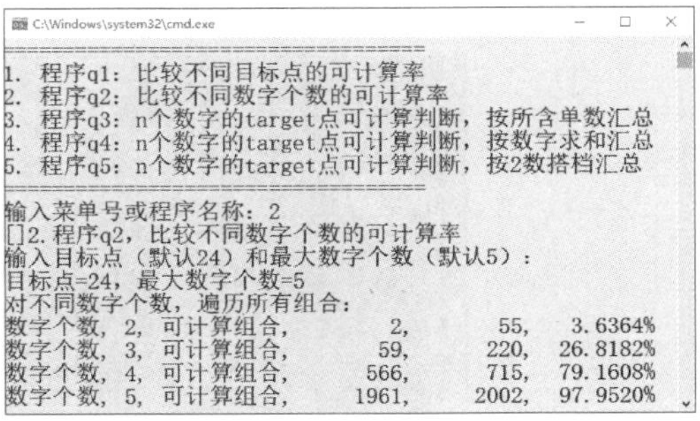

图9.17 例9-15运行示例

完整示例代码请参见第10章。

【例9-16】 利用智慧寝室系统控制板编程优化智慧寝室系统中设备的控制。

应用背景:程序间数值传递是常见操作,在前面章节案例中是通过变量(单值变量、多值变量(数组))实现的,由计算机的基本组成原理可知,变量是逻辑层面的,物

理层面则对应内存单元,直接引用内存地址能提升程序的执行效率,本案例运用指针优化了智慧寝室系统对设备的控制。

问题分析:

① 定义两个函数,用于接收指针。

② 显示函数中接收的数值。

③ 对传输的数据进行判断,当满足条件时依次打开多个设备。

功能描述:

① 定义函数和相关变量,进行通信初始化。

② 根据数据传递方式进入③。

③ 预处理所接收的数据,分别在计算机屏幕、智慧寝室系统控制板 LCD 屏幕上显示该数值。

④ 函数根据所接收的数据控制相应的设备。

⑤ 关闭通信资源。

运行结果如图 9.18 所示。

微视频:
优化设备
控制功能
的实施

程序代码:
例9-16

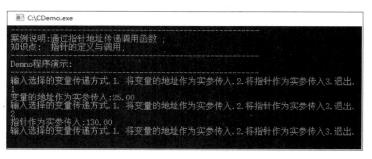

图 9.18　在命令窗口中的执行效果

在命令窗口中执行的同时,用串口线连接智慧寝室系统控制板,同时可观察到图 9.19 和图 9.20 的运行效果。

图 9.19　Function1 接收传入参数后控制相应设备的效果

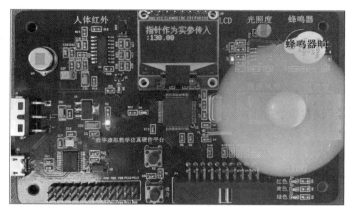

图 9.20 Function2 接收传入参数后控制相应设备的效果

小　　结

　　指针即地址,指针变量就是专门用于存放变量内存地址值的。利用指针可以间接访问它指向的变量或者数组。结构体指针就是指向结构体类型变量的指针,通过结构体指针可以间接访问结构体变量或者结构体数组。指针可以作为函数参数,也可以作为函数返回值,在主调函数和被调函数间传递变量、数组、结构体的地址。

　　例如,"int ∗ p;"定义了 p 是一个指向整型变量的指针变量;"int ∗ p[3];"定义了 p 是一个指针数组,该数组的元素(p[0]、p[1]、p[2])都是指向整型变量的指针变量;"int ∗∗ p;"定义了一个二级指针变量 p;"int (∗ p)[4];"定义了一个行指针 p,能指向含有 4 个元素的一维数组。

　　在实际的编程应用中,可以使用字符型的指针数组来处理多个字符串,这比用二维字符数组处理多个字符串更加灵活和高效;也可以使用指向一维数组的指针(即行指针)来处理二维数组。

　　第 9 章知识结构如图 9.21 所示。

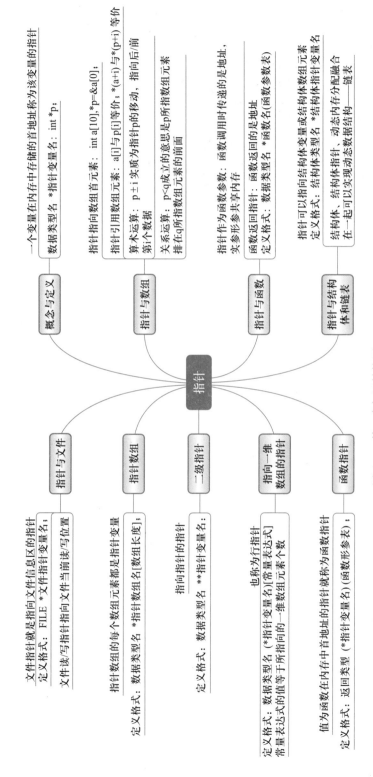

图 9.21　第 9 章知识结构图

习　题　9

一、选择题

1. 下列不正确的定义是(　　)。

A. int ＊p＝&i,i;　　　B. int ＊p,i;　　　C. int i,＊p＝&i;　　　D. int i,＊p;

2. 若有说明"int n＝2,＊p＝&n,＊q＝p;",则以下非法的赋值语句是(　　)。

A. p＝q;　　　　　　B. ＊p＝＊q;　　　C. n＝＊q;　　　　　　D. p＝n;

3. 若有语句"int a[10];",则(　　)是对指针变量 p 的正确定义和初始化。

A. int p＝＊a;　　　　B. int ＊p＝a;　　　C. int p＝&a;　　　　D. int ＊p＝&a;

4. 若有说明语句"int a[5],＊p＝a;",则对数组元素的正确引用是(　　)。

A. a[p]　　　　　　B. p[a]　　　　　C. ＊(p+2)　　　D. p+2

5. 有如下程序:

```
int a[10]={1,2,3,4,5,6,7,8,9,10},＊P=a;
```

则数值为 9 的表达式是(　　)。

A. ＊P+9　　　　　B. ＊(P+8)　　　C. ＊P+=9　　　D. P+8

6. 若有以下程序:

```
void fun(float *a,float *b)
{   float w;
    *a=*a+*a;w=*a;*a=*b;*b=W;
}
int main()
{   float x=2.0,y=3.0,*px=&x,*py=&y;
    fun(px,py);printf("%.0f,%.0f\n",x,y);
    return 0;
}
```

则程序的输出结果是(　　)。

A. 4,3　　　　　　B. 2,3　　　　　C. 3,4　　　　　　　D. 3,2

7. 以下对结构变量 stu1 中成员 age 的非法引用的是(　　)。

```
struct student
{
    int age;
    int num;
}stu1,*p;
p=&stu1;
```

A. stu1.age　　　　B. student.age　　　C. p->age　　　　D. (＊p).age

8. 定义下面结构体(联合)数组:

```
struet St
```

```
{
    char name[15];
    int age;
}a[10]={"ZHANG",14,"WANG",15,"LIU",16,"ZHANG",17};
```

执行语句 printf("%d,%c",a[2].age, *(a[3].name+2))的输出结果是(　　　)。

    A. 15,A　　　　　　　B. 16,H　　　　　　　C. 16,A　　　　　　D. 17,H

9. 以下 4 个变量定义中,定义 p 为二级指针的是(　　　)。

    A. int **p;　　　　　B. int (*p)();　　C. int *p[10];　　D. int (*p)[10];

10. 以下 4 个变量定义中,定义 p 为指针数组的是(　　　)。

    A. int *p[10];　　　　B. int (*p)();　　C. int **p;　　　　D. int (*p)[10];

11. 设有定义"char *p[]={"Shanghai","Beijing","Honkong"};",则结果为"j"字符的表达式的是(　　　)。

    A. p[3][1]　　　　　B. *(p[1]+3)　　C. *(p[3]+1)　　D. *p[1]+3

12. 主调函数中要实现交换两个整型变量的值,应该调用下列 4 个函数中的(　　　)。

```
A. void fun_a (int x,int y)          B. void fun_b (int *x,int *y)
   {    int *p;                          {    int *p;
        *p=x;x=y;y=*p;                        *x=*y;*y=*x;
   }                                    }

C. void fun_c (int *x,int *y)         D. void fun_d (int x,int y)
   {    *x=*x+*y;                          {    int p;
        *y=*x-*y;                               p=x;x=y;y=p;
        *x=*x-*y;                          }
   }
```

13. 设有定义语句"int (*ptr)[10];",其中的 ptr 是(　　　)。

    A. 10 个指向整型变量的函数指针

    B. 指向 10 个整型变量的函数指针

    C. 一个指向具有 10 个元素的一维数组的指针

    D. 具有 10 个指针元素的一维数组

14. 若有以下定义,则 *(p+5)的值为(　　　)。

```
char s[]="Hello",*p=s;
```

    A. '0'　　　　　　　　B. '\0'　　　　　　　C. '0'的地址　　　　D. 不确定的值

15. 若有函数 max(a,b),并且已使函数指针变量 p 指向函数 max(),当调用该函数时,正确的调用方法是(　　　)。

    A. (*p)max(a,b);　　B. *pmax(a,b);　　C. (*p)(a,b);　　D. *p(a,b);

二、编程题

1. 有 n 个人围成一圈,按顺序从 1 到 n 编号。从第一个人开始报数,报数 3 的人退出圈子。下一个人再从 1 开始重新报数,报数 3 的人退出圈子。如此循环,直到留下最后一个人。问留下来的人的编号。

2. 编写函数 void sort(int a[],int n),函数内对数组 a 中的元素升序排列。再编写 main( )函数,main( )函数完成数组的输入,调用 sort( )函数对数组进行排序和输出。

3. 输入 3 个字符串,输出其中最大的字符串。

4. 输入一个字符串,再用指针引用法完成字符串的逆序排列。

5. 要求用字符指针作为参数定义函数 strmcpy(s,t,m),它的功能是将字符串 t 中从第 m 个字符开始的全部字符复制到字符串 s 中,再编写 main( )函数,main( )函数完成字符串的输入,调用 strmcpy( )函数,最后输出字符串。

10 编程开发实例

本章通过一些实例引导学生进行编程开发,开发实例以实际场景的问题为主线,练习如何分析问题,再通过程序解决问题,以此逐步掌握编程知识的应用,提高编程能力、开拓视野,体会编程的趣味与挑战。

10.1 计算 24 点

第 9 章已介绍了 24 点游戏的规则,它的核心是"计算 24 点"。图 10.1 是抽到"1、2、3、4"和"4、4、7、7"牌后的计算思路。

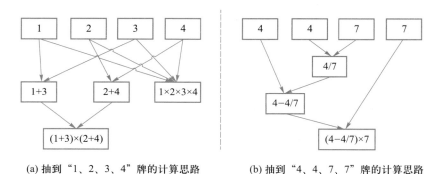

(a) 抽到"1、2、3、4"牌的计算思路　　　(b) 抽到"4、4、7、7"牌的计算思路

图 10.1　24 点计算示例

下面围绕 24 点游戏的程序开发,讲解如何思考、如何提出问题、如何转换为计算和编程问题、如何设计程序、如何观察运行结果。

10.1.1 基于数据的问题与回答

在编写程序之前,先对游戏的各个方面提出问题,训练自己多提问,然后给出回答,自问自答就是在思考,24 点游戏的基础问题如图 10.2 所示。

面对一个现实场景,要有能力提出问题,而问题的解决需要有数据的支撑。24 点

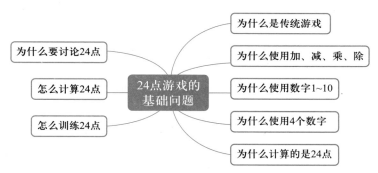

图 10.2　24 点游戏的基础问题

游戏的思考与问答如图 10.3 所示。对问题进行数据抽象和数字化,转换为数据相关的问题,而数据问题可通过一系列"计算"进行推算,"计算"问题能在计算机上通过程序实现,程序的结果是数据,再通过图示、表格等直观展示,最终回答了问题。

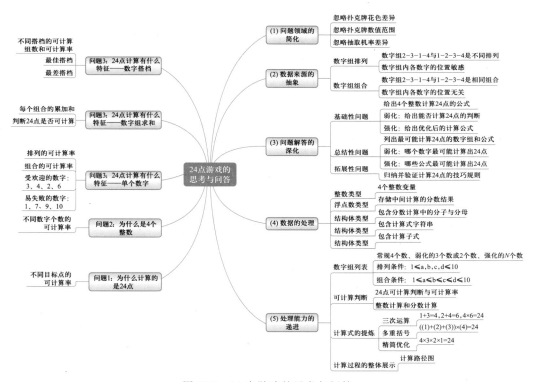

图 10.3　24 点游戏的思考与问答

1. 24 点游戏的思考

(1) 问题领域的简化。在 24 点游戏中,忽略扑克牌的花色,如黑桃 A 和方块 A 都是 1、可以抽取 4 个 2;忽略扑克牌数值范围,如只抽取 1~10 的值;忽略扑克牌抽取概率的差异。

(2) 数据来源的抽象。例如抽到 4 张牌"红桃 2、黑桃 3、方块 A、梅花 4",可抽象为"2-3-1-4"数字组,表示形式为"a-b-c-d",条件为"a,b,c,d 为整数且 $1 \leqslant a,b,c,d \leqslant 10$"。

① 从 24 点游戏看,数字组"2-3-1-4"与"1-2-3-4"可以看成是同一个数字组,称为"组合"(组合是顺序无关的)。

② 从抽取过程看,"2-3-1-4"与"1-2-3-4"的抽取过程是独立的,称为"排列"(排列是顺序敏感的)。

(3) 问题解答的深化。问题要求及结果显示应该是数据化的,由浅入深有以下层次。

① 基础性问题:如"给出 4 个整数计算 24 点的公式",其弱化问题如"给出能否计算 24 点的判断",强化问题如"给出优化后的计算公式"。

② 总结性问题:如"列出最可能计算 24 点的数字组和公式",其弱化问题如"哪个数字最可能计算出 24 点",强化问题如"哪些公式最可能计算出 24 点"。

③ 拓展性问题:如"有哪些技巧规则能快速心算出 24 点",其弱化问题如验证"N 数累加和小于 9 时必定不能计算出 24 点,累加和为 9 时只可能通过 $4 \times 3 \times 2$ 计算出 24 点",强化问题如"如何推出最少的规则数而能最大程度计算出 24 点"。

(4) 数据的处理。24 点游戏涉及待计算 24 点的单个数字、数字组合及数字组列表,计算过程的四则运算、计算式及公式等,可使用如下数据类型进行表示。

① 整数类型:4 个整数使用 4 个整数变量,如 int a,b,c,d。

② 浮点数类型:用于表示分数计算,如 double a,b,c,d。

③ 包含分子和分母的结构体类型:用于精确表示分数计算中的分子和分母,避免浮点数类型可能产生的计算误差。

④ 包含字符串的结构体类型:结构体使用字符串,以便同时得到计算式的数值与计算式字符串。

⑤ 包含计算子式列表的结构体类型:除计算式字符串外,结构体包含所有计算子式的列表,必要时可以调整各子式的顺序,以优化计算表示式。

(5) 处理能力的递进。在数据类型更迭的同时,程序的处理能力也层层递进。

① 数字组列表:数字组可以是常规的 4 个数,或者 3 个数、2 个数,甚至 N 个数组成。数字组条件是满足 $1 \leqslant a,b,c,d \leqslant 10$ 的所有排列,或是满足 $1 \leqslant a \leqslant b \leqslant c \leqslant d \leqslant 10$ 的所有组合。

② 可计算判断:仅判断能否计算出 24 点,忽略具体的计算过程,对于数字组的排列或组合,统计其中能够计算 24 点的数字组数,得到 24 点的可计算率。

③ 计算式的提炼:如数字组"1-2-3-4",显示的计算式可能有 3 次运算的"1+3=4,2+4=6,4×6=24"、多重括号的"((1)+(2)+(3))×(4)=24"、精简优化的"4×3×2×1=24"等。

④ 计算过程的整体展示:通过计算路径图,使计算过程的主要结点更加清晰。

2. 24 点游戏的问答

(1) 问题 1:为什么计算的是 24 点?

答(q1):设定计算目标点为 0~48,遍历 4 个整数的所有排列,判断每个排列是否可以计算出目标点,统计目标点的可计算率并输出。

由图 10.4 可知,目标点 24 的可计算率并不是最高的,目标点为 0~12 时,可计算率都比 24 点高。从图中也可以看出,24 点的可计算率是一个局部的极大值。

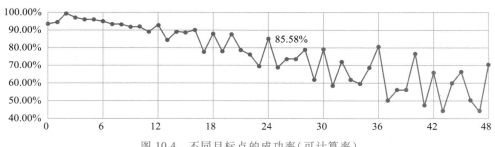

程序代码:
24q1

图 10.4　不同目标点的成功率(可计算率)

(2) 问题 2:为什么是 4 个整数?

答(q2):设定 24 点的计算个数 n 取 2~9,遍历 n 个整数的所有组合,逐个判断各组合是否 24 点可计算,输出组合总数、24 点可计算组数、可计算率等信息。

如表 10.1 所示,n 取 2 或 3 时,可计算率太低;n 取 6 以上时,不可计算组数太少。可计算率太高或太低都会降低游戏的趣味性,选 4 个数的计算量和复杂性相对适中。

程序代码:
24q2

表 10.1　不同整数组合的 24 点相关信息

数字个数	2	3	4	5	6	7	8	9
组合总数	55	220	715	2 002	5 005	11 440	24 310	48 620
24 点可计算组数	2	59	566	1 961	4 995	11 438	24 309	48 620
不可计算组数	53	161	149	41	10	2	1	0
可计算率	3.6%	26.8%	79.2%	97.95%	99.8%	99.98%	99.996%	100%

(3) 问题 3:24 点计算有什么特征?

这个问题比较宽泛,需具体为不同问题,再分析数据,才能得出特征。

答(q3):计算 24 点时,4 个整数按排列或按组合的可计算率如图 10.5 所示。可以看出,3 和 4 的可计算率最高,9 和 10 的可计算率最低。因此,数字 3 和 4"最受欢迎",数字 9 和 10"最可能导致失败"。

答(q4):遍历 4 个整数的所有组合,计算每个组合的累加和并判断是否 24 点可计算,可计算组数与不可计算组数如图 10.6 所示,各累加和的数据总组数呈正态分布,累加和小于 9 以及大于 36 的不能计算出 24 点,累加和为 11 和 24 的都能计算出24 点。

答(q5):在 24 点的 4 个整数中,取两个整数称为搭档,计算每对搭档的可计算组数和可计算率,再按可计算率从高到低排序输出。

可计算率的最高 4 组与最低 4 组搭档的数据如表 10.2 所示。由表可知,最受欢迎的搭档有"2-8""3-6""3-9""4-5",只有 1 组不可能计算出 24 点;最可能导致失败的搭档为"9-9""1-1""7-7""10-10",有一半的失败可能性。

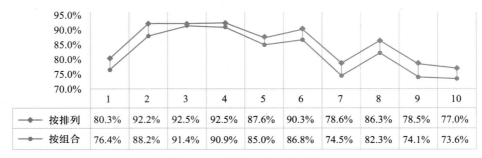

图 10.5   不同数字的可计算率

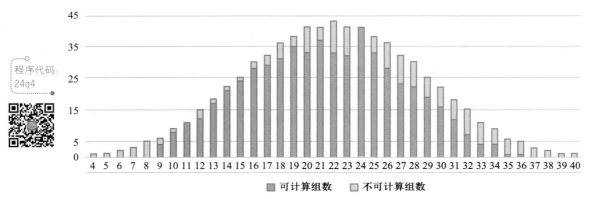

图 10.6   每个组合的可计算组数与不可计算组数

表 10.2   计算 24 点的最佳搭档和最差搭档

排序	搭档 a	搭档 b	可计算组数	可计算率	排序	搭档 a	搭档 b	可计算组数	可计算率
1	2	8	54	98.18%	52	1	1	29	52.73%
2	3	6	54	98.18%	53	7	7	29	52.73%
3	3	9	54	98.18%	54	10	10	29	52.73%
4	4	5	54	98.18%	55	9	9	26	47.27%

10.1.2   24 点的可计算判断

程序 K：输入 4 个整数，如果能计算出 24 点，输出计算式；否则输出"No"。

程序 C：输入 4 个整数，如果能计算出 24 点，输出"Yes"；否则输出"No"。

说明：程序 C 是程序 K 的弱化，下面先来介绍程序 C 的实现。10.1.3 节中再介绍程序 K。

图 10.7 是从 2 数判断到 n 数的程序演变。

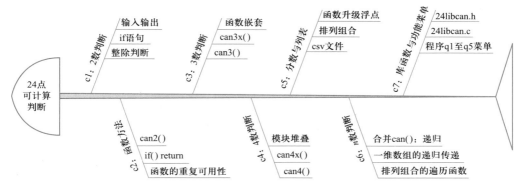

图 10.7 可计算判断系列程序及设计要求

演变 1：2 数判断。

程序 c1：输入两个整数，如果能计算出 24 点，输出"Yes"；否则输出"No"。

两个整数计算 24 点似乎很简单：输入两个整数，使用 if 语句验证四则运算后结果是否为 24 点。其中，除运算时需要有是否除零与是否整除判断。

```
//24c1.c,2 个整数,if 语句
#include <stdio.h>
int main(void)
{ //输入 2 个整数,判断能否计算出 24 点,输出 Yes 或 No
    int a,b;
    printf("Input a b：");
    scanf("%d%d",&a,&b);
    if (a+b==24)                          //加
        printf("Yes\n");
    else if (a-b==24)                     //减
        printf("Yes\n");
    else if (b-a==24)                     //反减
        printf("Yes\n");
    else if (a*b==24)                     //乘
        printf("Yes\n");
    else if (b!=0 && a%b==0 && a/b==24)   //除
        printf("Yes\n");
    else if (a!=0 && b%a==0 && b/a==24)   //反除
        printf("Yes\n");
    else
        printf("No\n");        //四则运算都不能得到 24
    return 0;
}
```

程序代码：
24c1

程序运行结果示例如图 10.8 所示。

演变 2：函数方法。

程序 c2：输入两个整数，判断能否计算出 24 点，输出"Yes"或"No"。要求使用函数。

| Input a b: 19 5 | Input a b: 6 4 | Input a b: 73 3 |
| Yes | Yes | No |

图 10.8   程序 c1 运行结果示例

给"判断 2 数能否计算出 24 点"这个功能起个函数名称,函数名称应简洁明了,本例使用 can2( ),其中"can"表示"能否","2"表示两个整数。

将 24c1.c 拆分为函数 can2( ) 和主函数 main( )。函数 can2( ) 修改如下:

① 原输出 Yes 改为"return 1;"语句。

② 原 else if 语句去掉 else(return 语句后不加 else)。

③ 增加整除判断预定义 EnaDiv,以简化除运算判断。

④ 6 条 if 语句的 if 与 return 在同一行上,使代码更加整齐。

⑤ 乘运算提前到加运算后。

程序代码:
24c2

```
#define EnaDiv(a,b) (b!=0 && a%b==0)          //整除判断
int can2(int a,int b)
{ //判断整数 a,b 能否计算出 24 点,返回 1 或 0
    if (a+b==24) return 1;                     //加,成立时返回 1
    if (a*b==24) return 1;                     //乘,if 前可省略 else
    if (a-b==24) return 1;                     //减
    if (b-a==24) return 1;                     //反减
    if (EnaDiv(a,b) && a/b==24) return 1;      //除
    if (EnaDiv(b,a) && b/a==24) return 1;      //反除
    return 0;//执行至此处时,前 6 个 if 均不成立,不能计算出 24 点
}
```

主函数 main( ) 在输入后调用 can2( ) 函数,输出 a、b 和 Yes 或 No,运行结果示例如图 10.9 所示。

| Input a b: 3 27 | Input a b: 4 96 | Input a b: 2 13 |
| 3, 27: Yes | 4, 96: Yes | 2, 13: No |

图 10.9   程序 c2 运行结果示例

演变 3:3 数判断。

程序 c3:输入 3 个整数,如果能计算出 24 点,输出"Yes";否则输出"No"。

在 2 数判断基础上进一步深化判断 3 个数。思路是从 3 个数中取两个数先判断,再与第 3 个数判断。在函数 can2( ) 的基础上,如果 can2(a+b,c) 的结果为 1,则说明 a、b、c 这 3 个数可以计算出 24 点。函数 can3( ) 用于从 3 个整数中选择两个整数,共有 3 种选择组合;函数 can3x( ) 为判断 3 个数是否可计算出 24 点,其中调用 can2( ) 函数进行两个数的判断。

```
int can3x(int a,int b,int c)
{ //3 个整数,前两个数先运算,再判断能否计算出 24 点,返回 1 或 0
    if (can2(a+b,c))   return 1;               //运算 a+b,再和 c 运算
```

```
    if (can2(a*b,c))    return 1;              //运算 a*b,再和 c 运算
    if (a>=b && can2(a-b,c)) return 1;         //运算 a-b
    if (b>a  && can2(b-a,c)) return 1;         //运算 b-a
    if (EnaDiv(a,b) && can2(a/b,c)) return 1;  //运算 a/b
    if (EnaDiv(b,a) && can2(b/a,c)) return 1;  //运算 b/a
    return 0;                                   //a 与 b 无法得到 24
}
int can3(int a,int b,int c)
{ //3 个整数判断能否计算出 24 点,返回 1 或 0
    if (can3x(a,b,c)) return 1;                //a,b 先运算
    if (can3x(a,c,b)) return 1;                //a,c 先运算
    if (can3x(b,c,a)) return 1;                //b,c 先运算
    return 0;                                   //任何 2 数先运算都无法得到 24
}
```

程序代码:
24c3

　　主函数 main( )在输入后调用 can3( )函数,输出 a、b、c 和 Yes 或 No,运行结果示例如图 10.10 所示。

```
Input a b c: 4 1 8      Input a b c: 3 8 9      Input a b c: 5 6 7
4,1,8: Yes              3,8,9: Yes              5,6,7: No
```

图 10.10　程序 c3 运行结果示例

　　演变 4:4 数判断。

　　程序 c4:输入 4 个整数,如果能计算出 24 点,输出"Yes";否则输出"No"。

　　在函数 can3( )的基础上,函数 can4( )用于从 4 个整数中选择两个整数先运算;函数 can4x( )为判断 4 个整数是否可计算出 24 点,其中调用 can3( )函数进行 3 个数的判断。以下只给出 can4( )函数的代码。

```
int can4(int a,int b,int c,int d)
{ //4 个整数判断能否计算出 24 点,返回 1 或 0
    if (can4x(a,b,c,d)) return 1;              //a,b 先运算
    if (can4x(a,c,b,d)) return 1;              //a,c 先运算
    if (can4x(a,d,b,c)) return 1;              //a,d 先运算
    if (can4x(b,c,a,d)) return 1;              //b,c 先运算
    if (can4x(b,d,a,c)) return 1;              //b,d 先运算
    if (can4x(c,d,a,b)) return 1;              //b,d 先运算
    return 0;              //任何 2 数先运算都无法得到 24
}
```

程序代码:
24c4

　　主函数 main( )在输入后调用 can4( )函数,输出 a、b、c、d 和 Yes 或 No,运行结果示例如图 10.11 所示。注意这时程序还不支持分数计算。

```
Input a b c d: 1 2 3 4      Input a b c d: 4 4 7 7
1,2,3,4: Yes                4,4,7,7: No
```

图 10.11　程序 c4 运行结果示例

比较函数 can3x( ) 与 can4x( )，两个函数具有相同的结构，前两个参数之间都有 6 种运算可能。比较函数 can3( ) 与 can4( )，两个函数具有类似的结构，选择两数的组合数不同。

演变 5：分数与列表。

程序 c5：输入 4 个整数取值 1~10，判断是否可计算出 24 点，输出数字组列表及 Yes 或 No，要求支持分数计算。

调整演变 4 的程序，使之升级为具有分数计算 24 点的能力，尽可能保持原程序的结构不变。升级的方法之一是使用双精度数据类型，修改如下：

① a、b、c、d 参数的数据类型由 int 改为 double，函数名称增加"F"标记，新函数名为 can2F( )、can3xF( )、can3F( )、can4xF( )、can4F( )。

② 增加预定义的定义，用于判断数值是否为 0 或 24（设误差≤10^{-9}），同时修改各函数中相应的判断，如"if（b！=0 && a%b==0）"改为"if（！IsZero(b)）"，再如"if（a+b==24）"改为"if Is24(a+b)"。

```
#define IsZero(z) ((z>=-1E-9) && (z<=+1E-9))
#define Is24(x)   IsZero(x-24)
```

在判断可计算的基础上，判断 4 个整数的所有排列能否计算出 24 点。4 个整数的排列使用 4 重循环，每个整数从 1~10，共 10 000 个排列。

```
for (a=1;a<=10;a++)
    for (b=1;b<=10;b++)
        for (c=1;c<=10;c++)
            for (d=1;d<=10;d++)
                if can4F(a,b,c,d)
                    printf("%d,%d,%d,%d,1\n",a,b,c,d);  //可计算
                else
                    printf("%d,%d,%d,%d,0\n",a,b,c,d);  //不可计算
```

另外，若假设按 1≤a≤b≤c≤d≤10 组合 4 个整数，同样的 4 个变量，循环条件将发生变化。除 a 外，b、c、d 变量的循环初值不是从 1 开始，而是从前一个变量开始循环，条件改为

```
for (a=1;a<=10;a++)
    for (b=a;b<=10;b++)
        for (c=b;c<=10;c++)
            for (d=c;d<=10;d++)
```

判断的结果可输出到文件中，以表格形式保存相关语句如下：

```
FILE * fp=fopen("cani.csv","w");
    //数字组循环代码略
    if can4F(a,b,c,d)
        fprintf(fp,"%d,%d,%d,%d,1\n",a,b,c,d);
    else
        fprintf(fp,"%d,%d,%d,%d,0\n",a,b,c,d);
fclose(fp);
```

主函数 main( )兼有程序和分数计算、排列数字、组合数字、生成文件的功能,运行结果示例如图 10.12 所示。

```
输入模式（-2排列/-1组合）或4个整数：4 4 7 7
4, 4, 7, 7, 1
```

(a) 输入4个整数的运行结果

```
C:\Windows\system32\cmd.exe        —   □   ×
输入模式（-2排列/-1组合）或4个整数：-1
输入是否生成文件（0/1）：1
1, 1, 1, 1, 0
1, 1, 1, 2, 0
1, 1, 1, 3, 0
1, 1, 1, 4, 0
1, 1, 1, 5, 0
1, 1, 1, 6, 0
1, 1, 1, 7, 0
1, 1, 1, 8, 1
1, 1, 1, 9, 0
1, 1, 1, 10, 0
1, 1, 2, 2, 0
```

(b) 组合数字的运行结果

	A	B	C	D	E
1	1	1	1	1	0
2	1	1	1	2	0
3	1	1	1	3	0
4	1	1	1	4	0
5	1	1	1	5	0
6	1	1	1	6	0
7	1	1	1	7	0
8	1	1	1	8	1
9	1	1	1	9	0
10	1	1	1	10	0
11	1	1	2	2	0

(c) 生成的文件

图 10.12　程序 c5 运行结果示例

演变 6:n 数判断。

程序 c6:要求同程序 c5,要求 can4F( )等函数合并为一个函数 canNFT( )。

演变 5 程序中,can 系列函数的调用关系是:can4F( )→can3F( )→can2F( ),几个函数具有类似结构,但参数个数依次减少,因此可以考虑将其合并为一个函数,新函数命名为 canNFT( ),其中 N 表示不定个数,F 表示支持分数计算,T 表示指定目标点,该函数具有递归特征。

程序代码:
24c6

```
#define MaxDigNum 9        //数字个数的最大值
int canNFT(double a[],int n,int target)
{ //n 个双精度数,判断能否计算 target 点,支持分数计算,返回 1 或 0
    double  b[MaxDigNum];
    int   i,j,k,t;
    if (n<1||n>MaxDigNum) return 0;   //n 超界,不可计算
    if (n==1)
    { //只有 1 个数时,直接判断 a[0]是否是 target 点
        if (IsEqu(a[0],target))         //F 分数
            return 1;
        return 0;
    }
    for (i=0;i<n-1;i++)
        for (j=i+1;j<n;j++)
        { //选择 a[i]与 a[j]为下步运算的两个数
            for (t=1,k=0;k<n;k++) //复制 a 数组其余元素到 b 数组
                if (k!=i && k!=j)
                    b[t++]=a[k];
            b[0]=a[i]+a[j];//选择的 2 数加运算,保存在 b[0]
            if canNFT(b,n-1,target) //和其余 n-1 个数判断能否计算
                return 1;
            b[0]=a[i] * a[j];//选择的 2 数乘运算,保存在 b[0]
```

```
        if canNFT(b,n-1,target) //和其余 n-1 个数判断能否计算
          return 1;
        if (a[i]>=a[j])
        { //a[i]比 a[j]大
          b[0]=a[i]-a[j];//选择的 2 数减运算,保存在 b[0]
          if canNFT(b,n-1,target) //和其余 n-1 个数判断计算
            return 1;
        }
        else
        { //a[j]比 a[i]大
          b[0]=a[j]-a[i];//选择的 2 数反减运算,保存在 b[0]
          if canNFT(b,n-1,target) //和其余 n-1 个数判断计算
            return 1;
        }
        if(!IsZero(a[j]))      //F 分数
        { //a[j]不为 0
          b[0]=a[i]/a[j];//选择的 2 数除运算,保存在 b[0]
          if canNFT(b,n-1,target) //和其余 n-1 个数判断计算
            return 1;
        }
        if(!IsZero(a[i]))      //F 分数
        { //a[i]不为 0
          b[0]=a[j]/a[i];//选择的 2 数反除运算,保存在 b[0]
          if canNFT(b,n-1,target) //和其余 n-1 个数判断计算
            return 1;
        }
      }
  return 0;         //任意 2 数先运算,都无法得到 target
}
```

设计不定个数的排列和组合遍历函数,声明如下:

```
void digitInit(int d[],int n,int dx,int prev);//数字组初始化,prev 表示前 1 组
int digitNext(int d[],int n,int kZh);//数字组的下一组,kZh 表示组合 1 或排列 0
```

修改主函数 main( )使之可以进行 4 个数 24 点或 5 个数 19 点的测试,运行结果示例如图 10.13 所示。

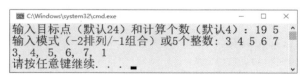

图 10.13　程序 c6 运行结果示例

演变 7:库函数与功能菜单。

程序 c7:实现"基于数据的问题与回答"中的 q1~q5 功能,功能由菜单方式选择,要求将各函数整理为自定义库函数。

将各个预定义与函数声明整合到文件 24libcan.h 中,将各函数的实现代码整合到

源程序 24libcan.c 中,预定义与函数如图 10.14 所示。

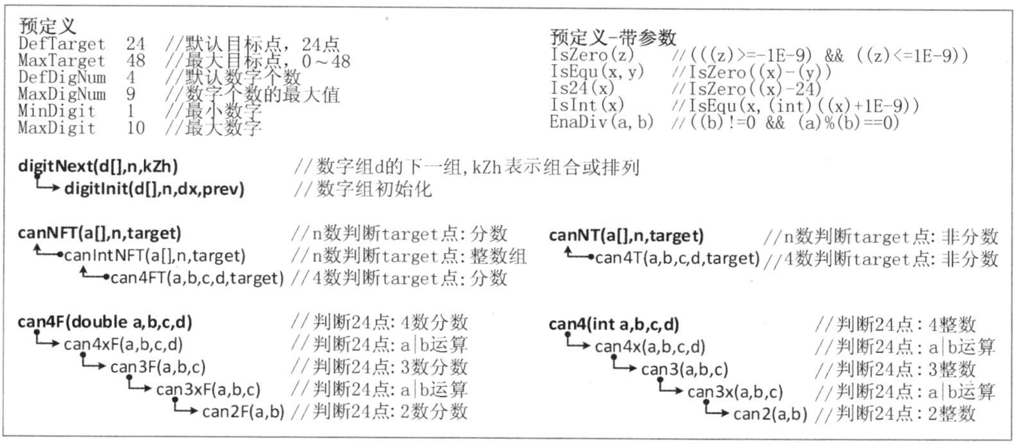

预定义
DefTarget 24 //默认目标点，24点
MaxTarget 48 //最大目标点，0～48
DefDigNum 4 //默认数字个数
MaxDigNum 9 //数字个数的最大值
MinDigit 1 //最小数字
MaxDigit 10 //最大数字
预定义-带参数
IsZero(z) //(((z)>=-1E-9) && ((z)<=1E-9))
IsEqu(x,y) //IsZero((x)-(y))
Is24(x) //IsZero((x)-24)
IsInt(x) //IsEqu(x,(int)((x)+1E-9))
EnaDiv(a,b) //((b)!=0 && (a)%(b)==0)
digitNext(d[],n,kZh) //数字组d的下一组,kZh表示组合或排列
digitInit(d[],n,dx,prev) //数字组初始化
canNFT(a[],n,target) //n数判断target点：分数
canIntNFT(a[],n,target) //n数判断target点：整数组
can4FT(a,b,c,d,target) //4数判断target点：分数
canNT(a[],n,target) //n数判断target点：非分数
can4T(a,b,c,d,target) //4数判断target点：非分数
can4F(double a,b,c,d) //判断24点：4数分数
can4xF(a,b,c,d) //判断24点：a|b运算
can3F(a,b,c) //判断24点：3数分数
can3xF(a,b,c) //判断24点：a|b运算
can2F(a,b) //判断24点：2数分数
can4(int a,b,c,d) //判断24点：4整数
can4x(a,b,c,d) //判断24点：a|b运算
can3(a,b,c) //判断24点：3整数
can3x(a,b,c) //判断24点：a|b运算
can2(a,b) //判断24点：2整数

图 10.14 24libcan.h 中的预定义与函数

程序文件: 24libcan.h

程序文件: 24libcan.c

声明结构体类型 menuLst,成员包括菜单号、功能名称、功能说明和功能函数指针。

```
struct menulst
{ //菜单项
    int     index;              //菜单号,负数时表示菜单项结束
    char    sno[10];            //功能名称
    char    str[80];            //功能说明
    int     (*pmain)(void);     //功能函数指针
};
typedef struct menulst menuLst;
int menu(menuLst mnLst[]);      //菜单显示与选择函数 menu()
```

程序代码: 24c7

q1 中主函数改名为 mainq1(),q2~q5 同样改名。设计主函数 main()初始化菜单结构体,调用 menu()函数显示菜单项,选择功能后调用对应的函数指针。菜单显示与调用运行结果示例如图 10.15 所示。

C:\Windows\system32\cmd.exe
1. 程序q1：比较不同目标点的可计算率
2. 程序q2：比较不同数字个数的可计算率
3. 程序q3：n个数字的target点可计算判断，按所含单数汇总
4. 程序q4：n个数字的target点可计算判断，按数字求和汇总
5. 程序q5：n个数字的target点可计算判断，按2数搭档汇总
输入菜单号或程序名称：1
[]1. 程序q1，比较不同目标点的可计算率
输入数字个数（默认4）：
数字个数=4
对不同目标点，遍历所有排列：
目标点，0，可计算排列，9352，10000，93.52%
目标点，1，可计算排列，9444，10000，94.44%
目标点，2，可计算排列，9948，10000，99.48%
目标点，3，可计算排列，9706，10000，97.06%
目标点，4，可计算排列，9599，10000，95.99%
C:\Windows\system32\cmd.exe
1. 程序q1：比较不同目标点的可计算率
2. 程序q2：比较不同数字个数的可计算率
3. 程序q3：n个数字的target点可计算判断，按所含单数汇总
4. 程序q4：n个数字的target点可计算判断，按数字求和汇总
5. 程序q5：n个数字的target点可计算判断，按2数搭档汇总
输入菜单号或程序名称：2
[]2. 程序q2，比较不同数字个数的可计算率
输入目标点（默认24）和最大数字个数（默认5）：
目标点=24，最大数字个数=5
对不同数字个数，遍历所有组合：
数字个数，2，可计算组合，2，55，3.6364%
数字个数，3，可计算组合，59，220，26.8182%
数字个数，4，可计算组合，566，715，79.1608%
数字个数，5，可计算组合，1961，2002，97.9520%

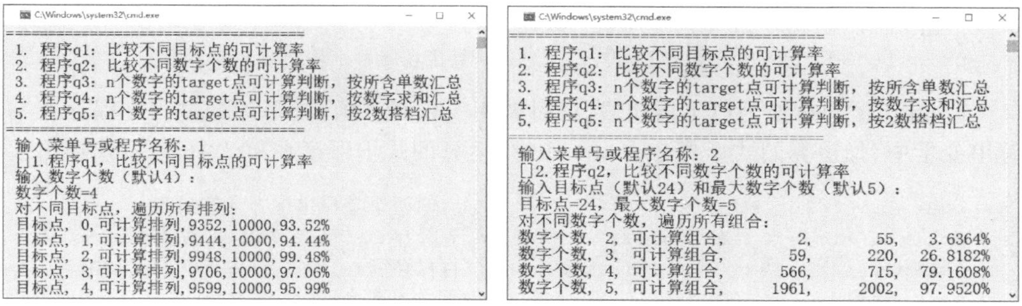

图 10.15 菜单显示与调用运行结果示例

10.1.3　24 点计算式的生成与优化

在"24 点的可计算判断"的基础上,进一步得到 24 点的计算过程,即在确定可计算 24 点时,同步输出 24 点的计算式。

程序 K:输入 4 个整数,如果能计算出 24 点,输出计算式;否则输出"No"。

程序 K 是程序 C 的强化版本,原输出"Yes"改为具体的计算式。程序设计的关键是要回答"什么是计算式"。在 C 语言中,计算式在输出前是字符串类型,其文本是表达式形式,标准 C 语言不能直接解析字符串中的表达式,24 点主要问题也不在于计算式的解析,而是计算式的生成与优化。图 10.16 是从计算过程的记录到计算式的特征分析,介绍了基础的库函数以及计算式的生成和优化。

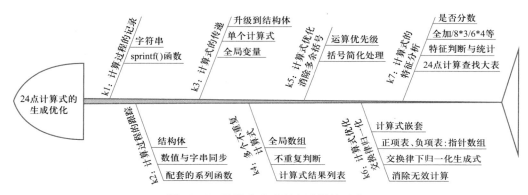

图 10.16　计算式系列程序及设计要求

演变 1:计算过程的记录。

程序 k1:输入 3 个整数 a、b、c,输出计算式 $a×(b+c)$。要求先处理加运算,再处理乘运算,最后输出,以上 3 步相对独立不能交叉。

如果只考虑输入与输出,简单的程序段如下所示,但缺乏足够的灵活性,不能达到程序要求中的分段处理:

```
int   a,b,c;
scanf("%d%d%d",&a,&b,&c);
printf("%d*(%d+%d)\n",a,b,c);        // 直接在屏幕上输出 a*(b+c)
```

printf( )语句替换为以下语句段,通过调用 sprintf( ) 函数,将计算过程先保存在字符串变量中,加运算的式子保存在 str1 中,乘运算的式子保存在 str2 中,最后才输出:

```
char  str1[80],str2[80];            //声明两个字符串保存计算过程
sprintf(str1,"%d+%d",b,c);          //先保存 b+c 到字符串 str1 中
sprintf(str2,"%d*(%s)",a,str1);     //再保存 a*(b+c) 到字符串 str2 中
puts(str2);                         //最后才输出
```

函数 sprintf( )与 printf( )、fprintf( ) 函数属于 C 语言标准库中同一个系列的函数,函数声明如下:

```
int printf(char * format,...);                  //直接输出到屏幕上
int fprintf(FILE * fp,char * format,...);       //输出到文件 fp 中
int sprintf(char * s,char * format,...);        //输出到字符串 s 中
```

3 个函数中,sprintf( )的使用频率相对较低,但却有最大的灵活性。

演变 2:计算过程的跟踪。

使用 sprintf( )函数生成基本的计算式,还需要计算过程的生成。将计算 24 点的数据类型从 int 调整为 double 时,程序功能可从整数计算升级到分数计算。与此类似,将数据类型从 double 调整为结构体类型时,程序能显示计算的数值与计算式。

程序 k2:输入 3 个整数 a、b、c,计算 $a×(b+c)$ 和 $a/b-c$,计算完成后输出计算式及计算结果。要求使用结构体保存计算结果与计算式,主函数在计算过程调用后同时生成计算式。

结构体中有计算结果 val 和计算式 str 两个成员变量,程序中计算数值变化时,同步更新计算式 str。这里结构体类型的名称以 my 开头,实际编程开发时一般替换为开发者或产品代号的简称。结构体 mycalc 声明如下:

```
struct mycalc
{ //计算式结构体
    double  val;        //计算结果
    char  str[80];      //计算式的过程跟踪
};
typedef struct mycalc myCalc;
```

程序代码
24k2

程序 k2 中的计算式有加、减、乘、除这 4 种运算,设计 4 个函数对应 4 种运算,函数声明如下。4 个函数形式参数为两个变量,运算后返回计算结果:

```
myCalc calcAdd(myCalc a,myCalc b);      //计算式相加并返回,x=a+b
myCalc calcSub(myCalc a,myCalc b);      //计算式相减并返回,x=a-b
myCalc calcMul(myCalc a,myCalc b);      //计算式相乘并返回,x=a*b
myCalc calcDiv(myCalc a,myCalc b);      //计算式相除并返回,x=a/b
```

以乘运算为例,函数 calcMul( )代码如下,函数传递两个变量 a 与 b,计算结果为结构体变量 x,其 val 成员为 a 与 b 的积。生成乘法计算式字符串时,由于 a 与 b 可能是个加减式,拼接时在 a 和 b 两边需加上括号。

```
myCalc calcMul(myCalc a,myCalc b)
{ //计算式相乘,相当于 x=a*b
    myCalc x;
    x.val=a.val * b.val;  //值计算
    sprintf(x.str,"(%s)*(%s)",a.str,b.str);//生成乘式
    return x;
}
```

由于程序输入的是整数,而计算时使用的是结构体,因此需设计一个转换函数:

```
myCalc calcSet(int d)
{ //计算式赋值,相当于 x=d
    myCalc x;
```

```
    x.val=d;
    sprintf(x.str,"%d",d);
    return x;
}
```

结构体 myCalc 是由 5 个相关功能组成的函数集,需要编写主函数加以验证,代码如下。输入整数后,调用 calcSet 将整数转换为 myCalc 类型。当进行加运算时,不能直接写 kb+kc,而要使用函数 calcAdd(kb,kc);当进行多种运算时,如 ka * (kb+kc),需用多函数叠加调用 calcMul(ka,calcAdd(kb,kc))。

```
int a,b,c;                          //整数变量
myCalc ka,kb,kc,kx,ky;              //计算式变量
scanf("%d%d%d",&a,&b,&c);           //输入 3 个整数
ka=calcSet(a);                      //整数 a 转换为计算式 ka
kb=calcSet(b);                      //整数 b 转换为计算式 kb
kc=calcSet(c);                      //整数 c 转换为计算式 kc
kx=calcMul(ka,calcAdd(kb,kc));      //计算 kx=ka*(kb+kc)
ky=calcSub(calcDiv(ka,kb),kc);      //计算 ky=(ka/kb)-kc
printf("%s=%lg\n",kx.str,kx.val);   //输出 kx 子串及结果
printf("%s=%lg\n",ky.str,ky.val);   //输出 ky 子串及结果
```

程序运行结果示例如图 10.17 所示。

```
8 2 1                    78 3 2
(8)*((2)+(1))=24         (78)*((3)+(2))=390
((8)/(2))-(1)=3          ((78)/(3))-(2)=24
```

图 10.17   程序 k2 运行示例

演变 3:计算式的传递。

程序 k3:输入 4 个整数,如果能计算出 24 点,输出计算式;否则输出"No"。

程序需在判断能计算出 24 点的同时,将对应的计算式返回给主函数,即函数要返回"能否计算 24 点"和对应的"计算式"。程序设计时返回多个信息,一般有以下 3 种方法:

① 在函数中增加一个指针变量,返回前通过指针将另一个信息传递回调用函数。

② 函数的返回类型改为结构体类型,返回结构体变量时可以携带所有成员变量的值。

③ 使用全局变量,函数返回时将关键信息保存在全局变量中,然后再返回。

其中③相对简单,本小节后续程序需要更多的信息传递,因此采用全局变量方法(其他方法同学们自己尝试),将程序 c7 整合到程序 k2 中,修改如下:

(1)声明全局变量,计算目标为 gCalcTarget,可计算时的计算结果为 gCalcRst。

```
int gCalcTarget=24;     //目标计算点,默认 24 点
myCalc gCalcRst;        //能计算目标点的计算式
```

(2)修改 canNFT( )函数为 calcNF( ),函数内部递归调用的 canNFT( )改为 calcNF( )。

程序代码:
24k3

① 函数中 a 数组和 b 数组的类型由 double 改为 myCalc。语句"b[0]=a[i]+a[j];"改为"b[0]=calcAdd(a[i],a[j]);",函数内 a 数组的加、减、乘、除同样修改。

② 函数内用于判断 a 数组数值大小的语句改为数组元素的 val 成员,即 if 语句中的 a[0]、a[i]、a[j]分别改为 a[0].val、a[i].val、a[j].val 等。

③ 删除函数 calcNF()的参数 target,函数内递归调用时也删除参数 target。函数中其他使用 target 之处改为 gCalcTarget。

④ 当已经计算到目标点时,在"if(n==1)"下的语句"return 1;"前,加上赋值语句"gCalcRst=a[0];"。

（3）设计辅助函数 calc4F(),将 4 个整数参数转为结构体数组,返回调用 calcNF()。

```
int calc4F(int a,int b,int c,int d)
{ //4 个整数,计算目标点,返回是否可计算 1 或 0
    myCalc x[4]={calcSet(a),calcSet(b),calcSet(c),calcSet(d)};
    return calcNF(x,4);
}
```

（4）主函数输入 4 个整数,调用 calc4F()函数,输出保存在全局变量中的计算式。

```
int    a,b,c,d;
scanf("%d%d%d%d",&a,&b,&c,&d);
if (calc4F(a,b,c,d))
    printf("%s=%lg\n",gCalcRst.str,gCalcRst.val);
else
    printf("No\n");
```

程序共有 7 个自定义函数,函数调用关系如图 10.18 所示。

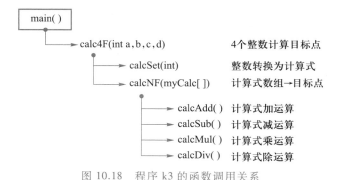

图 10.18　程序 k3 的函数调用关系

程序运行结果示例如图 10.19 所示。

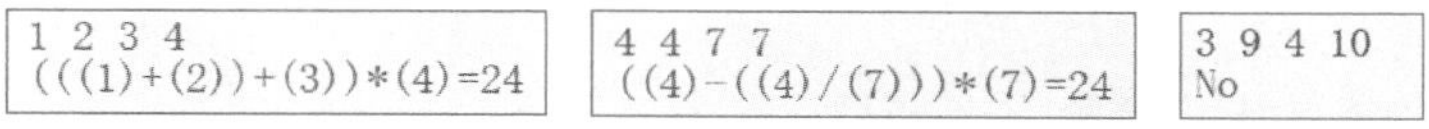

图 10.19　程序 k3 运行结果示例

演变 4：多个不重复计算式。

程序 k4：输入 4 个整数，计算 24 点，输出所有不重复的计算式（假设不超过 100 个计算式），并输出可计算 24 点的计算式个数（不能计算 24 点时，计算式个数为 0）。

继续修改程序及 calcNF( ) 函数，主要修改之处如下：

（1）声明全局变量，使用 gCalcLst 数组代替单个的 gCalcRst，元素个数为 gCalcNum。

程序代码：
24k4

```
#define MaxCalcNum 100          //最大计算式个数
int gCalcTarget = 24;           //目标计算点,默认24点
int gCalcNum = 0;               //当前计算式个数
myCalc gCalcLst[MaxCalcNum];    //最大存储 MaxCalcNum 个计算式
```

（2）修改 calcNF( ) 函数，函数功能修改为返回有效公式数。增加 ct 整型变量，用于计数当前调用的有效计算式个数，初始为 0。函数内递归调用的语句"if（calcNF（b，n-1）） return 1；"改为"ct+=calcNF（b，n-1）；"，从原可计算式直接返回改为累计计算式个数。函数末行的语句"return 0；"改为"return ct；"。

（3）修改函数，原保存单个计算式的"gCalcRst = a[0]；"语句改为下列语句段，以保存所有不重复的计算式。

```
if (gCalcNum<MaxCalcNum)
{ //允许添加到计算式列表中
    for (i = 0;i<gCalcNum;i++)
        if (strcmp(gCalcLst[i].str,a[0].str)==0)
            return 0;//如果重复,不进行计数
    gCalcLst[gCalcNum++]=a[0];//保存计算式
}
```

（4）修改主函数，调用函数 calc4F( ) 后输出所有计算式。

```
ct = calc4F(a,b,c,d);
for (i = 0;i<gCalcNum;i++)
    printf("%d: %s = %lg\n",i+1,gCalcLst[i].str,gCalcLst[i].val);
printf("计算式个数:列表个数 = %d,函数返回数 = %d\n",gCalcNum,ct);
```

程序运行结果示例如图 10.20 所示。其中 1、2、3、4 的计算式中，第 2 式至第 4 式都是连乘，但括号太多，还需要进一步优化。

```
1 2 3 4
1: (((1)+(2))+(3))*(4)=24
2: (((1)*(2))*(3))*(4)=24
3: (((1)*(2))*(4))*(3)=24
4: ((3)*(4))*((1)*(2))=24
```

```
1 4 5 6
1: (6)/(((5)/(4))-(1))=24
2: (4)/((1)-((5)/(6)))=24
计算式个数: 列表个数=2, 函数返回数=2
```

图 10.20   程序 k4 运行结果示例

演变 5：计算式优化消除多余括号。

程序 k5：输入 4 个整数，计算 24 点，输出所有不重复的计算式，要求消除不必要的括号。

修改程序中的 myCalc 结构体及相关功能的函数如下：

（1）myCalc 结构体增加 pri 成员（整型），pri 取 0 表示计算式为原始输入的数字，pri 取 1 表示计算式最近的一次运算为乘除运算，pri 取 2 表示最近一次运算为加减运算。

（2）修改 calcSet（）函数，返回语句前增加"x.pri = 0;"语句。修改 calcMul（）和 calcDiv（）函数，返回语句前增加"x.pri = 1;"语句。修改 calcAdd（）和 calcSub（）函数，返回语句前增加"x.pri = 2;"语句。

（3）修改 calcAdd（）函数，加运算时，两个加数不需要加括号。

（4）修改 calcSub（）函数，减运算时，如果被减数为加减式，则需要加括号。代码如下：

```
if(b.pri==2)              //被减数为加减式时需要加括号
    sprintf(x.str,"%s-(%s)",a.str,b.str);
else                      //被减数不是减式时不需要加括号
    sprintf(x.str,"%s-%s",a.str,b.str);
```

程序代码：
24k5

（5）修改 calcMul（）函数，乘运算时，如果乘数或被乘数为加减式，则都需要加括号。

（6）修改 calcDiv（）函数，除运算时，如果被除数为加减式，则需要加括号；如果除数为加减式或乘除式，则也需要加括号。

程序其他代码不需要修改，运行结果示例如图 10.21 所示。计算式明显简洁了，但基于交换律的计算式的重复性仍然没有消除。

```
1 2 3 4
1: (1+2+3)*4=24
2: 1*2*3*4=24
3: 1*2*4*3=24
4: 3*4*1*2=24
5: 4/(1/2/3)=24
```

```
1 4 5 6
1: 6/(5/4-1)=24
2: 4/(1-5/6)=24
计算式个数：列表个数=2，函数返回数=2
```

图 10.21 程序 k5 运行结果示例

演变 6：计算式优化交换律归一化。

程序 k6：输入目标点数值和数字个数，再输入数字组中的固定部分，遍历各个数字组，计算目标点，输出所有不重复且归一化的计算式。要求筛选掉不必要的整数和分数混杂计算式、无效计算式等。

程序 k6 需要重新设计数据的结构，数据与模块的复杂性远高于程序 k4 和 k5，要使用嵌套式结构体数据、指针、指针数组、递归等。

计算式的归一化要求如下：

（1）同优先级运算式（加减式或乘除式）中，加数和乘数归为"正项"，减数和除数归为"负项"。以计算式"x = a+b+c-d-e"为例，a、b、c、d、e 均为 x 的子式，其中 a、b、c 组成计算式的正项集，而 d、e 组成计算式的负项集。计算式的数值，等于正项集各式之和减去负项集各式之和。当进行"x = x+f"运算时，相当于将"f"加到正项集；而进行"x = x-f"运算时，相当于将"f"加到负项集中。依据交换律，正项集与负项集内部的各子式顺序不影响结果。

（2）正项集和负项集中各子式按一定规则排序：大数排在前、小数排在后，如果数值相等，则进行加减式、乘除式、原始整数依次排列。如果仍然一样，再按各子式的字符串的字典顺序排列，字典序排在后面的放在前面。如计算式"1+5""3×8""3+6/2""6/2×8/1"分别归一化为"5+1""8×3""6/2+3""8×6/2/1"。

由于归一化的要求，中间计算时需要保留各个子式以便随时调整顺序。在数据类型上，父式与子式是同一种类型。由于类型相同，从父式到子式的定位只能使用指针（类似于链表）。在连接关系上，父式与子式之间是一种多分叉的"树"状结构。在 24 点程序中，由于计算式的数据量较少，使用较为简单的指针数组。

程序 k6 的数据结构如图 10.22 所示。

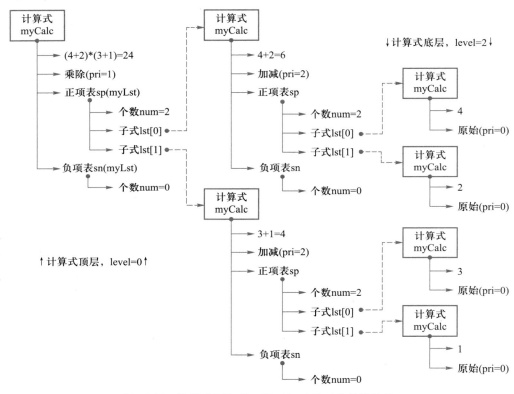

图 10.22   计算式"（4+2）×（3+1）= 24"对应的结构体

拓展计算式的结构体定义如下，其中指向计算式的指针数组为 lst[ ]，其有效元素个数定义为 num，将 num 和 lst 合起来可定义为另一个结构体（计算式列表）。计算式结构体中追加两个子式列表成员：sp 为正项的子式，sn 为负项的子式。

```
struct mycalc
{ //计算式结构体
    double val;                          //计算结果
    char str[MaxCalcStrLen];             //计算式字符串
    int pri;   //运算优先级，0 表示原始数字，1 表示乘除式，2 表示加减式
```

```
    int tnum;                              //计算式中包含的原始整数个数
    struct mylst
    { //计算式列表结构体,用于正项和负项的子式
        int num;                           //子式个数
        struct mycalc *lst[MaxDigNum];     //子式表
    }sp,sn;                                //sp 为正项子式,sn 为负项子式
};
typedef struct mycalc myCalc;              //类型定义:计算式
typedef struct mylst myLst;               //类型定义:计算式列表
```

以"(4+2)×(3+1)= 24"为例,计算式对应的结构体如图 10.22 所示,其中实箭头为结构体成员关系,虚箭头为指针指向关系。

新定义的计算式有指向子式的指针,在计算式生命周期内,其所指向的子式必须确保有效。计算式四则运算函数要改为指针方式,且指针指向原子式,避免指向函数的形式参数,修改后的运算函数声明如下:

```
myCalc *calcSet(myCalc *e,int d);                    //计算式赋值,相当于 e = d
myCalc *calcStr(myCalc *e);                          //生成计算式字符串
myCalc *calcOp(myCalc *e,myCalc *a,myCalc *b,int pn);   //运算的后处理
myCalc *calcAdd(myCalc *e,myCalc *a,myCalc *b);      //计算式相加 e = a+b
myCalc *calcSub(myCalc *e,myCalc *a,myCalc *b);      //计算式相减 e = a-b
myCalc *calcMul(myCalc *e,myCalc *a,myCalc *b);      //计算式相乘 e = a*b
myCalc *calcDiv(myCalc *e,myCalc *a,myCalc *b);      //计算式相除 e = a/b
```

函数 calcSet( )、calcAdd( )、calcSub( )、calcMul( )、calcDiv( )均改为指针方式,返回赋值后计算式的指针(*e),函数内部不再定义 myCalc 变量。设计独立的 calcStr( )函数以归一化方式生成计算式字符串。

四则运算时,需要处理计算式的正项子式与负项子式,由 calcOp( )函数集中进行处理,形式参数 pn 区分加乘运算还是减除运算。

函数 calcOp( )调用以下函数帮助处理列表:

```
int calcComp(myCalc *p,myCalc *q);        //计算式排序顺序比较
void lstInsert(myLst *s,myCalc *p);       //列表插入与排序
void lstMerge(myLst *s,myLst *t);         //列表合并与排序
```

其中:函数 calcComp( )比较两个计算式,并判断两个计算式在归一化时的顺序位置,返回正数时表示计算式 p 应该排在前面。函数 lstInsert( )将计算式 p 插入列表 s 中,插入后列表保持归一顺序。函数 lstMerge( )将列表 t 合并到列表 s 中,同样保持合并后有序。以加运算"a+b"为例,如果 a、b 自身也是加减式,则各自的正项集和负项集需分别合并;如果 a 为加减式而 b 为乘除式,则 b 作为一个单独子式插入 a 的正项集中。

目标点搜索时,目标点计算式保存在全局变量中,如下所示:

```
int gCalcTarget = 24;        //目标计算点,默认 24 点
int gCalcNum = 0;            //当前计算式个数
struct mycalcrst
{ //计算式结果结构体
```

```
    double val;              //计算式结果
    char str[MaxCalcStrLen]; //计算式结果字符串
    int isFrct;              //计算式是否包含中间过程分数的计算
}gCalcRst[MaxCalcNum];       //最大存储 MaxCalcNum 个计算式
```

gCalcTarget 为搜索的目标点(默认为 24 点),数组 gCalcRst[ ] 为搜索的结果式,结果式与计算式都有数值 val 和字符串 str,结果式略去正负项集,增加了是否包含分数的标记。数组 gCalcRst[ ] 的最大元素个数定义为 MaxCalcNum,搜索时实际元素个数为 gCalcNum。

由于计算搜索的数据变得复杂了,因此将程序 k4 和 k5 中的 calcNF( ) 函数改为 srhCalcNF( ),其中用于判断是否查找到目标点的语句段通过函数 srhTargetChk( ) 实现。在检查计算式是否有效时,需要两个新的函数 calcIsFrct( ) 和 calcIsSub0X( ),分别用于检测是否是分数计算式,以及是否包含无效运算的计算式。搜索目标点并管理结果式列表有以下函数:

```
    int calcIsFrct(myCalc *e);          //计算式是否为分数计算,递归判断
    int calcIsSub0X(myCalc *e,int level); //计算式是否包含无效运算,递归
    int srhTargetChk(myCalc *e);        //检查计算式 e 是否有效,是否加到结果表中
    int srhCalcNF(myCalc a[ ],int n);   //n 个计算式,搜索目标点,递归
    int srhCalcIntNF(int d[ ],int n);   //n 个整数搜索目标点,调用 srhCalcNF( )
    void srhCalcPrt(int d[ ],int n,int index); //输出数字组及结果式列表
```

为尽可能使结果式列表有列举价值,结果式应符合以下要求:

(1)结果式本身没有多余的括号。函数 calcStr( ) 通过正项集与负项集的归一化,保证没有多余括号,不影响结果式的阅读。

(2)结果式列表不允许整数计算式与分数计算式混杂。计算式是否包含了中间分数由函数 calcIsFrct( ) 判断,方法是检查当前式及各子式是否包含分数结果。搜索时如果发现可以整数计算目标点,则分数计算式就不需要了。程序中,如果搜索时先产生整数计算式,则后续的分数计算式直接舍弃;如果搜索时先产生分数计算式,保留到结果式列表中,当后续得到整数计算式时,删除之前保留的任何分数式。

(3)结果式舍弃无效的计算过程,无效的计算过程由函数 calcIsSub0X( ) 判断,函数参数 level 为层号,顶层时 level 为 0,每层递归时层号递增 1。无效运算包括:

① 减 0 运算,a−0 可以归到 a+0,包含减 0 的计算式应该舍弃。

② 除 1 运算,运算 a/1 归到 a*1。

③ 下层加 0 运算,(a+0)*b、a*(b+0) 归到 a*b+0,加 0 运算应在顶层进行。

④ 下层乘 1 运算,a*1+b、a+b*1 归到 (a+b)*1,乘 1 运算应在顶层进行。

⑤ 下层加 a 减 a 运算,如 (x+a−a)*y 归到 x*y+a−a。

⑥ 下层乘 a 除 a 运算,如 x*a/a+y 归到 (x+y)*a/a。

(4)结果式列表删除整数分数混杂计算式、删除无效计算式、删除任何重复项,并按字符串顺序排序,不受输入顺序影响。函数 srhTargetChk( ) 检查计算式 e 是否为目标点、调用函数判断是否包含无效运算、调用函数判断 e 的分数式与结果表是否一致、结果表是否已溢出,然后将计算式 e 按字符串顺序插入结果表中,返回是否插入成功。

函数 srhCalcNF( ) 采用递归搜索方法,当运算数 n 为 1 时,调用 srhTargetChk( ) 函

数检测是否允许插入结果表。函数 srhCalcIntNF( ) 将整数数组转换为计算式数组,初始化全局变量 gCalcNum,并调用 srhCalcNF( ) 函数。函数 srhCalcPrt( ) 输出当前数字组及计算式列表。

编写主函数 main( ),输入目标点及数字个数,再输入具体数字组或遍历要求,调用 srhCalcIntNF( ) 函数,搜索计算式,再调用 srhCalcPrt( ) 函数输出各组合的计算式,统计计算式信息总数并显示。各函数的作用及调用层次关系如图 10.23 所示,共 15 个自定义函数,其中以 "calc" 开头的函数围绕计算式展开,以 "lst" 开头的函数与计算式列表相关,以 "shr" 开头的函数与全局的结果列表相关。

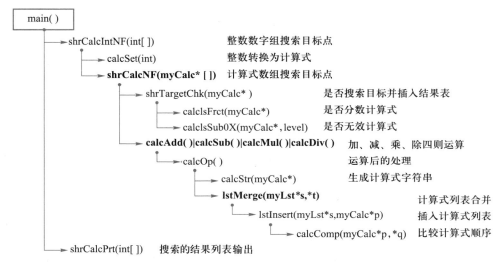

图 10.23 程序 k6 各函数作用及调用层次关系

运行结果示例如图 10.24 所示,其中数字组 "1,2,3,4" 的计算式简化到 3 个,数字组 "1,4,6,?" 有 10 个数字组,每个数字组都可计算 24 点,含两个分数计算式。

```
输入目标点(默认24)和计算个数(默认4): 24 4
输入4个整数(输入-1表示后续组合): 1 2 3 4
 1,  2,  3,  4, Norm,  3, (3+2+1)*4, (4+2)*(3+1), 4*3*2*1,


输入目标点(默认24)和计算个数(默认4): 24 4
输入4个整数(输入-1表示后续组合): 1 4 6 -1
 1,  1,  4,  6,  1, Norm,  2, 6*4*1*1, 6*4+1-1,
 2,  1,  4,  6,  2, Norm,  2, (6+2)*(4-1), 6*4*(2-1),
 3,  1,  4,  6,  3, Frct,  1, 6/(1-3/4),
 4,  1,  4,  6,  4, Norm,  2, (6+1)*4-4, (6-1)*4+4,
 5,  1,  4,  6,  5, Frct,  2, 4/(1-5/6), 6/(5/4-1),
 6,  1,  4,  6,  6, Norm,  2, 6*(4+1)-6, 6*(4-1)+6,
 7,  1,  4,  6,  7, Norm,  1, 6*(7+1-4),
 8,  1,  4,  6,  8, Norm,  2, 6*(8-4)*1, 8*(6+1-4),
 9,  1,  4,  6,  9, Norm,  1, 6*(9-4-1),
10,  1,  4,  6, 10, Norm,  1, 10*(4-1)-6,
count=(8+2)/10=100%  计算式总数=16(平均=1.6)
```

图 10.24 程序 k6 运行结果示例

演变 7:计算式的特征分析。

在列出计算式的基础上,进一步分析各个计算式的计算特征,如是否分数计算、是否 4 数相加得到 24 点等,特征点就是技巧点,特征点的透彻分析能让学生快速摸清 24 点的计算规律。

程序 k7:4 个整数计算 24 点,遍历 4 个整数的 715 个数字组合,判断各计算式是否包含各特征点,合并数字组的特征点形成特征文本,统计包含各特征点的数字组和计算式情况。

程序的运行结果示例如图 10.25 所示。

a	b	c	d	和	特征文本		计算式……			
1	1	1	6	9	None	0				
1	1	2	5	9	None	0				
1	1	3	4	9	|4*3*2|	1	4*3*(1+1)			
1	2	2	4	9	|4*3*2|	1	4*(2+1)*2			
1	2	3	3	9	|4*3*2|	1	(3+1)*3*2			
2	2	2	3	9	|4*3*2|全乘|	2	(2+2)*3*2	3*2*2*2		
1	1	1	7	10	None	0				
1	1	2	6	10	|6*2*2|	1	6*(1+1)*2	6*(2+1+1)		
1	1	3	5	10	|6*4|	1	(5+1)*(3+1)			
1	1	4	4	10	|6*4|	1	(4+1+1)*4			
1	2	2	5	10	|6*2*2|	1	(5+1)*(2+2)	(5+1)*2*2		
1	2	3	4	10	|4*3*2|全乘|	3	(3+2+1)*4	(4+2)*(3+1)	4*3*2*1	
1	3	3	3	10	|8*3|6*4|	2	(3-3+1)*3			
2	2	2	4	10	|6*2*2|	4	(2+2+2)*4	(2+2+2)*4	(4+2)*(2+2)	(4+2)*2*2
2	2	3	3	10	|8*3|6*2*2|	3	(3+2+2)*3	(3+3)*(2+2)	(3+3)*2*2
1	1	1	8	11	|8*3|	1	8*(1+1+1)			
1	1	2	7	11	|8*3|	1	(7+1)*(2+1)			
1	2	2	6	11	|8*3|6*4|	2	(6+1+1)*3	(6+1)*(2+1)		
1	1	4	5	11	|6*4±|	2	(4+1)*5-1	(5+1)*4±1		
1	2	3	5	11	|8*3|6*2*2|全乘|	3	(6+2)*(2+1)	6*(2+2)*1	6*2*2*1	
1	2	4	4	11	|4*3*2|±|	4	(4+2)*5-1	(5+3)*(2+1)	(5+3)*2*1	(5-1)*3*2
1	2	4	4	11	|8*3±|	3	(4+2)*4*1	(4+4)*(2+1)	4*(4-1)*2	
1	3	3	4	11	|4*3*2|	3	(3+3)*4*1	(4+3+1)*3	4*3*(3-1)	
2	2	2	5	11	|12*2|	1	(5+2+2)*2			
2	2	3	4	11	|8*3|	2	(2+2+4)*3	(4+2+2)*3		
2	3	3	3	11	|8*3|12*2|	2	2*(3+3)*2	(3+3+2)*3		

(a) 具有特征文本的各数字组

```
count=(556+10)/715=79.2% 计算式总数=1326
特征全加：  组数= 41，计算式个数= 41
只有加减：  组数= 57，计算式个数= 57
最后加减：  组数=347，计算式个数=551
特征全乘：  组数=  5，计算式个数=  5
只有乘除：  组数= 35，计算式个数= 35
最后乘除：  组数=430，计算式个数=776
特征8*3：   组数=252，计算式个数=329
特征6*4：   组数=244，计算式个数=347
特征12*2：  组数=143，计算式个数=179
特征除2：   组数= 41，计算式个数= 42
特征除3：   组数= 36，计算式个数= 36
特征除4：   组数= 13，计算式个数= 13
特征4*3*2： 组数= 26，计算式个数= 26
特征8*6/2： 组数= 23，计算式个数= 23
特征6*2*2： 组数= 17，计算式个数= 17
可8*3且6*4：          组数=117
可8*3或6*4：          组数=379
可8*3或6*4或12*2：    组数=402
```

(b) 符合特征的数字组与计算式数量

图 10.25　程序 k7 运行结果示例

图 10.25(a)中每行数字组各计算式的特征提取合并后形成特征文本。数字组按 4 个数相加之和排序,观察不同数字组的特征文本。当累加和等于 9 时,特征点或者为“None”或者包含“4 * 3 * 2”,说明要么可以通过“4 * 3 * 2”计算出 24 点,要么不能计算出 24 点。同样地,累加和等于 10 时,要么通过“6 * 4”计算出 24 点,要么不可计算。累加和等于 11 时,都可以计算出 24 点,通过“8 * 3”“6 * 4”或“12 * 2”计算。

图 10.25(b)统计了符合各特征的数字组及计算式数量,可以看出以下规律:

① 4 个数直接相加是最简单的计算公式,虽然简单,但也有 41 组,占到总组数的 5.7%。

② 四则运算中,最后一步为加减运算得到 24 点的有 347 组,最后一步为乘除运算的有 430 组,则乘除运算更重要。

③ 最后一步的乘除运算中,“8 * 3”运算的有 252 组,“6 * 4”运算的有 244 组,则“8 * 3”更容易计算出 24 点。

④ 最后一步通过“8 * 3”或“6 * 4”运算得到 24 点的有 379 组,占总组数的 53%,它们是 24 点游戏中的经典运算。

⑤ 特征“除 4”有 13 组,观察这 13 组的特征文本,有 12 组是可以通过“8 * 3”等其他运算得到 24 点,真正依赖“96 除 4”的只有 1 组,该组是 24 点计算中的一个特例。

特征点的选择与分析影响到 24 点游戏技巧的掌握,程序中选择的特征点有"全部相加""全部相乘""仅加减""仅乘除""最后加减""最后乘除""8 * 3""6 * 4""12 * 2"等。特征点之间存在相互覆盖情况,如数字组已经有了"全部相加"特征,则该特征包含的"仅加减"和"最后加减"特征就不需要放到特征文本中了。

程序设计时如何追加特征点的处理呢?主要考虑如下几点:

(1)确定特征点的处理位置。程序在 srhTargetChk()函数中检测计算式是否有效,如果计算式有效,加到结果列表中,这时需要判断该计算式是否满足各特征点。程序在主函数中遍历各数字组,每组调用 srhCalcIntNF()函数,调用后需要汇总该组特征点的满足情况,形成特征文本,同时累计各特征点的总组数与总计算式数量。

(2)定义特征点变量。若特征点处理分布在不同函数中,则使用全局变量传递信息。若特征点有多个,则使用数组方式。若需要统计数量,则使用计数器模式。至少有两个计数器数组:用于生成特征文本的计算式计数器 gCountCalc1、用于统计的数字组计数器 gCountGroup。

程序代码:
24k7

```
// 全局变量:计算式特征点计数器数组
#define CTN 15                    //定义计算式处理时采集的特征点数量
#define CTM 18                    //定义最大特征点数量,用于声明数组大小
int gCountCalc1[CTM]={0};         //满足各特征的计算式计数,数字组变换时清 0
int gCountCalc[CTM]={0};          //满足各特征的计算式总数,数字组变换时累加
int gCountGroup[CTM]={0};         //满足各特征的数字组计数
```

(3)为每一个特征点定义名称、编号和文本串。使用预定义方式,为各特征点定义好名称和编号,名称方便编程处理,编号对应为计数器数组的下标。再使用全局或静态字符串数组定义各下标对应的字符串,用于生成特征文本。

```
//特征点名称、编号(下标)及文本串
#define FtOnlyAdd         0      //"全加",含 FtOnlyAddSub+FtLastAddSub
#define FtOnlyAddSub      1      //只有加或减,"仅±",含 FtLastAddSub
#define FtLastAddSub      2      //最后加或减,"±"
#define FtOnlyMul         3      //"全乘",含 FtOnlyMulDiv+FtLastMulDiv
#define FtOnlyMulDiv      4      //只有乘或除,"仅 * /",含 FtLastMulDiv
#define FtLastMulDiv      5      //最后乘或除,"* /"
#define Ft432             6      //"4 * 3 * 2",含 Ft83+Ft64+Ft122+FtLastMulDiv
#define Ft622             7      //"6 * 2 * 2",含 Ft64+Ft122+FtLastMulDiv
#define Ft862             8      //"8 * 6/2",含 Ft83+Ft64+FtDiv2+FtLastMulDiv
#define Ft83              9      //"8 * 3",含 FtLastMulDiv
#define Ft64              10     //"6 * 4",含 FtLastMulDiv
#define Ft122             11     //"12 * 2",含 FtLastMulDiv
#define FtDiv2            12     //"除 2",含 FtLastMulDiv
#define FtDiv3            13     //"除 3",含 FtLastMulDiv
#define FtDiv4            14     //"除 4",含 FtLastMulDiv
#define Ft83and64         15     //可以同时使用 8 * 3 和 6 * 4 计算的数字组
#define Ft83or64          16     //可以使用 8 * 3 或 6 * 4 计算的数字组
#define Ft83or64or122     17     //可以使用 8 * 3 或 6 * 4 或 12 * 2 计算的数字组
char *FtStr[CTN]={"全加","仅±","±","全乘","仅 * /","* /",
    "4 * 3 * 2","6 * 2 * 2","8 * 6/2","8 * 3","6 * 4","12 * 2","除 2","除 3","除 4"};
```

（4）增加函数 hasFactor( )，用于帮助判断计算式列表是否包含某个数值。增加函数 hasFactorN( )，用于帮助判断计算式列表是否包含重复的数值。

```
int hasFactor(myLst *s,int d);          //判断计算式列表 s 是否包含数值 d
int hasFactorN(myLst *s,int d,int n);   //判断计算式列表是否包含 n 个 d
```

（5）在 srhTargetChk( )函数的"return 1;"语句前（这时函数确认了计算式 e 有效且已加入结果列表）增加代码段，逐一判断该计算式是否符合各特征，如果符合，该特征点对应的计数器加 1。以特征点"全加"和"8 * 3"为例。

```
if (e->pri==2 && e->tnum==e->sp.num)         //全加
        gCountCalc1[FtOnlyAdd]++;             //特征全加:加减,原数都在正项表中
if (e->pri==1)
//更多乘除,8 * 3、6 * 4、12 * 2、48/2、72/3、96/4、4 * 3 * 2、6 * 2 * 2、8 * 6/2 等
    if ((e->sp.num>1 && (hasFactor(&e->sp,8)||hasFactor(&e->sp,3))) ||
        (e->sp.num>2 && hasFactor(&e->sp,4)&&hasFactor(&e->sp,2)))
        gCountCalc1[Ft83]++;                 //特征 8 * 3:乘除,正项≥2,值 8 或 3 或 4 与 2
```

（6）增加一个新的函数 grpFeatureStr( )，根据计算式计数器数组的值，生成并返回特征文本，并由 srhCalcPrt( )函数在输出时调用。如特征点"8 * 3"对应的计数器（gCountCalc1[Ft83]）非 0，且特征点"4 * 3 * 2"与"8 * 6/2"的计数器为 0 时，特征文本追加"8 * 3"串。

```
char *grpFeatureStr(void)
{ //生成特征文本,返回静态的字符串
    static char strFt[80];   //返回后字符串仍然保留
    //...
    if(gCountCalc1[Ft83]&&! gCountCalc1[Ft432]&&! gCountCalc1[Ft862])
        strcat(strFt,FtStr[Ft83]);
    //...
    return strFt;
}
```

（7）主函数中调用 srhCalcIntNF( )函数，再调用 srhCalcPrt( )函数输出计算式列表及特征文本后，根据特征点调整数字组计数器。等主函数遍历完成后，输出数字组计数器内各特征的分布信息。

```
while (d[m]<=10)                             //遍历组合
    for (i=0;i<CTN;i++)                      //各特征点
        if (gCountCalc1[i])                  //有计算式包含该特征点时
            { //转移计数
                gCountGroup[i]++;            //包含该特征的数字组计数
                gCountCalc[i]+=gCountCalc1[i];//总计数累加
                gCountCalc1[i]=0;            //数字组内计算式计数器清 0
            }
//遍历结束后,输出各特征点总组数与总式数
printf("特征全加:组数=%3d,计算式个数=%3d\n",
    gCountGroup[FtOnlyAdd],gCountCalc[FtOnlyAdd]);
```

计算特征的选择是以 24 点为前提,主函数直接遍历 4 个整数的 715 个数字组合,主函数的其他修改与功能整合不具体列出了。

10.1.4 24 点计算路径图与数据元组

前面通过程序回答了 24 点能否计算以及计算式的问题,本小节提出计算路径图的需求,并通过双重链表结构展示路径功能。

演变 1:计算路径图。

图 10.1 简单明了展示了 24 点计算思路,在此基础上更详细的计算路径图如图 10.26 所示。

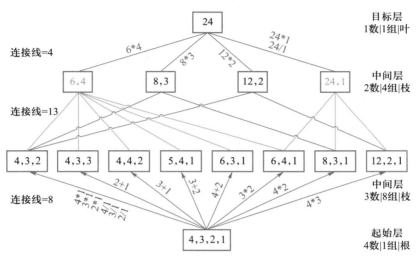

图 10.26　24 点计算路径图(计算树)

演变 2:不限目标的计算路径图。

计算路径图的计算目标可以不限 24 点,以起始点"3,2,1"为例,可以列出数字元组能计算的所有结果,如图 10.27 所示。

演变 3:多个数字组交叉的计算路径图。

当起始层有多个数字元组时,计算路径图由"计算树"演变为"计算树林",如图 10.28 所示。图示列出 3 个 1~10 的数字,计算出 24 点的路径。

演变 4:4 个数 24 点主干与偏僻计算路径图。

在 4 个数 24 点情况下,将主干路径图绘制成"环"的样式,居于中心的"一环"是目标点"24",4 个数组合共 715 组,计算路径中能达到中心点的有 556 组(不含分数计算的 10 组)。

"二环"是两个数字的数字组,按聚集性,程序选出最主要的 7 组,通过这 7 组数字达到中心点有 498 组,占到可计算数字组的 88%。"三环"是 3 个数字的数字组,在 3 个数共 393 组数字中,选择 39 组为"三环"主干点,这 39 组的每组数字都对应 20 组以上的 4 个数组合,这 39 组的 452 组 4 个数的组合占到可计算数字组的 80%,如图

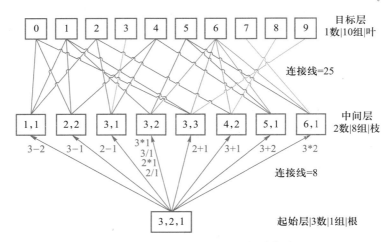

图 10.27　数字"3,2,1"的所有可能计算路径图

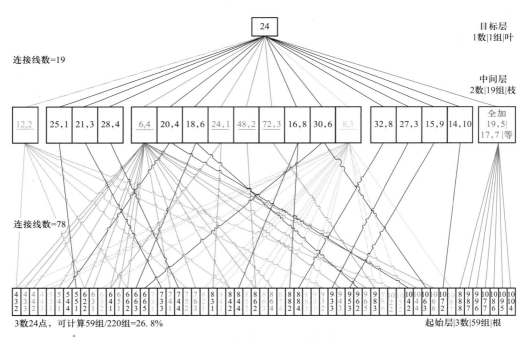

图 10.28　3 个数字 24 点计算路径图

10.29 所示。

可计算 24 点的路径总图中有 66 组 4 数,转 3 数时只有一条路径,归类为"偏僻路径"。

演变 5:程序问题的提出。

演变 4 功能的程序设计分为两个部分:数据部分和绘图部分。程序 t1 以数据为主,输出的路径数据尽可能接近图形样式。

程序 t1:输入计算目标点 target、数字个数 n 和 n 个整数,以文本形式输出对应的

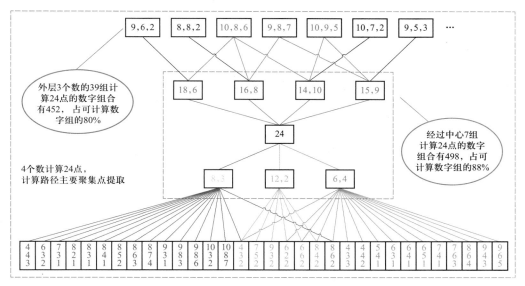

图 10.29　4 个数字的计算路径主干图

计算路径。输入 target 为负数时表示不指定计算点数，输入 n 为负数时表示遍历−n 个数字。运行结果示例如图 10.30 所示。

程序代码：
24t1

图 10.30　程序 t1 运行结果示例

演变 6：程序的数据设计与模块设计。

程序设计的首要核心是要能记录"计算树林"形状的计算路径图，并在树林建立后，还能插入新树，裁剪掉不需要的连接线与结点，文本形式输出树林信息。

数据元组和连接线的数量可能非常大，不限目标点时，4 个数计算的总元组数为

6 563 个,总连接线为 38 116 根,因此不能采用简单的指针数组方式,使用链表方式更合适。

　　如图 10.31 所示,整个路径树林采用双重链表结构。第一重链表保存所有树林中路径结点,路径结点声明为结构体,命名为 myTuple,中文名称为"数据元组"或"元组",也称"路径结点"或"结点",路径结点按数字个数分为多个层次,对应为多个单链表,各层链表的首结点指针保存在指针数组 gHeadTu[ ] 中。第二重链表存放路径树林中的所有连接线,连接线也声明为结构体,命名为 myLink,中文名称为"连接线",1 个路径结点有多根输出的连接线,这些连接线也组成单链表,链表首结点保存在路径结点的成员 headlk 中。

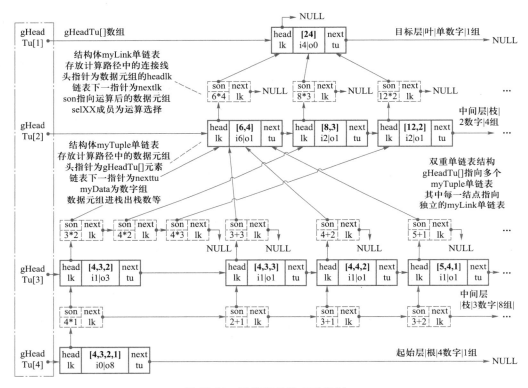

图 10.31　计算路径链表示意图

　　路径树林总体上是一个有多层结构的链表嵌套,声明代码如下:

```
//结构体 myTuple(数据元组)
struct mytuple
{ //数据元组,在树林中称为路径结点或结点
    struct mydata
    { //数字组,用于计算目标点的整数,称为数字,避免混淆
        int   num;                      //数字组中数字个数
        int val[MaxDigNum];             //数字表,从大到小排序,不考虑分数计算
    } data;
    struct mytuple *nexttu;             //指向下一个数据元组
```

```
    //数据元组的承载量,计数形式
    int ctparent;                        //上层父结点数量(父辈)
    int ctson;                           //下层子结点数量(子辈)
    int cttarget;                        //达到目标点的路径数
    //路径树林中数据元组与其一次运算后的下层数据元组之间的连接线
    struct mylink
    { //上层父结点运算时,生成多个子结点,上下层之间的连接线
        int sela,selb;                   //上层父结点中选择运算的 2 个数字的下标
        int selop;                       //选择的运算,0 加、1 乘、2 减、3 除
        struct mytuple *parent;          //指向上层父结点的指针
        struct mytuple *son;             //指向下层子结点的指针
        struct mylink *nextlk;           //链表,指向下一个连接线
    } *headlk;                           //指向数据元组的第一个连接线
};
typedef struct mydata myData;            //简名:dt,d,指针:dp,dq
typedef struct mytuple myTuple;          //简名:tu,t,指针:tp,tq,tf,ts
typedef struct mylink myLink;            //简名:lk,k,指针:kp,kq
myTuple *gHeadTu[MaxDigNum+2]={0};       //树林中各层元组的链表头指针的数组
```

结构体声明实际包含以下 3 个结构体:

① 数字组 myData,成员包含数字个数 num 和各数字的数组 val[ ]。

② 计算连接线 myLink,成员包含上层数字组运算时,所选择数字的下标 sela 和 selb,以及选择的运算 selop,数字组运算前后的数据元组指针 parent 和 son,连接线链表的下一个指针 nextlk。

③ 数据元组 myTuple,成员包含数字组 data、元组链表的下一个指针 nexttu、到一层元组的连接线链表的首指针 headlk,以及 3 个统计数:元组的上层父结点数 ctparent、元组的下层子结点数 ctson、元组到目标点的路径数 cttarget。

演变 7:聚集点与偏僻路径分析。

程序 t2:n 个数字计算 target 点(默认 24 点 4 个数)时,进行聚集点分析,从 24 点倒排输出。

程序 t3:n 个数字计算 target 点(默认 24 点 4 个数)时,进行偏僻路径(唯一路径)分析,从 24 点倒排输出。

增加元组成员 ctsource,以计算起始层到每一个元组结点的路径数,ctsource 越大,说明该元组越是路径的聚集点。增加元组成员 ctHidden,对不重要的结点设置隐藏,裁减掉不重要的结点,减少树林规模。模块关系如图 10.32 所示。

程序代码:
24t2

程序代码:
24t3

10.1.5　24 点程序设计总结

24 点的问题可计算判断回答了可行性问题,并可初步统计分析;计算式优化回答了过程性问题,并可初步提炼计算特征;路径地图回答了规律性问题,并可初步掌握计算技巧。24 点计算是个开放性的问题,有更多的探索空间,请同学们在学习后自行思考与探索,并通过编程加以实现,24 点能进一步优化的有以下几个方面:

① 可计算、计算式、路径图的各个函数修改为库函数形式,并进行扩充完善,库函

图 10.32　程序 t2 与程序 t3 的模块关系

数应尽可能减少全局变量,或者减少全局变量的直接访问。

② 设计功能菜单,将各功能函数集成在一起,方便各式各样的计算。设计配置参数适应不同需要,如目标点、数字个数、允许的数字值、是否允许分数等。

③ 计算中的消去作用,设计程序评判各种消去类计算的效果。如用"x * 0 = 0"可以消去任何不需要的数字;用"2 * a−a = a"可以消去 a 的 2 倍数字;用"a²/a = a"可以消去 a 的平方数字。

④ 计算中的修正作用,设计程序评判各种修正类计算的效果。如运算"a−1""a * 1""a+1",数字 1 可以对数字 a 进行"±1"范围以内的数字修正。

⑤ 计算中的样式形态。如 24 点的计算式中,4 个数的 3 次运算分配中,是分别运算再集中的"(a#b)#(c#d)"形式,还是依次运算的"((a#b)#c)#d"形式更多些(#为运算范式)。

⑥ 地图中的快速路径。如全加计算 24 点时,能否使用直达式连接线。探索地图中的图形绘制,使用 C++中的 EGE 等工具,以 C 的代码绘制路径地图。

⑦ 针对 4 个数计算 24 点,尝试凝练一些计算规则,绘制一些有趣的计算路径,如图 10.33 和图 10.34 所示。

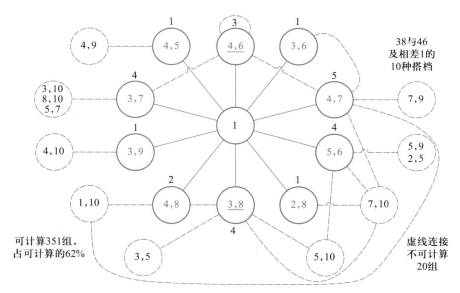

图 10.33　以 38 与 46 为核心的 10 种搭档的可计算关系图

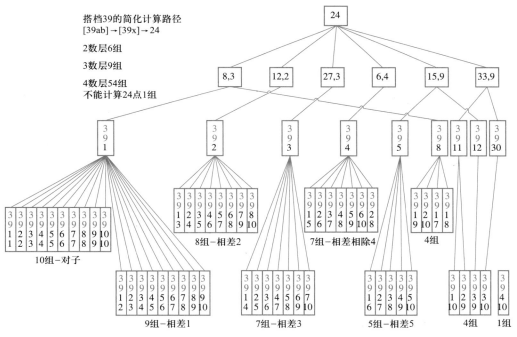

图 10.34　搭档 39 的计算路径图

10.2　社团管理系统

10.2.1　开发背景

高校学生社团是指由高校学生依据兴趣爱好自愿组成的,按照其章程自主开展活动的群众性学生组织。各类社团活动的健康开展,有利于增强大学生的文化自信,促进大学生的身心健康,提高大学生的综合实践能力。随着信息技术的快速发展,为了进一步健全和完善高校学生社团管理机制,借助现代信息化手段开发一套社团管理系统具有一定的实践意义。

10.2.2　需求分析

社团管理系统的功能性需求包括以下 4 个方面:
① 社团信息管理:实现对社团信息的增、删、改、查、统计及浏览。
② 成员信息管理:实现对成员信息的增、删、改、查、统计及浏览。
③ 社团活动管理:实现对活动信息的增、删、改、查、统计及浏览。
④ 用户信息管理:管理用户信息,包括添加、删除用户,修改用户密码等。
非功能性需求包括以下 3 个方面:
① 程序能够及时捕获各类错误,并给出错误提示。
② 程序必须能够控制数据输入的顺序,比如只有社团信息和成员信息都输入后,才可以输入活动信息。
③ 操作人员很可能是非计算机专业人士,因此本套系统的操作界面要求简单、美观,符合普通用户操作习惯。

10.2.3　系统设计

根据需求分析,可以将社团管理系统分为四大功能模块,如图 10.35 所示。

10.2.4　系统实现

系统有两级菜单:一级菜单如图 10.36 所示,系统提示用户先输入用户名,再输入密码(如图 10.37 所示),若用户名和密码都正确(默认管理员用户名为 admin,密码为 123456),则提示用户选择进入不同的二级菜单:选 1 进入社团信息管理模块(如图 10.38 所示),选 2 进入成员信息管理模块(如图 10.39 所示)……若用户名或密码输入有误,则要求用户重新输入。

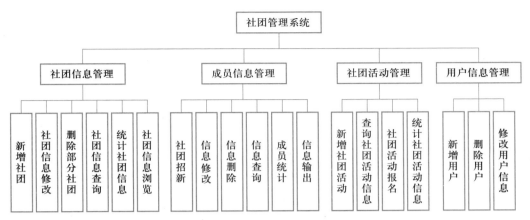

图 10.35 系统功能模块

图 10.36 社团管理系统一级菜单

请输入用户名：admin
请输入密码：123456
欢迎进入社团管理系统！
请输入您的选择：

请输入用户名：ad
请输入密码：123
用户名或密码错误，请重试！
请输入用户名：

图 10.37 用户名和密码验证

```
|*******************************|
|学校社团管理系统—社团信息管理（2.0）：|
|1.新增社团            2.社团信息修改|
|3.删除部分社团        4.社团信息查询|
|5.统计社团信息        6.社团信息浏览|
|7.返回上层菜单        8.退出社团系统|
|*******************************|
```

图 10.38 二级菜单之社团信息管理

```
|*******************************|
|学校社团管理系统—成员管理（2.0版）：|
|1.社团招新            2.信息修改|
|3.信息删除            4.信息查询|
|5.成员统计            6.信息输出|
|7.返回上层            8.退出系统|
|*******************************|
```

图 10.39 二级菜单之成员信息管理

程序代码如下：

```c
void menu(void)
{
    printf("\n");
    printf("\n");
    printf("\t| *************** |\n");
    printf("\t| 学校社团管理系统 |\n");
    printf("\t| --------------- |\n");
    printf("\t|  1.社团信息管理   |\n");
    printf("\t|  2.成员信息管理   |\n");
    printf("\t|  3.社团活动管理   |\n");
    printf("\t|  4.用户信息管理   |\n");
    printf("\t|  5.退出管理系统   |\n");
    printf("\t| *************** |\n");
    printf("\n");
    printf("\n");
}
void menu1(void)
{
    printf("\n");
    printf("\t|*********************************** |\n");
    printf("\t|学校社团管理系统——社团信息管理(2.0):|\n");
    printf("\t|1.新增社团            2.社团信息修改 |\n");
    printf("\t|3.删除部分社团        4.社团信息查询 |\n");
    printf("\t|5.统计社团信息        6.社团信息浏览 |\n");
    printf("\t|7.返回上层菜单        8.退出社团系统 |\n");
    printf("\t|*********************************** |\n");
    printf("\n");
}
void menu2(void)
{   printf("\n");
    printf("\t|*********************************** |\n");
    printf("\t|学校社团管理系统——成员管理(2.0版):   |\n");
    printf("\t|1.社团招新            2.信息修改 |\n");
    printf("\t|3.信息删除            4.信息查询 |\n");
    printf("\t|5.成员统计            6.信息输出 |\n");
    printf("\t|7.返回上层            8.退出系统 |\n");
    printf("\t|*********************************** |\n");
    printf("\n");
}
void menu3(void)
{
    printf("模块待开发...\n");
}
void menu4(void)
{
    printf("模块待开发...\n");
}
```

```
#include <stdio.h>
int main(void)
{   int choice;
    char username[10],password[10];
    menu();
    while(1)
    {
        printf("请输入用户名:");
        gets(username);
        printf("请输入密码:");
        gets(password);
        if(strcmp(username,"admin")==0 && strcmp(password,"123456")==0)
        {
            printf("欢迎进入社团管理系统! \n");
            break;
        }
        else
            printf("用户名或密码错误,请重试! \n");
    }
    while(1)
    {
        printf("请输入您的选择:");
        scanf("%d",&choice);
        switch(choice)
        {
            case 1: menu1();break;
            case 2: menu2();break;
            case 3: menu3();break;
            case 4: menu4();break;
        }
    }
}
```

可仿照第 8 章综合实例 8-17,继续研发社团活动管理、用户信息管理等模块。

10.2.5　系统测试

从软件开发者的角度看,系统测试的目的是验证设计的软件是否达到用户的要求,同时确定软件是否符合设计要求,例如是否符合不同用户的操作习惯,以及是否符合系统的可维护性等。

从用户的角度看,通过对使用软件进行测试,可以逐步发现软件中存在的设计缺陷和错误。

软件的测试方法一般有白盒测试和黑盒测试两种。软件开发人员一般是使用白盒测试的方法,根据软件的设计,通过对单一模块进行调试运行,查看软件代码是否出现报错,对报错的代码进行修改处理。软件的功能完整性一般是采用黑盒测试的方法,根据软件的功能设计对软件进行测试,验证软件的功能是否实现。

社团管理系统的测试主要从以下两个方面入手：

① 功能性测试：测试是否满足开发要求，是否用户的需求都得到满足。功能测试是系统测试最常用和必须的测试，通常还会以正式的软件说明书为测试标准。

② 安全性测试：测试系统的用户权限，对错误的处理方式和无效数据进行测试。

经过上述的测试，软件基本满足开发的要求，测试宣告结束。

10.3   智慧寝室系统

本节针对智慧寝室系统的方案设计、关键技术、应用程序开发展开研讨。

微视频：智慧寝室系统应用程序

智慧寝室指的是使用各种技术和设备让寝室更舒适，更方便，更安全，更符合环保；智慧寝室将物联网技术应用于智能校园，可对寝室类产品的位置、状态、变化进行监测，分析其变化特征，同时根据用户的需求，在一定程度上进行反馈。智慧寝室系统基本框架如图 10.40 所示，系统主要体现在环境监测、光照监测、灯光控制、安防监测、报警等基于物联网的远程监控。

10.3.1   智慧寝室系统的方案设计

1. 物联网的结构

物联网具备 3 个特征：一是全面感知，即利用射频识别（radio frequency identification，RFID）、传感器、二维码等随时随地获取物体的信息；二是可靠传递，通过电信网络与互联网的融合，将物体的信息实时准确地传递出去；三是智能处理，利用云计算、模糊识别等各种智能计算技术，对海量数据和信息进行分析和处理，对物体实施智能化控制。

物联网在业界普遍被认为有 3 个层次，如图 10.41 所示，底层是用来感知数据的感知层，第二层是数据传输的网络层，最上面则是应用层。

2. 校园寝室系统的需求分析

寝室是学生日常生活、学习、交流的场所，在确保学生安全的前提下，提供便捷的生活和学习环境是智慧寝室系统的核心，围绕这个核心展开相关调研后做出如下分析：

（1）用电安全需求

用电安全需求主要包括学生寝室内的电源定时供电，以保证学生的休息；对寝室内的用电量进行限定，以确保用电安全；准确识别室内是否存在违章电器使用情况，并在发现上述情况时切断电源；在违章电器处理后延迟 10s，自动恢复供电；当识别室内无人状态时断电。

（2）场景需求

场景需求是指通过控制板和应用程序设置学生的起床场景、休息场景、安全逃生场景等；场景设置有些可以自动启动，有些可以由用户启动。

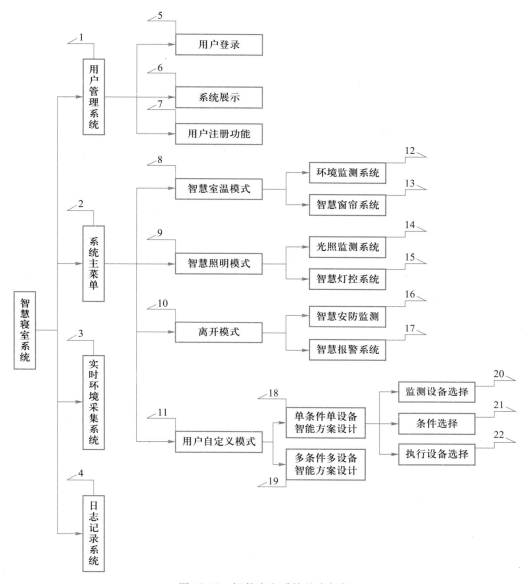

图 10.40　智慧寝室系统基本框架

（3）防盗和防火需求

防盗和防火需求是指利用各种感测系统（如烟感、温感、气感、门禁触感、防盗探测器等）以及防盗报警、消防报警等系统组成寝室无人值守的防盗防火系统，对进出寝室的非本室成员进行自动识别和处理，并进行记录；远程实时监控，根据危险情况自动报警。

（4）系统模式需求

系统模式需求是指学生通过控制板和应用程序对寝室内的灯光或公共设备进行控制；可以自由选择智能室温模式、智能照明模式、离开模式以及用户自定义模式。

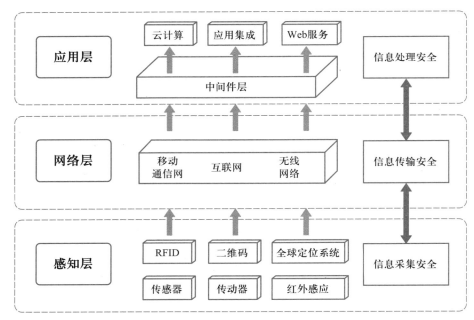

图 10.41　物联网的 3 层结构

10.3.2　智慧寝室系统的关键技术

1. 传感器技术

在物理世界中,人类是依靠视觉、听觉、嗅觉、触觉等方式来感知周围的环境。由于人类本身的感官系统具有很大的局限性,例如不能感知极高的温度,也不能感知很小的温度变化。因此,传感器作为连接物理世界和电子世界的媒介,在信息化过程中发挥了关键的作用。传感器是一种将非电参量转为可测量的电信号输出的装置。如图 10.42 所示,传感器一般由敏感元件、转换元件和基本电路组成。敏感元件是指传感器中能直接感受被测量的部分,转换元件将敏感元件的输出转换成电路参数,基本电路将电路参数转化成输出量。

图 10.42　传感器的组成

传统的传感器有很大局限性,其网络化、智能化的程度不够,数据处理和数据分析的能力十分有限,而且无法进行信息共享。将传感器技术与通信技术、计算机技术充分结合起来,可使现代传感器具有微型化、智能化和网络化的特征,而且也促进了无线传感器网络的产生。

无线传感器网络(wireless sensor network,WSN)由部署在监测区域的大量微型传感器节点组成,通过无线通信方式形成一个多跳的、自组织的网络系统,其目的是协作地感知、采集和处理网络覆盖区域中被感知的对象信息。无线传感器网络包括传感器、微处理器、无线通信和供电系统,如图 10.43 所示。

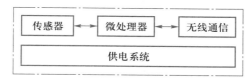

图 10.43　无线传感器网络的组成

2. 自动识别技术与 RFID

自动识别技术在物联网中扮演着重要的角色,能够提供对物品的快速识别,大大降低了对物品的识别难度,也降低了物品归类整理的成本。自动识别技术包括光符号识别技术、语音识别技术、生物计量识别技术、条形码技术、RFID 等。

（1）光符号识别技术

20 世纪 60 年代,人类就开始研究光符号识别,因为这种技术的主要优点是信息密度高,在机器无法识别的情况下人们也可以用眼睛阅读,但是其成本比较昂贵。

（2）语音识别技术

语音识别技术可以应用于语音拨号、语音导航、室内设备控制和语音文档检索等方面。随着马尔可夫模型的引入和自然语言处理技术的发展,语音识别技术近年来得到了快速发展。

（3）生物计量识别技术

生物计量识别技术是通过生物特征的比较来识别不同的生物个体的方法,主要研究的生物特征包括脸、指纹、手掌纹、虹膜、视网膜等。

（4）条形码技术

条形码技术是将宽度不等的多个黑条和空白按照一定的编号规则排列,用以表达一组信息的图形标识符。将条形码转为有意义的信息,需要经历扫描和译码两个过程。物体的颜色是由其反射光的类型决定的,白色物体能反射各种波长的可见光,黑色物体则吸收各种波长的可见光。扫描时光电转换器根据强弱不同的反射光信号转为相应的电信号。

（5）RFID

RFID 利用射频信号通过空间耦合（交变磁场或电磁场）实现无接触信息传递,并通过所传递的信息达到自动识别的目的。RFID 系统由 5 个组件组成:传送器、接收器、微处理器、天线和标签。其中传送器、接收器和微处理器通常被封装在一起成为阅读器,工作原理类似于雷达。首先阅读器通过天线发出电信号,标签接收信号后发射内部存储的标识信息,阅读器再通过天线接收并识别标签发回的信息,最后阅读器再将识别结果发送给主机。

RFID 的频率是 RFID 系统的一个很重要的参数指标,它决定了工作原理、通信距离、设备成本、天线形状和应用领域等各种因素。RFID 的典型工作频率有 125 kHz、133 kHz、13.56 MHz、27.12 MHz、433 MHz、860 MHz~960 MHz、2.45 GHz、5.8 GHz 等。RFID 技术在物流、物资管理、物品防伪、快速出入、动植物管理等诸多领域中的应用已经如火如荼。

　　智慧寝室系统是利用物联网技术的成功案例之一,其中智能照明作为系统的基本组成部分,是智能化的重要手段和体现。

　　智能照明的开关控制先通过光照传感器采集光照强度,再以此判断开关是否开启,进而通过客户端进行开关控制。智能照明模拟系统框架如图10.44所示。

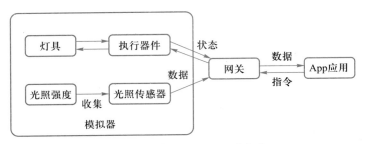

图 10.44　智能照明模拟系统框架

10.3.3　基于智慧寝室系统的应用程序开发

1. 功能概述

　　智慧寝室系统通过实时采集温度、湿度、光照传感器的数值,并根据需要进行设置和调整,为寝室提供安全保障。另外,本系统还提供智能室温模式、智能照明模式、离开模式以及用户自定义模式,营造了舒适、便捷的学习和生活环境,智慧寝室模拟系统框架如图10.45所示。

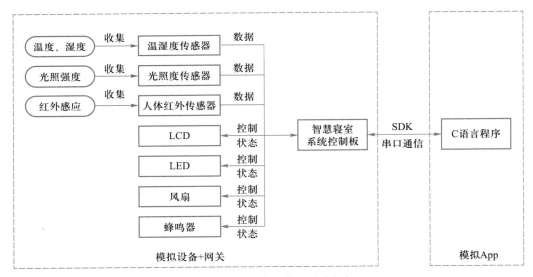

图 10.45　智慧寝室模拟系统框架

2. 功能设计

（1）用户登录功能

　　用户通过控制台登录后打印用户登录信息,智慧寝室控制板 LCD 屏幕上显示用户登录信息,同时日志记录用户登录记录,模拟智慧屏显示用户信息。

（2）实时采集功能

用户登录后实时采集温度、湿度、光照传感器的数值，在各模式工作时实时采集不间断，控制台实时采集数据同时将传感器数据记录到日志文件中，形成历史数据，供用户随时查看。

（3）模式选择功能

进入模式选择场景（主菜单），键盘接收用户选择的场景代码，选择场景菜单可循环执行，且有退出系统功能。

（4）定义场景模式功能

系统定义 4 个场景模式：智能室温模式场景、智能照明模式场景、离开模式场景和自定义场景。

（5）智能室温模式场景要求

① 在智能室温模式运行过程中，可通过键盘输入"9"回到主菜单，且不影响程序继续执行，使用线程处理接收用户输入退出代码"9"。

② 函数通过指针方式接收主程序中定义好的温度阈值。

③ 在日志中记录在智能室温模式下所有用户操作记录。

④ 在智能室温模式下，以合适频率不断地向智慧寝室控制板读取温度的数值，先判温度数值是否发生变化，如果发生变化，则和接收到的阈值进行比较。如果实时的温度数值大于阈值，则实现打开开发板风扇操作且只执行一次；反之，如果小于阈值，则关闭开发板风扇且只执行一次，同时在控制台打印操作信息。

（6）智能照明模式场景要求

① 在智能照明模式运行过程中，可通过键盘输入"9"回到主菜单，且不影响程序继续执行，使用线程处理接收用户输入退出代码"9"。

② 函数通过指针方式接收主程序中定义好的光照度阈值。

③ 在日志中记录在智能照明模式下所有用户操作记录。

④ 在智能照明模式下，以合适频率不断地向智慧寝室控制板读取光照的数值，先判断光照数值是否发生变化，如果发生变化，则和接收到的光照度阈值进行比较。如果实时的光照度数值大于阈值，则依次打开红、黄、绿 3 种颜色的灯，实现 3 个灯轮流闪烁的效果，同时在控制台打印操作内容。

（7）离开模式场景要求

① 在离开模式运行过程中，可通过键盘输入"9"回到主菜单，且不影响程序继续执行，使用线程处理接收用户输入退出代码"9"。

② 在日志中记录在离开模式下所有用户操作记录。

③ 在离开模式下，以合适频率不断地向智慧寝室控制板读取人体红外数据，先判断光照数值是否发生变化。如果返回值表示有人，则在控制台打印"检测到非法入侵，打开蜂鸣器，启动报警"，同时向开发板发送打开蜂鸣器命令且只执行一次，进行报警。如果返回值表示无人，则控制台打印"非法入侵已处理，关闭蜂鸣器，报警结束"，同时向开发板发送关闭蜂鸣器命令且只执行一次。

（8）自定义场景要求

① 在自定义模式运行过程中，可通过键盘输入"9"回到主菜单，且不影响程序继

续执行,使用线程处理接收用户输入退出代码"9"。

② 在日志中记录在自定义模式下所有用户操作记录。

③ 在自定义场景中,用户可任意选择传感器作为检测传感器,条件和执行设备都可随意选择。进入模式后,需要先让用户定义自己所需的场景,形成智慧运行方案加以保存,然后再执行用户自定义的场景方案。

3. 功能实施

① 定义相关变量,进行通信初始化,记录日志。

② 完成主菜单功能框架,记录日志。

③ 定义 4 个场景模式函数,记录日志。

④ 定义场景执行状态线程,用于控制场景停止,键盘接收"9",改变模式运行。

⑤ 定时刷新传感器数据功能,记录日志。

⑥ 回到主程序中完善主菜单功能。

⑦ 关闭通信资源。

运行效果如图 10.46~图 10.57 所示。

图 10.46　执行用户登录及定时刷新传感器数据效果

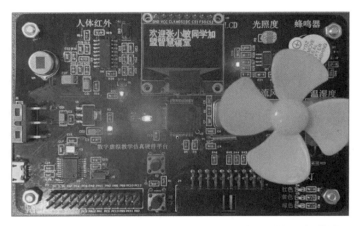

图 10.47　智慧寝室控制板接收用户登录和定时刷新运行效果

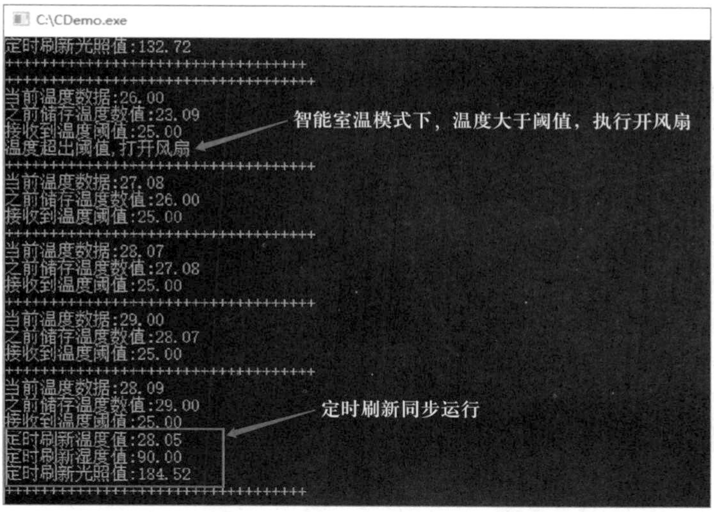

图 10.48 智能室温模式下,温度大于阈值的效果

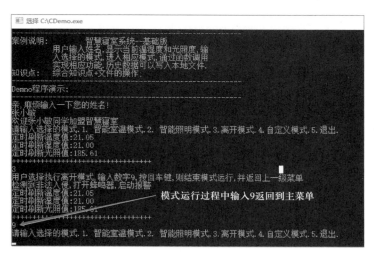

图 10.49 在智慧寝室控制板中,智能室温模式下温度大于阈值的运行效果

图 10.50 在命令窗口输入"9"回到主菜单的效果

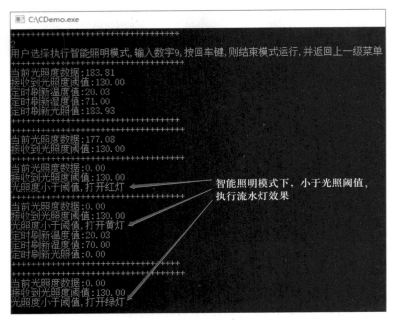

图 10.51 在命令窗口输入"2"进入智能照明模式,光照小于阈值执行轮流闪烁的效果

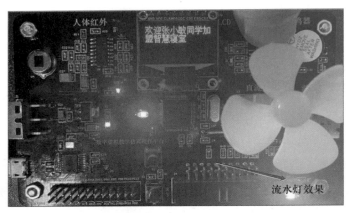

图 10.52 在智慧寝室控制板中,智能照明模式下遮挡光照传感器,
光照数值小于阈值执行轮流闪烁的效果

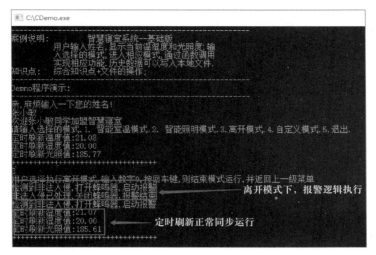

图 10.53　在命令窗口输入"3"进入离开模式的判断

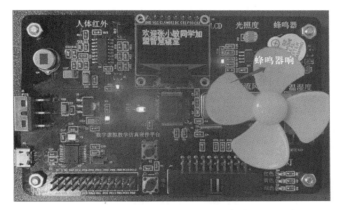

图 10.54　在智慧寝室控制板中,离开模式的运行效果

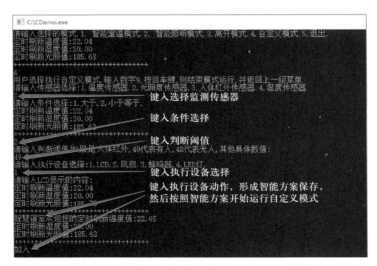

图 10.55　在自定义模式下命令窗口的运行效果

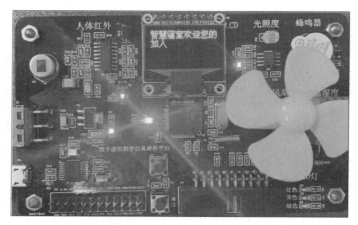

图 10.56 在智慧寝室控制板中,自定义模式下的运行效果

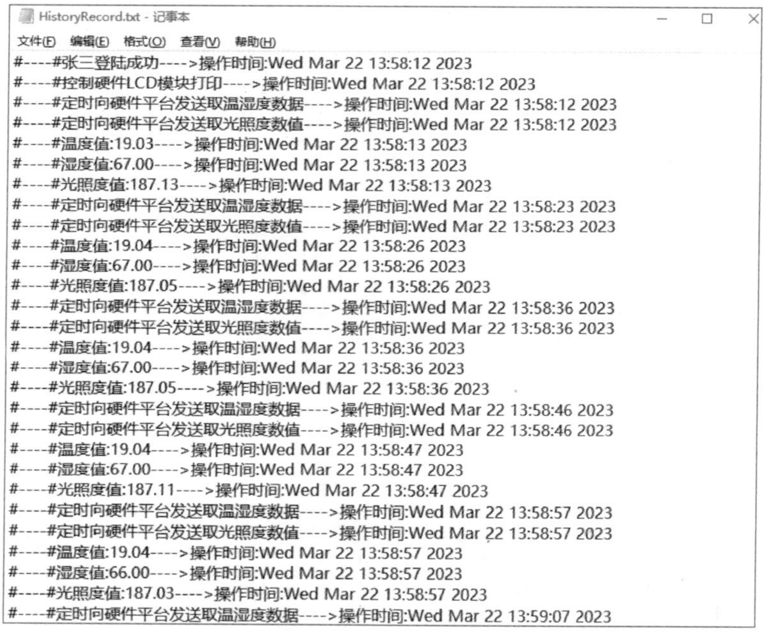

```
HistoryRecord.txt - 记事本                                          —  □  ×
文件(F) 编辑(E) 格式(O) 查看(V) 帮助(H)
#----#张三登陆成功----->操作时间:Wed Mar 22 13:58:12 2023
#----#控制硬件LCD模块打印----->操作时间:Wed Mar 22 13:58:12 2023
#----#定时向硬件平台发送取温湿度数据----->操作时间:Wed Mar 22 13:58:12 2023
#----#定时向硬件平台发送取光照度数值----->操作时间:Wed Mar 22 13:58:12 2023
#----#温度值:19.03----->操作时间:Wed Mar 22 13:58:13 2023
#----#湿度值:67.00----->操作时间:Wed Mar 22 13:58:13 2023
#----#光照度值:187.13----->操作时间:Wed Mar 22 13:58:13 2023
#----#定时向硬件平台发送取温湿度数据----->操作时间:Wed Mar 22 13:58:23 2023
#----#定时向硬件平台发送取光照度数值----->操作时间:Wed Mar 22 13:58:23 2023
#----#温度值:19.04----->操作时间:Wed Mar 22 13:58:26 2023
#----#湿度值:67.00----->操作时间:Wed Mar 22 13:58:26 2023
#----#光照度值:187.05----->操作时间:Wed Mar 22 13:58:26 2023
#----#定时向硬件平台发送取温湿度数据----->操作时间:Wed Mar 22 13:58:36 2023
#----#定时向硬件平台发送取光照度数值----->操作时间:Wed Mar 22 13:58:36 2023
#----#温度值:19.04----->操作时间:Wed Mar 22 13:58:36 2023
#----#湿度值:67.00----->操作时间:Wed Mar 22 13:58:36 2023
#----#光照度值:187.05----->操作时间:Wed Mar 22 13:58:36 2023
#----#定时向硬件平台发送取温湿度数据----->操作时间:Wed Mar 22 13:58:46 2023
#----#定时向硬件平台发送取光照度数值----->操作时间:Wed Mar 22 13:58:46 2023
#----#温度值:19.04----->操作时间:Wed Mar 22 13:58:47 2023
#----#湿度值:67.00----->操作时间:Wed Mar 22 13:58:47 2023
#----#光照度值:187.11----->操作时间:Wed Mar 22 13:58:47 2023
#----#定时向硬件平台发送取温湿度数据----->操作时间:Wed Mar 22 13:58:57 2023
#----#定时向硬件平台发送取光照度数值----->操作时间:Wed Mar 22 13:58:57 2023
#----#温度值:19.04----->操作时间:Wed Mar 22 13:58:57 2023
#----#湿度值:66.00----->操作时间:Wed Mar 22 13:58:57 2023
#----#光照度值:187.03----->操作时间:Wed Mar 22 13:58:57 2023
#----#定时向硬件平台发送取温湿度数据----->操作时间:Wed Mar 22 13:59:07 2023
```

图 10.57 系统日志文件

思考:

基于现有开发板,还可以实现哪些其他应用场景?自己动手尝试一下。

参考文献

［1］苏小红,赵玲玲,孙志岗,等. C 语言程序设计［M］. 4 版. 北京:高等教育出版社,2019.

［2］叶文珺,王剑云,魏为民,等. C 语言程序设计基础［M］. 2 版. 北京:清华大学出版社,2014.

［3］BRONSON G J. 标准 C 语言基础教程［M］. 4 版. 张永健,等译. 北京:电子工业出版社,2012.

［4］PRATA S. C Primer Plus［M］. 6 版. 姜佑,译. 北京:人民邮电出版社,2016.

［5］GRIFFITHS D. 嗨翻 C 语言［M］. 程亦超,译. 北京:人民邮电出版社,2013.

［6］HANLY J R,KOFFMAN E B. C 语言详解［M］. 6 版. 潘蓉,郑海红,孟广兰,等译. 北京:人民邮电出版社,2010.

［7］谭浩强. C 程序设计［M］. 5 版. 北京:清华大学出版社,2017.

［8］谭浩强. C 程序设计教程［M］. 4 版. 北京:清华大学出版社,2022.

［9］何钦铭. C 语言程序设计经典实验案例集［M］. 北京:高等教育出版社,2012.

［10］龚沛曾,杨志强. C/C++程序设计教程［M］. 北京:高等教育出版社,2009.

［11］DETIEL H M,DETIEL P J. 学习 C++20［M］. 周靖,译. 北京:清华大学出版社,2023.

［12］陈良银,游洪跃,李旭伟. C 语言教程［M］. 北京:高等教育出版社,2018.

［13］陈章进. C 程序设计基础教程［M］. 上海:上海大学出版社,2005.

［14］夏耘,吉顺如,王学光. 大学程序设计(C)实践手册［M］. 上海:复旦大学出版社,2008.

［15］何钦铭,颜晖. C 语言程序设计［M］. 4 版. 北京:高等教育出版社,2020.

［16］刘明军,潘玉奇. 程序设计基础(C 语言)［M］. 2 版. 北京:清华大学出版社,2014.

［17］刘志海,鲁青. C 程序设计与案例分析［M］. 北京:清华大学出版社,2014.

［18］徐方勤. 物联网技术及应用［M］. 上海:华东师范大学出版社,2021.

郑重声明

高等教育出版社依法对本书享有专有出版权。任何未经许可的复制、销售行为均违反《中华人民共和国著作权法》,其行为人将承担相应的民事责任和行政责任;构成犯罪的,将被依法追究刑事责任。为了维护市场秩序,保护读者的合法权益,避免读者误用盗版书造成不良后果,我社将配合行政执法部门和司法机关对违法犯罪的单位和个人进行严厉打击。社会各界人士如发现上述侵权行为,希望及时举报,我社将奖励举报有功人员。

反盗版举报电话　(010) 58581999　58582371

反盗版举报邮箱　dd@ hep. com. cn

通信地址　北京市西城区德外大街 4 号
　　　　　高等教育出版社法律事务部

邮政编码　100120

防伪查询说明

用户购书后刮开封底防伪涂层,使用手机微信等软件扫描二维码,会跳转至防伪查询网页,获得所购图书详细信息。

防伪客服电话　(010) 58582300